KB033307

위대한 수학자의
수학의 즐거움

위대한 수학자의 수학의 즐거움

THE GREAT MATHEMATICIANS

레이먼드 플러드, 로빈 윌슨 지음 | 이윤혜 옮김

베이직북스

서문

이 책의 목적은 수학이 '인간의 얼굴을 지녔음'을 알리는 것 그리고 역사적 맥락에서 수학의 성과를 기리는 것이다. 책의 내용은 우리의 관심을 끄는 삶을 살고, 업적을 남긴 많은 수학자들의 개인적 삶으로 국한하였으며 가급적이면 전문적인 배경지식은 싣지 않았다. 공간상의 제약으로 책에 넣으려던 여러 수학자들을 제외시키고, 다루기 원했던 이야기들을 생략해야 했다. 하지만 우리는 독자들이 이 책을 읽고 흥미를 느껴 다른 읽을거리 — 책의 마지막에 더 읽을거리 목록이 있다 — 를 찾게 되기 원한다.

이 책은 수학의 역사를 거시적으로 다루지 않으려고 노력했다. 수학의 역사는 전혀 다른 방식으로 다뤄야 하는 광범위한 주제이기 때문이다. 책 도입부의 지도와 연대표에 따라 수학자들은 대체로 연대순으로 등장한다. 책의 처음부터 끝까지 우리는 어떤 아이디어에서 현대적인 용어와 개념이 나왔는지 설명함으로써 독자들의 수학에 대한 이해를 돕고자 노력했다.

부분 부분 원고를 읽고 논평해준 준 배로-그린(June Barrow-Green), 재클린 스테달(Jacqueline Stedall), 조지 비트사카키스(George Bitsakakis), 벤저민 워드하우프(Benjamin Wardhaugh)에게 감사한

다. 아르크투루스 출판사의 네겔 마테존(Negel Matheson)과 다른 직원들에게도 감사한다.

마지막으로 이런 유의 책에는 실수와 누락이 없을 수 없다. 두 저자는 이런 오류의 대부분은 전적으로 우리의 탓임을 분명히 밝힌다.

2015년 1월
–레이먼드 플러드와 로빈 윌슨

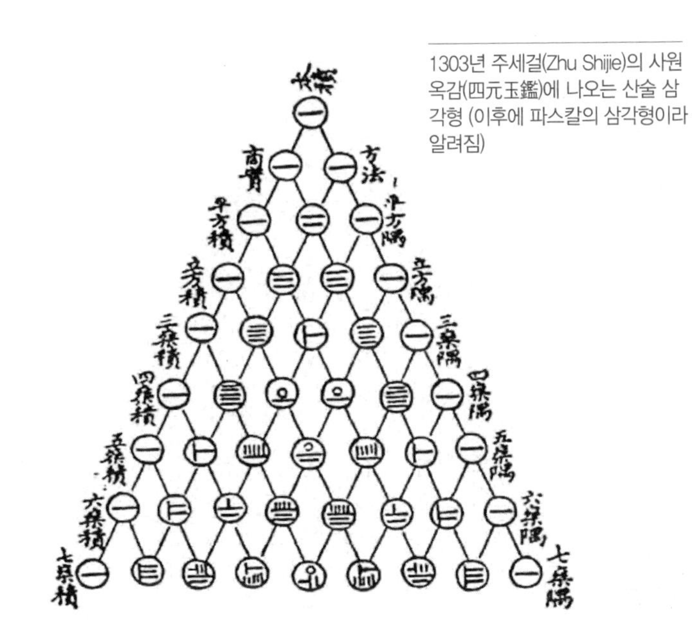

1303년 주세걸(Zhu Shijie)의 사원옥감(四元玉鑑)에 나오는 산술 삼각형 (이후에 파스칼의 삼각형이라 알려짐)

도입

많은 사람들에게 아이작 뉴턴의 사과 이야기, 벌거벗은 채 '유레카'라 외치며 거리를 뛰어다닌 아르키메데스 이야기는 친숙하다. 그렇다면 다음 질문에 답이 되는 수학자는 어떤가?

- **결투로 목숨을 잃은 수학자는?**
- **교황으로 임명된 수학자는?**
- **Dr Mirabilis와 Dr Profundus는 누구인가?** (Dr Mirabilis와 Dr Profundus는 뛰어난 스콜라 학자들에게 붙은 별칭으로 Mirabilis는 '경이로운', Profundus는 '심오한'이라는 의미)
- **아이방 벽지에 쓰인 내용을 통해 수학을 배운 수학자는?**
- **택시 번호판의 숫자 조합에 흥미를 느낀 수학자는?**
- **스코틀랜드 군인 5,732명의 가슴둘레를 모두 측정한 수학자는?**

이외에도 제프리 초서, 크리스토퍼 렌, 나폴레옹, 플로렌스 나이팅게일, 루이스 캐럴이 수학과 무슨 관련이 있을까?

위의 질문에서도 알 수 있고, 앞으로 이 책을 읽으면서도 생각하게 될 터이지만 사람들이 실제적이든 이론적이든 다양한 문제를 해결하고자 노력할 때 그들은 언제나 수학문제도 해결해야만 했다. 수학의 역사는 문학, 음악, 미술의 역사만큼이나 길고 흥미로우며, 수학의 기원 또한 여러 나라와 문화에 걸쳐 있다.

수학이야말로 많은 부분이 이해되지 않는데

다 일상과 무관한 학창 시절의 지루하고 무미건조한 과목으로 기억하는 많은 사람들에게 이런 관점은 뜻밖일 수 있다. 많은 사람들은 수학의 기본이 되는 원리나 전체적인 본질은 이해하지 못한 채 암기해야 할 법칙과 응용해야 할 공식만 가득한 것이라 여겼다. 수학의 기본원리나 전체적인 본질을 설명하지 않고서 암기와 응용을 하라는 것은 한 소절도 연주하지 않으면서 음계와 음정을 가르치는 것이나 마찬가지다.

수학은 일상의 모든 영역에 퍼져 있다. 신용카드와 국가의 국방기밀은 소수(1과 그 수 자신 이외의 자연수로는 나눌 수 없는 자연수)의 속성을 바탕으로 하는 암호화 방법으로 보안이 유지된다. 누군가가 비행기를 타고, 차의 시동을 걸고, 텔레비전 전원을 켜고, 날씨를 예측하고, 인터넷으로 휴가를 예약하고, 컴퓨터 프로그램을 짜고, 교통체증을 검색하고, 통계자료 파일을 분석하고 혹은 병을 치료하고자 할 때 수학은 밀접히 관련된다. 토대가 되는 수학이 없다면 과학도 있을 수 없다.

수와 형태의 이론적 패턴을 찾든 아니면 주변 자연계에서의 대칭을 찾든 수학자들은 종종 '패턴 연구자'로 보인다. 수학 법칙으로 해바라기 꽃송이 씨의 패턴을 묘사하고 우리가 사는 태양계를 설명한다. 수학으로 극도로 작은 원자의 구조와 광대한 우주의 넓이도 해석한다.

수학이 상당한 오락거리가 될 수도 있다. 학교에서 배운 논리적 사고와 문제해결 기법이 마찬가지로 기분전환에도 쓰일 수 있다. 체스는 본래 수학적 게임이다. 많은 사람들은 수학적 아이디어를

'윌리엄 블레이크'의 '아이작 뉴턴'

바탕으로 하는 논리퍼즐 풀기를 즐긴다. 수천명의 사람들은 매일 조합수학에서 유래한 심심풀이인 스도쿠 퍼즐과 씨름하며 직장으로 향한다.

수학은 더욱 빠른 속도록 발전하고 있다. 사실 제2차세계대전 이후 새로이 발견된 수학이 그때까지 알려진 것보다 더 많다. 이 모든 활동의 결과는 4년마다 최근의 진보에 대해 발표하고 논의하기 위해 개최되는 국제수학자대회(International Congress of Mathematicians)를 토대로 한다. 하지만 앞서 문제를 제기한 수학자들이 아니었다면 이러한 일은 절대 일어나지 못했을 것이다.

이 책에서 독자들은 마야인과 호이겐스 같은 시간측정자, 아리스토텔레스와 러셀 같은 논리학자, 톨레미와 핼리 같은 천문학자, 유클리드와 부르바키 같은 교과서 저자, 아폴로니우스와 로바체프스키 같은 기하학자, 베르누이와 나이팅게일 같은 통계학자, 브루넬레스키와 렌 같은 건축가, 히파티아와 도지슨 같은 교사, 피타고라스와 알 콰리즈마 같은 산술가, 페르마와 라마누잔 같은 정수론자, 푸아송과 맥스웰 같은 응용수학자, 비에트와 갈루아 같은 대수학자, 네이피어와 배비지 같은 계산자를 만나게 된다. 저자들이 그랬던 것처럼 독자들도 모든 수학자들의 삶과 업적에 매료되기 바란다.

지도

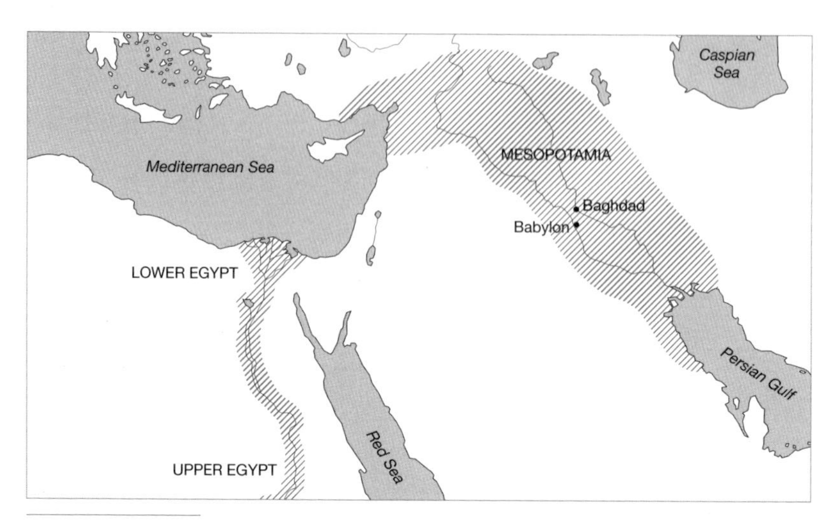

이집트와 메소포타미아

Mediterranean Sea**지중해** LOWER EGYPT하(下)**이집트** UPPER EGYPT상(上)**이집트** Red Sea**홍해** MESOPOTAMIA**메소포타미아** Caspian Sea**카스피해** Baghdad**바그다드** Babylon**바빌론** Persian Gulf**페르시아만**

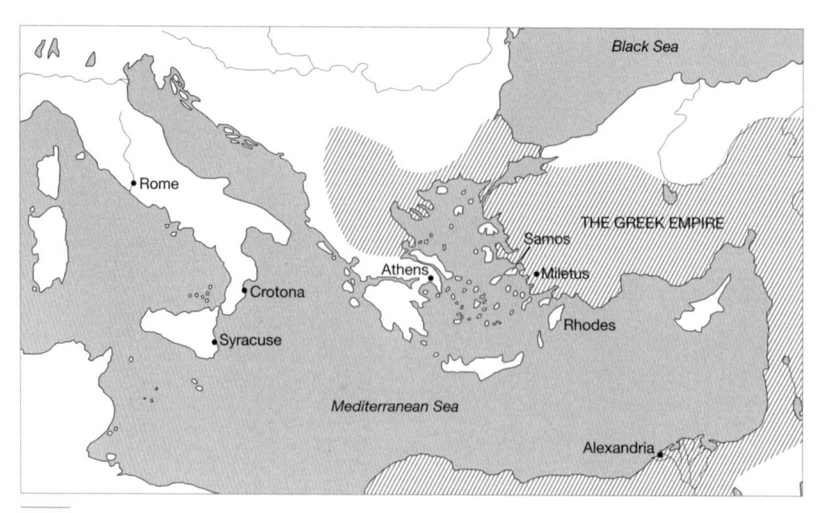

그리스

Rome**로마** Crotona**크로토나** Syracuse**시라쿠사** Athens**아테네** Mediterranean Sea**지중해** Black Sea**흑해** THE GREEK EMPIRE**그리스 제국** Samos**사모스** Miletus**밀레투스** Rhodes**로도스** Alexandria**알렉산드리아**

유럽의 도시

Córdoba코르도바 Dublin더블린 Edinburgh에든버러 Cambridge케임브리지 Oxford옥스퍼드 London런던 Paris파리 Aurillac오리야크 Toulouse툴루즈 Groningen그로닝겐 Göttingen괴팅겐 Erlangen에를랑겐 Basel바젤 Milan밀란 Pisa피사 Stockholm스톡홀름 Berlin베를린 Leipzig라이프치히 Prague프라하 Padua파도바 Bologna 볼로냐 Florence피렌체 Rome로마 St. Petersburg상트페테르부르크 Königsberg쾨니히스베르크 Toruń토루인

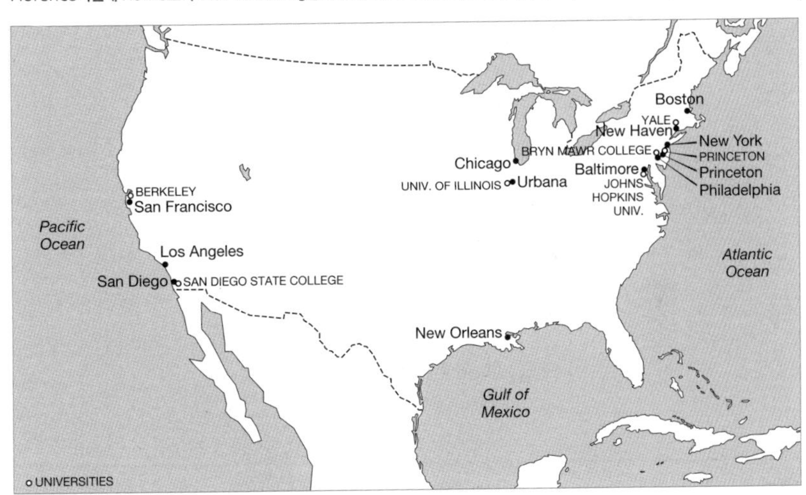

미국의 도시와 대학

Pacific Ocean태평양 BERKELEY버클리 San Francisco샌프란시스코 Los Angeles로스앤젤레스 San Diego샌디에이고 San Diego state college샌디에이고 주립대학 Chicage시카고 UNIV. OF ILLINOIS일리노이 대학교 Urbana 어배나 New Orleans뉴올리언스 Gulf of Mexico맥시코만 Boston보스턴 YALE예일 대학교 New Haven뉴헤이븐 New York뉴욕 BRYN MAWR COLLEGE브린모어 대학 PRINCETON프린스턴 대학교 Princeton프린스턴 Philadelphia 필라델피아 Baltimore볼티모어 JOHNS HOPKINS UNIV.존스홉킨스 대학교 Atlantic Ocean대서양

연대표

BC

1850	모스크바 파피루스, 이집트[Moscow papyrus, Egypt]
1800	고대 바빌로니아의 수학[Old Babylonian mathematics]
1650	린드 파피루스[Rhind papyrus, Egypt]
624~546	탈레스[Thales]
570~490	피타고라스[Pythagoras]
429~347	플라톤[Plato]
384~322	아리스토텔레스[Aristotle]
300	유클리드[Euclid]
287~212	아르키메데스[Archimedes]
262~190	아폴로니우스[Apollonius]
200?	구장산술[Jiuzhang suanshu, 九章算術]
190~120	히파르코스[Hipparchus]
100?	주비산경[Zhou bi suan jing, 周髀算經]

AD

60~120	게라사의 니코마코스[Nicomachus]
100~170	알렉산드리아의 톨레미[Ptolemy]

250	디오판토스[Diophantus]
290~350	파포스[Pappus]
360~415	히파티아[Hypatia]
476	연장자 아리아바타[Aryabhata the Elder]
480~524	보에티우스[Boethius]
598~670	브라마굽타[Brahmagupta]
783~850	알 콰리즈미[Al-Khwarizmi]
940~1003	오리야크의 제르베르[Gerbert]
965~1039	알하젠 (이븐 알 하이탐)[Alhazen (Ibn al-Haitham)]
1048~1131	오마르 하이얌[Omar Khayyam]
1170~1240	피사의 레오나르도 (파보나치)[Leonardo (Fibonacci)]
1175~1253	그로스테스트[Grossteste] 주교
1200	마야문명의 달력/마야의 드레스덴 사본[Mayan Dresden codex]
1214~1294	로저 베이컨[RogerBacon]
1290~1349	토머스 브래드워딘[Thomas Bradwardine]
1292~1336	월링포드의 리처드[Richard]
1323~1382	니콜 오렘[Nicole Oresme]
1342~1400	제프리 초서[Geoffrey Chaucer]
1377~1446	필리포 브루넬레스키[Filippo Brunelleschi]
1404~1472	레온 바티스타 알베르티(Leon Battista Alberti)
1415~1492	피에로 델라 프란체스카[Piero della Francesca]
1447~1517	루카 파치올리[Luca Pacioli]

1452~1519 레오나르도 다 빈치[Leonardo da Vinci]
1471~1528 알브레히트 뒤러[Albrecht Dürer]
1473~1543 니콜라우스 코페르니쿠스[Nicolaus Copernicus]
1500~1557 브레시아의 니콜로(타르탈리아)[Niccolò (Tartaglia)]
1501~1576 제롤라모 카르디노[Gerolamo Cardino]
1510~1558 로버트 레코드[Robert Recorde]
1512~1594 게르하르두스 메르카토르[Gerhardus Mercator]
1526~1572 라파엘 봄벨리[Rafael Bombelli]
1540~1603 프랑수아 비에트[François Viête]
1550~1617 존 네이피어[John Napier]
1560~1621 토머스 해리엇[Thomas Harriot]
1561~1630 헨리 브리그스[Henry Briggs]
1564~1642 갈릴레오 갈릴레이[Galileo Galilei]
1571~1630 요하네스 케플러[Johannes Kepler]
1588~1648 마랭 메르센[Marin Mersenne]
1591~1661 제라르 데자르그[Gérard Desargues]
1596~1650 르네 데카르트 [René Descartes]
1598~1647 보나벤투라 카발리에리[Bonaventura Cavalieri]
1601~1665 피에르 드 페르마 [Pierre de Fermat]
1601~1680 아타나시우스 키르허 [Athanasius Kircher]
1602~1675 질 페르손 드 로베르발[Gilles Personne de Roberva]
1616~1703 존 월리스[John Wallis]
1623~1662 블레즈 파스칼[Blaise Pascal]

1629~1695	크리스티안 호이겐스[Christiaan Huygens]
1632~1723	크리스토퍼 렌[Christopher Wren]
1635~1703	로버트 훅[Robert Hooke]
1642~1727	아이작 뉴턴[Issac Newton]
1646~1716	고트프리트 라이프니츠[Gottfried Leibniz]
1654~1705	자코브 베르누이[Jacob Bernoulli]
1656~1742	에드먼드 핼리[Edmund Halley]
1667~1748	요한 베르누이[Johann Bernoulli]
1706~1749	에밀리 뒤 샤틀레[Emilie Du Châtelet]
1707~1783	레온하르트 오일러[Leonhard Euler]
1717~1783	장 르 롱 달랑베르[Jean Le Rond d' Alembert]
1736~1813	조제프-루이 라그랑주[Joseph-Louis Lagrange]
1746~1818	가스파르 몽주[Gaspard Monge]
1749~1827	피에르-시몽 라플라스[Pierre-Simon Laplace]
1768~1830	요셉 푸리에[Joseph Fourier]
1776~1831	소피 제르맹[Sophie Germain]
1777~1855	카를 프리드리히 가우스[Karl Friedrich Gauss]
1781~1840	시메옹 드니 푸아송[Siméon Denis Poisson]
1788~1867	장 빅토르 퐁슬레[Jean Victor Poncelet]
1789~1857	오귀스탱 루이 코시[Augustin-Louis Cauchy]
1790~1868	아우구스트 뫼비우스[August Möbius]
1791~1871	찰스 배비지[Charles Babbage]
1792~1856	니콜라이 로바체프스키[Nikolai Lobachevsky]

1793~1841 조지 그린[George Green]

1802~1829 닐스 헨리크 아벨[Niels Henrik Abel]

1802~1860 야노시 보여이[János Bolyai]

1816~1852 아다, 러브레이스 백작부인[Ada, Countess of Lovelace]

1805~1865 윌리엄 로언 해밀턴[William Rowan Hamilton]

1806~1895 토머스 페닝턴 커크먼[Thomas Penyngton Kirkman]

1811~1832 에바리스트 갈루아[Évariste Galois]

1814~1897 제임스 조지프 실베스터[James Joseph Sylvester]

1815~1864 조지 불[George Boole]

1819~1903 조지 가브리엘 스토크스[George Gabriel Stokes]

1820~1910 플로렌스 나이팅게일[Florence Nightingale]

1821~1894 파프누티 체비쇼프[Pafnuti Chebyshov]

1821~1895 아서 케일리[Arthur Cayley]

1824~1907 윌리엄 톰슨(켈빈 경)[William Thompson(Lord Kelvin)]

1826~1866 베른하르트 리만[Bernhard Riemann]

1831~1879 제임스 클러크 맥스웰[James Clerk Maxwell]

1831~1901 피터 거스리 테이트[Peter Guthrie TaitTait]

1832~1898 찰스 도지슨[Charles Dodgson]

1845~1918 게오르크 칸토어[Georg Cantor]

1849~1925 펠릭스 클라인[Felix Klein]

1850~1891 소냐 코발레프스카야[Sonya Kovalevskaya]

1854~1912 앙리 푸앵카레[Henry Poincaré]

1862~1943 다비드 힐베르트[David Hilbert]

1864~1909	헤르만 민코프스키[Hermann Minkowski]
1872~1970	버트런드 러셀[Bertrand Russell]
1877~1947	고드프리 해럴드 하디[Godfrey Harold Hardy]
1879~1955	알베르트 아인슈타인[Albert Einstein]
1882~1935	에미 뇌터[Emmy Noether]
1885~1977	존 에덴서 리틀우드[John Edensor Littlewood]
1887~1920	스리니바사 라마누잔[Srinivasa Ramanujan]
1903~1957	요한 폰 노이만[John Von Neumann]
1906~1978	쿠르트 괴델[Kurt Gödel]
1912~1954	앨런 튜링[Alan Turing]
1919~1985	줄리아 로빈슨[Julia Robinson]
1924~2010	브누아 만델브로[Benoit Mandelbrot]
1928	볼프강 하켄[Wolfgang Haken]
1932	케네스 아펠[Kenneth Appel]
1934	니콜라 부르바키[Nicholas Bourbaki]
1936	제1회 필즈상 수상자들[First Fields Medallists]
1947	유리 마티야세비치[Yuri Matiyasevich]
1953	앤드루 와일즈[Andrew Wiles]
1966	그리고리 페렐만[Grigori Perelman]

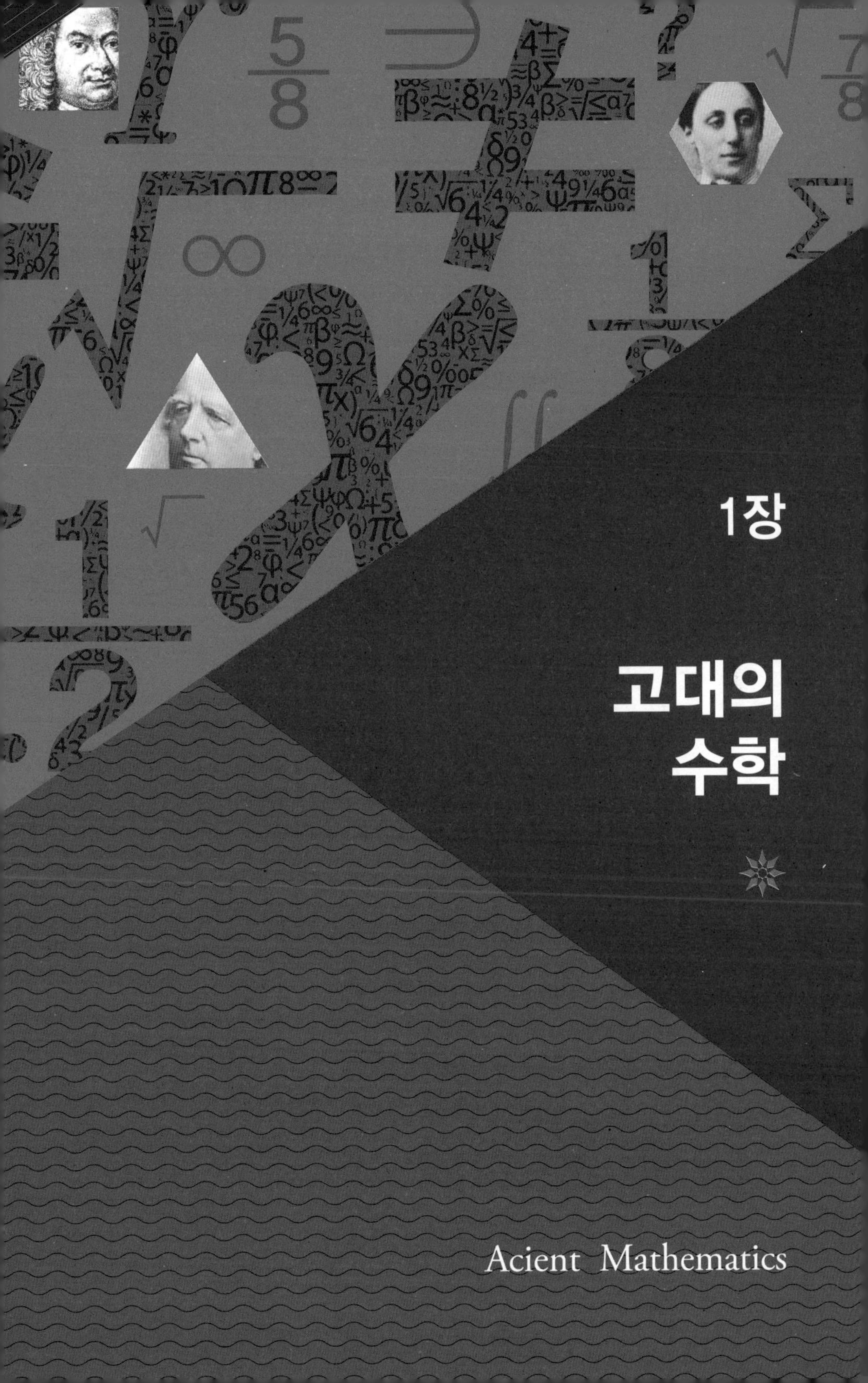

1장

고대의 수학

Acient Mathematics

고대의 수학

수학은 예로부터 다양한 문화에 존재한다. 뼈에 눈금을 새긴 초창기 계산도구가 여럿 존재하며 BC5000년 무렵의 가장 오래된 글은 숫자를 포함한 재정기록이다. 또한 기자의 피라미드, 스톤헨지의 스톤서클, 아테네의 파르테논신전과 같은 대건축물 건설에는 많은 수학적 사고와 기술이 포함된다.

이번 장에서는 고대 여러 문명, 즉 이집트, 메소포타미아, 그리스, 중국, 인도 그리고 중앙아메리카의 수학에의 기여를 설명한다. 각 문명에서 수학은 필요에 따라 예컨대 농업, 행정, 재무 혹은 군사상의 실제적 필요나 교육 및 철학상의 학문적 동기 혹은 두 가지 모두의 이유로 발전했다.

메소포타미아의 점토판

연구 자료

우리는 이용 가능하고 적절한 기본 자료로부터 어떤 문명에 대한 지식을 대부분 얻는다. 메소포타미아의 경우 수학과 관련하여 유용한 많은 정보를 주는 점토판이 수천 개 남아있다. 한편 이집트와 그리스는 수백 년의 시간을 좀처럼 견디지 못하는 갈대로 만든 파피루스에 기록을 남겼음에도 이집트문명의 중요한 수학적 기록이 담긴 파피루스 2개와 그리스의 몇몇 주요자료는 존재한다. 중국인들은 대나무와 종이에 기록을 남겼는데 전해지는 것은 거의 없다. 마야인들은 돌기둥에 기록을 남겼는데 거기에는 유용한 자료가 포함되어 있다. 마야인들은 나무껍질로 만든 종이에 필사본도 제작했지만 수 세기 후 스페인의 정복기 동안 대부분이 파괴되어 얼마 남아있지 않다.

이 외에도 주석과 번역물에서 지식을 얻는다. 고대 그리스의 저작을 그리스 후기의 몇몇 수학자들이 해석한 기록이 전해지며 이슬람 학자들이 해석하고 번역한 기록도 상당수 남아있다. 이후 라틴어로도 번역되는데 여기에 원저의 논점이 얼마나 유지되는지는 알 수 없다.

마야의 머리모양 숫자가 새겨진 중앙아메리카의 돌기둥

수의 체계

모든 문명은 가정생활을 위한 단순한 필요에서든 아니면 건물을 건축하거나 들판에 나무를 심는 등 더욱 복잡한 활동을 위해서든 셈을 할 수 있어야 했다.

서로 다른 문화에서 발달한 수 체계는 상당히 다양하다. 이집트인들은 1, 10, 100, 1000 등등에 서로 다른 기호를 부여하는 십진법을 사용했다. 그리스인들은 1부터 9까지 일의 자리, 10부터 90까지 십의 자리, 100부터 900까지 백의 자리에 다른 그리스 문자를 사용했다. 다른 문화에서는 한정된 기호를 이용한 자릿수 계산 체계가 발달했다. 예컨대 3835에 3의 기호가 두 번 사용되는데 각각 3000과 30을 의미한다. 중국인들은 십진법 자릿수 체계를 이용한 반면 메소포타미아인들은 육십진법 체계를, 마야인들은 이십진법 체계를 발전시켰다.

모든 자릿수 체계에는 0의 개념이 필요하다. 예컨대 207을 27과 구분하기 위해 십의 자리에 0을 써야 한다. 때로는 문맥상 0이 위치함이 분명하고 때로는 중국의 주판처럼 사이를 띄워놓거나 혹은 마야인들처럼 특별히 고안한 문자를 사용했다.

십진법 자릿수 체계에서 마침내 0을 사용하고 그것으로 셈을 하는 규칙으로 만든 것은 인도와 그 밖의 다른 문명이었다. 이후 이슬람의 수학자들이 인도의 수 체계를 발전시켜 오늘날 우리가 아라비아숫자[hindu arabic numerals]라 부르며 사용하는 체계를 만들었다.

자연수 1, 2, 3, …에서 시작해 수학자들은 세대를 거치며 모든 정수, 양수 및 음수와 0을 발견했다. 수 체계의 확립은 수천 년이 걸린 기나긴 과정이었다.

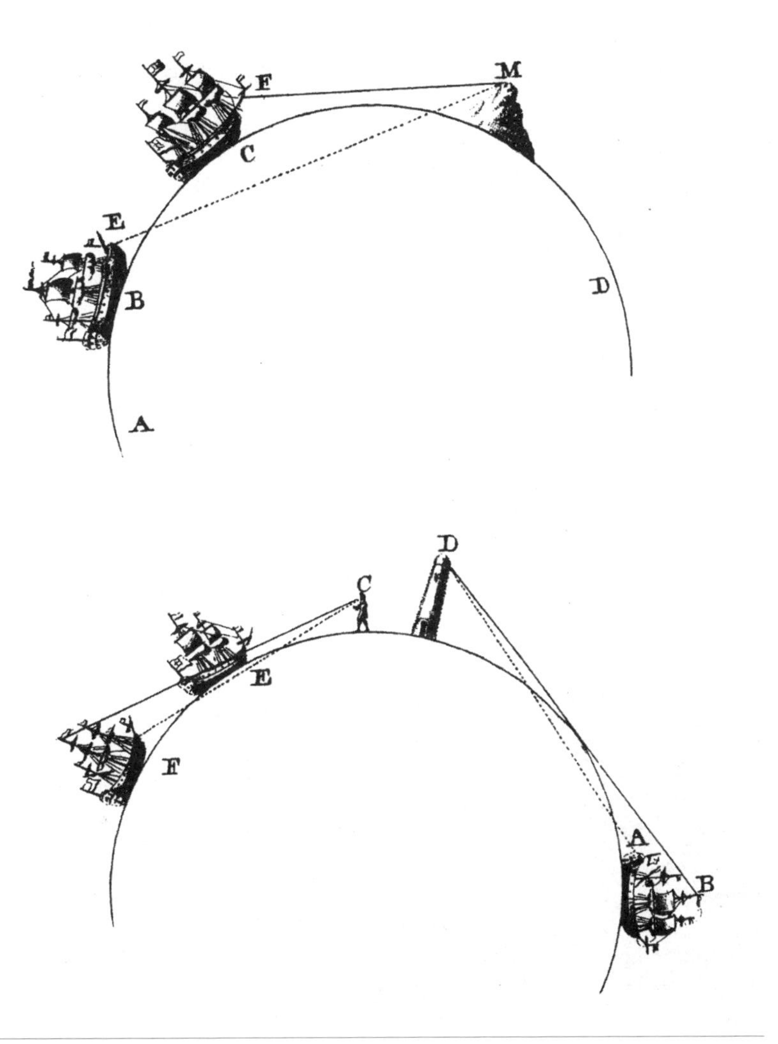

지구가 둥글다고 말한 사람은 피타고라스였으나 최초로 지구의 둘레를 잰 사람은 에라토스테네스였다.
지구 곡률에 대한 증명(1764년)

이집트인

The Egyptians

BC2600년 무렵 건설된 기자의 거대한 피라미드들은 이집트의 고도로 정확한 측량능력을 보여준다. 특히 평균적인 무게가 2톤 정도인 2백만 개 이상의 돌덩이로 건설된 쿠푸왕의 피라미드는 140미터의 엄청난 높이에 밑면은 한 변의 길이가 230미터인 정사각형인데 네 변 길이의 오차는 0.01% 이하이다.

이집트 후기 수학에 관한 우리의 지식은 빈약하고 그나마 그 지식의 원천은 2가지, 즉 빅토리아 여왕 시대에 그것을 구입한 헨리 린드의 이름으로 불리고 대영박물관에 보관되는 5미터 길이의 '린드 파피루스(BC1650)'와 모스크바 박물관에 보관되는 '모스크바 파피루스(BC1850)'가 대부분이다.

기자의 피라미드

두 개의 파피루스에는 분수표와 해결된 수십 개의 산수와 기하학 문제가 나온다. 이는 필사자들을 교육하기 위한 것으로 문제의 범위는 빵덩이를 특정 비율로 나누는 나눗셈부터 지름과 높이가 주어진 저장형 창고의 부피를 구하는 것까지이다.

이집트인의 수 체계

이집트인들은 십진법 체계를 사용했지만 1은 수직막대, 10은 발꿈치뼈, 100은 고리모양의 밧줄, 1000은 선인장 등등 상형문자라 불리는 다른 기호로 표기했다.

1 10 100 1000

오른쪽에서 왼쪽으로 정해진 기호를 적절히 반복하여 각 숫자를 표시했다. 예를 들어 2658은

8 5 6 2

와 같이 나타냈다.

이집트인들은 $\frac{1}{8}$, $\frac{1}{52}$, $\frac{1}{104}$와 같이 분자가 1인 단위분수(혹은 역수)를 이용해 계산을 했다.

그들은 분수인 $\frac{2}{3}$도 이용했다. 예컨대 $\frac{2}{13}$ 대신에 $\frac{1}{8}$, $\frac{1}{52}$, $\frac{1}{104}$라 썼다.

$\frac{1}{8}+\frac{1}{52}+\frac{1}{104}=\frac{2}{13}$이기 때문이다.

원 넓이

린드 파피루스에는 원 지름이 주어진 문제가 여럿 나온다. 당신은 반지름이 r인 원의 넓이는 πr^2임을 기억할 것이다.
지름 $d=2r$이기 때문에 원의 넓이는 $\frac{1}{4}\pi d^2$이라 쓸 수 있다.
π라 명명한 수는 원 둘레를 구하는 공식에도 등장한다. 반지름이 r이고 반지름이 d인 원의 둘레는 $2\pi r=\pi d$이다.
π의 값은 대략 $\frac{22}{7}\left(=3\frac{1}{7}\right)$, 더 정확한 근사값은 3.1415926이나 소수가 무한히 전개되기에 π의 값을 정확하게 표기할 수 없다.

린드 파피루스의 50번 문제는 지름이 9인 원의 면적을 묻는다.
Q. 지름이 9khet(고대 이집트의 길이 단위로 1khet는 약 52.5미터)인 원형들판의 면적은?
답: 지름의 $\frac{1}{9}$, 즉 1을 제외하고 남은 8에 8을 곱하면 64가 된다. 따라서 땅은 64setat(고대 이집트의 면적 단위로 1setat는 2755 1/2 m^2)이다.

이집트인들은 경험으로 지름이 d인 원 넓이의 근사값이 얼마인지 알았다. d에서 d의 $\frac{1}{9}$을 빼고 남은 값을 제곱했다. 그러니까 여기서 $d=9$이고 d에서 $\frac{1}{9}$을 빼면 8, 8의 제곱은 64이다.
이집트인들의 계산방식에 의하면 π의 값은 $3\frac{13}{81}$, 즉 대략 3.16으로 정확한 π의 값과 1% 내외 차이로 일치한다.

린드 파피루스에는 분수 $\frac{2}{5}$, $\frac{2}{7}$, $\frac{2}{9}$, … , $\frac{2}{101}$의 단위분수표가 나온다.

이러한 단위분수를 이용해 계산을 하는 이집트인들의 특이함을 린드 파피루스의 31번 문제에서 볼 수 있다.

Q. 어떤 수, 그것의 $\frac{2}{3}$, 그것의 $\frac{1}{2}$, 그것의 $\frac{1}{7}$을 모두 더하니 33이 되었다. 그것은 얼마인가?

현대의 대수학 개념으로 이 문제를 풀려면 우리는 미지수를 x라 하고 $x+\frac{2}{3}x+\frac{1}{2}x+\frac{1}{7}x=33$이라는 방정식을 세울 수 있다. 그리고 이 방정식을 풀면 $x=14\frac{28}{97}$이다. 하지만 단위분수를 이용한 이집트인들의 답은 $14\ \frac{1}{4}\ \frac{1}{56}\ \frac{1}{97}\ \frac{1}{194}\ \frac{1}{388}\ \frac{1}{679}\ \frac{1}{776}$ 이다. 정말 인상적인 계산기법이다.

분배문제

린드 파피루스에는 빵이나 맥주와 같은 물품을 분배하는 문제가 여럿 나온다. 예컨대 65번 문제는 질문한다.

Q. 빵 100개를 뱃사공과 십장 그리고 문지기를 포함한 10사람에게 나누어준다. 이때 뱃사공, 십장, 문지기는 다른 사람보다 두 배의 양을 받는다. 각 사람이 받게 되는 양은 얼마인가? 문제를 풀기 위해 필사자는 두 배의 양을 받는 각 사람을 2명으로 바꾸어 계산했다. 문제는 풀렸다. 총인원에 두 배를 받는 사람 수인 3을 더하면 13이 된다. 13을 $7\frac{2}{3}\ \frac{1}{39}$배하면 100이 된다. 이것이 7명이 받는 양이고, 뱃사공과 십장 그리고 문지기는 이의 두 배인 $15\frac{1}{3}\ \frac{1}{26}\ \frac{1}{78}$을 받는다.

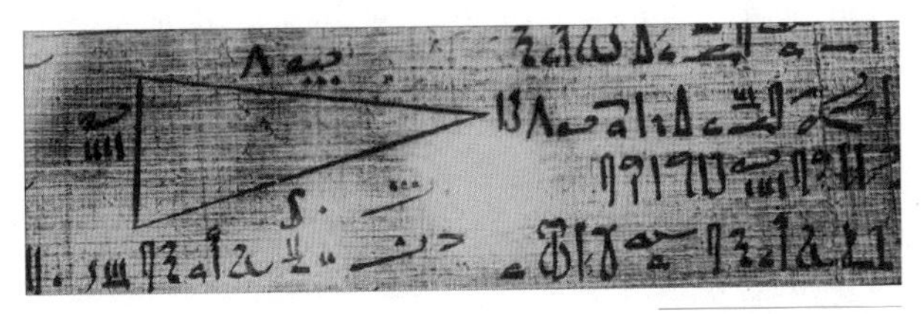

린드 파피루스의 일부

메소포타미아인

The Mesopotamians

메소포타미아의 (혹은 바빌로니아의) **수학은 3000년이 넘는 시간동안 다양한 지역에서 발전했지만 여기서 우리는 주로 고대 바빌로니아**(BC1800)**의 수학을 살펴보자. 메소포타미아**(Mesopotamian)**라는 단어는 '강 사이의' 라는 그리스어에서 유래하는데 이는 오늘날 이라크의 티그리스 강과 유프라테스 강 사이 지역을 칭한다.**

같은 기간 동안의 이집트 수학을 연구하기 위한 다양한 형태와 내용의 자료가 존재한다. 메소포타미아인들은 쐐기형 첨필로 점토에 기호-이를 설형문자(cuneiform writing)라 부른다-를 새긴 다음 점토가 굳어지도록 햇볕에 두었다. 수학에 관한 내용을 담은 점토판이 지금까지도 수천 개 남아있다.

60진법 체계

우리는 10을 기수로 오른쪽에서 왼쪽으로 각 항이 일의 자리, 십의 자리, 백의 자리 등등인 십진법 자릿수 체계로 숫자를 기록한다. 각 항은 옆 항의 10배이다. 예컨대 3235는 $(3\times1000)+(2\times100)+(3\times10)+(5\times1)$를 의미한다. 메소포타미아인들 또한 자릿수 체계를 사용했지만 60을 기수로 하는 '육십진법' 체계였다. 각 항은 옆 항의 60배이다. 그들은 두 가지 기호를 이용했는데 여기서는 1을 Y로, 10을 〈로 표기한다.

- 32를 〈〈〈YY라 썼다.
- 870=840+30=(14×60)+30이므로 870을 〈YYYY 〈〈〈라 썼다.
- 8492=$(2\times60^2)+(21\times 60)+32$ 이므로 8492를 YY 〈〈Y 〈〈〈YY라 썼다.

메소포타미아 60진법 체계의 흔적은 우리에게 시간단위(1분에 60초, 60분에 1시간)와 각도로 남아있다. 메소포타미아인들은 60이라는 큰 기수로 계산하는 능력을 발전시켰고 그것을 달의 주기를 기록하여 정확한 달력을 만드는데 활용했다.

점토판의 유형

수학에 관한 내용을 담은 중요한 3가지 유형의 점토판이 있었다. 어떤 것은 계산 시 활용하기 위한 숫자표를 싣고 있는데 이를 표판(table tablets)이라 부른다. 표판의 예는 아래 9의 곱셈표이다.

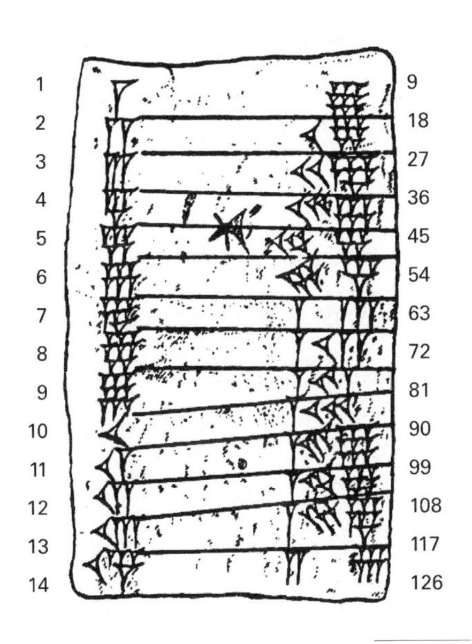

표판의 그림

문제판(problem tablets)이라 불리는 다른 문자판은 수학문제와 답을 포함한

2의 제곱근

두 대각선과 육십진법의 숫자 30, 1;24,51,10 그리고 42;25,35로 땅의 면적을 설명하는 특별한 점토판이 있다. 이는 메소포타미아의 정확한 계산능력을 보여준다. 이 숫자는 (길이가 30인) 땅의 한 변, 2의 제곱근 그리고 (길이가 $30\sqrt{2}$인) 대각선을 의미한다.

제곱근 값이 얼마나 정확한지

1;24,51,10

$=1+\frac{24}{60}+\frac{51}{3600}+\frac{10}{216000}$

(=1.4142128… 십진법으로)

그 값을 제곱하면 분명해진다.

1;59,59,59,38,1,40

(=1.999995… 십진법으로)

이는 2와 백만분의 5만큼 차이가 난다.

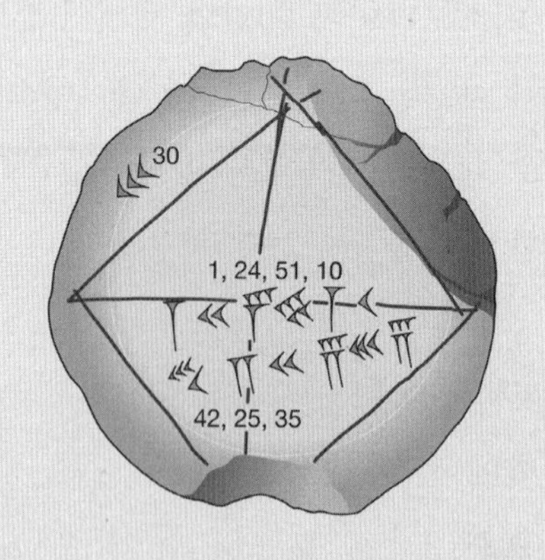

다. 세 번째는 연구하는 동안 학자들이 만들어 낸 것으로 난제(rough work)라 말할 수 있을 것이다.

메소포타미아의 점토판에 나오는 돌의 무게에 관한 문제 예는 다음과 같다. 한 점토판에 같은 유형의 23개 문제가 나오는데 이는 가르치기 위해 활용됐던 것이 아닌가 싶다.

돌을 발견했지만 무게를 재지 않았다. 이후 돌의 무게에 8배를 하고, 3gin을 더하고, 13분의 1의 3분의 1에 21을 곱해 더하니

그 무게가 1ma-na였다. 돌의 원래 무게는 얼마인가?
돌의 원래 무게는 $4\frac{1}{3}$gin이다.

이 문제는 분명 실용적이지 않다. 만약 돌의 무게를 재기 원한다면 단순히 돌의 무게를 재는 게 어떨까? 유감스럽게도 우리는 필사자가 이 문제를 푸는 방법을 이해하지 못한다. 그저 답을 알 뿐이다.

다음 문제는 더욱 복잡한데 이는 동일한 점토판에 나온 12개의 유사한 문제 중 하나이다.

정사각형 땅에서 그 한 변을 빼니 14,30이었다. 계수(coefficient) 1을 적는다. 1을 반으로 나눈다. 0;30과 0;30을 곱한다. 14,30에 0;15를 더하면 결과는 14,30;15다. 이는 29;30의 제곱이다. 29;30에 0;30을 곱한다. 땅의 한 변은 30이다.

현대 대수학의 개념으로 이는 2차 방정식 $x^2-x=870$이다. x는 땅의 한 변, 땅의 면적은 x^2, 14;30은 우리가 사용하는 십진법으로 870이다. 위의 풀이단계를 이어서 쓰면 다음과 같다.

$$1,\ \frac{1}{2},\ \left(\frac{1}{2}\right)^2=\frac{1}{4},\ 870\ \frac{1}{4},\ 29\ \frac{1}{2},\ 30$$

이는 '이차식의 평방화(completing the square)'라 불리는 풀이방식인데 이를 4000년이 지난 오늘날에도 중요하게 사용한다.

탈레스

Thales

탈레스(BC624~546)에 관하여는 알려진 바가 거의 없다. 전해지는 이야기에 따르면 탈레스는 오늘날 터키의 소아시아 서해안 쪽에 위치한 그리스 이오니아의 도시 밀레투스에서 왔다. 이집트를 방문해 피라미드의 높이를 측정했다, BC585에 일식을 예측했다, 호박으로 깃털을 문질러 어떻게 전기가 만들어지는지 보여주었다, '너 자신을 알라' 는 말을 처음으로 했다 등등 탈레스에 관한 여러 주장이 있다.

탈레스는 첫 번째로 중요한 그리스 수학자로 널리 인식된다. 버틀란트 러셀은 '서양 철학은 탈레스로부터 시작된다' 고 주장했는데 정말 탈레스는 7명의 뛰어난 그리스 철학자로 선정되어 기원전 6세기부터 전해지는 고대 그리스의 일곱 현인 가운데 하나다.

고대 그리스의 일곱 현인: Nuremberg Chronicle의 목판화; 왼쪽이 탈레스이다.

그리스의 수학 자료

제대로 보존된 파피루스가 거의 없는 고대 이집트, 수천 개의 점토판이 남은 메소

밀레투스의 탈레스

포타미아와 달리 그리스의 자료는 정말 거의 없다. 이집트에서처럼 그리스인들도 세월을 견뎌내지 못하는 파피루스에 글을 남겼다. 게다가 알렉산드리아 도서관의 화재와 같은 참사로 중요한 많은 자료가 소멸됐다.

따라서 우리는 주석과 나중에 다시 쓴 것들을 주로 연구해야 한다. 그리스 수학에 관한 주석가로 가장 유명한 사람은 기원후 5세기의 프로클로스[Proclus]다. 추측컨대 프로클로스는 그의 자료를 (기원전 4세기) 로도스의 에우데모스[Eudemus]의 주석(지금은 분실되었다)으로부터 정리했을 것이다. 하지만 프로클로스는 탈레스보다 1000년 늦은 사람이기에 그의 주석을 전부 가지고 있더라도 그것을 신중히 다뤄야 한다.

기하학

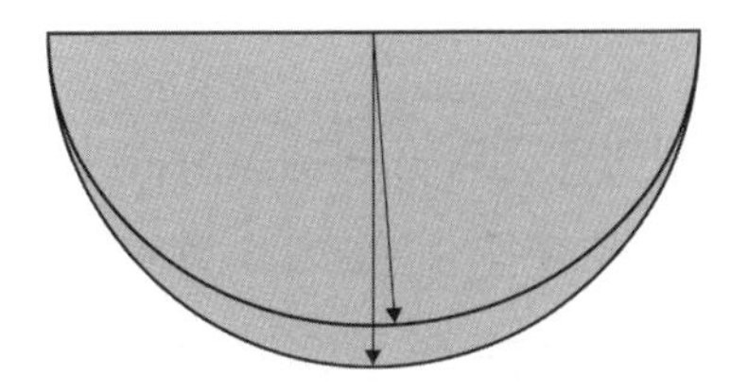

초기 그리스인들이 발전시킨 수학 유형은 이전과는 확연히 달랐다. 그중에서 수학, 특히 기하학에의 많은 기여와 연역적 추론과 수학적 증명에 관한 개념이 가장 중요하다. 공리 혹은 공준으로 알려진 몇몇 초기 가정에서 시작해 간단한 추론을 한 다음 더욱 복잡한 추론을 하고 또 반복하여 결국 앞서의 결과로부터 결정되는 매우 복잡한 결과를 도출한다.

탈레스의 정리

많은 주석가들은 기하학의 많은 성과가 탈레스 덕분이라 평가한다.

반원의 원주각

AB가 원의 지름이고 P가 원위의 한 점이라면, 각APB는 직각이다.

절편의 정리

점P에서 두 선분을 교차시키고 아래 그림과 같이 두 평행선이 점 A, B와 점 C, D를 가로지르도록 하라. 그러면 $\frac{PA}{AB} = \frac{PC}{CD}$이다.

이등변삼각형의 밑각

두 변의 길이가 같다면 삼각형의 두 밑각은 크기가 같다. 주석가 에우데모스는 이등변삼각형의 두 밑각의 크기가 같다는 발견이 탈레스의 업적이라 평가한다.

이 마지막 결과는 이후 당나귀의 다리(asses' bridge, pons asinorum)로 알려진다. 중세의 대학교에서 학생들은 종종 여기서 한계에 부딪혔다. 만약 당나귀의 다리를 건넌다면 당신은 이후 다리 너머에 놓인 모든 보물을 향해 계속해서 나아갈 수 있다.

귀류법에 의한 증명

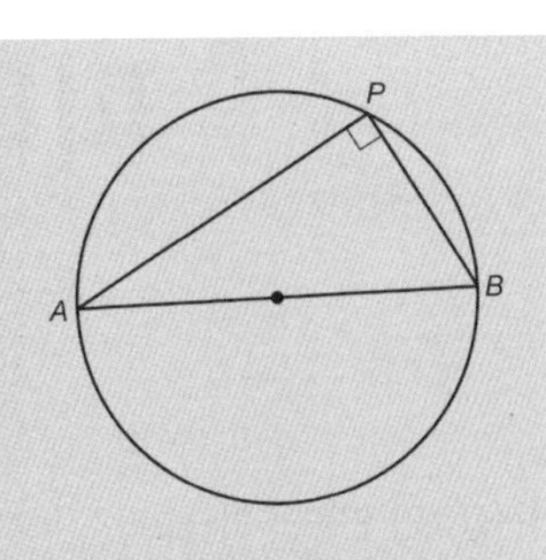

그리스인들은 기하학에서 다양한 증명법을 사용했다. 탈레스는 귀류법(proof by contradiction 혹은 reductio ad absurdum)에 의한 증명으로 다음의 결과를 얻었다. 탈레스는 바람직한 결론을 거짓이라 가정한 다음 이 가정이 모순된다는 결론을 유도했다. 따라서 결론은 참이다.

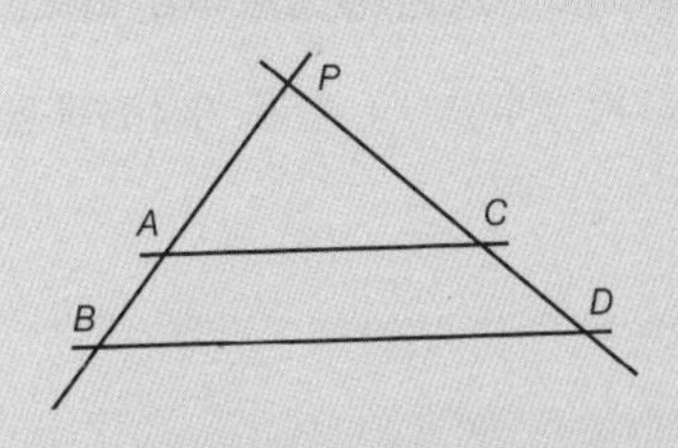

모든 원은 지름에 의해 2등분 된다

유클리드의 원론(Euclid' s Element)에 관한 글에서 프로클로스는 언급했다.

: 저명한 탈레스가 지름에 의해 원이 양분된다는 사실을 증명한 첫 번째 사람이라 전해진다.

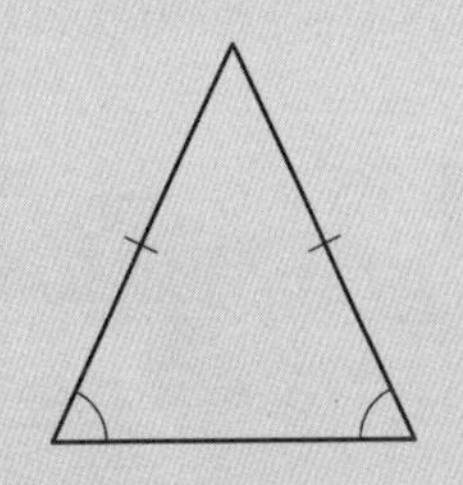

만약 당신이 이를 수학적으로 증명하기 원한다면 지름을 긋고 접어 원의 한 쪽을 다른 쪽에 포갠다고 생각하라.

한 쪽이 다른 쪽과 동일하지 않으면 한 원이 다른 원의 내부 혹은 외부에 접하는데 두 경우 모두 짧은 쪽과 긴 쪽의 길이가 같아야 한다는 사실을 따른다. 왜냐하면 원의 중심에서 원 위의 모든 점까지의 길이는 동일하기 때문이다. 따라서 긴 쪽과 짧은 쪽의 길이가 동일해야 하는데 이는 불가능하다.

이 모순의 결론이 참임을 증명한다.

피타고라스

Pythagoras

반전설적인 인물인 피타고라스(BC570~490)**는 에게 해의 사모스 섬에서 태어났다. 피타고라스는 청년시절 수학, 천문학, 철학, 음악을 공부했다. 아마도 BC520 무렵, 피타고라스는 사모스 섬을 떠나 그리스의 항구도시 크로토나**(현재 이탈리아의 남부)**로 가서 현재 피타고라스학파로 알려진 철학파를 형성했다.**

전해지는 바에 의하면 파타고라스학파의 내부 구성원들(수학하는 사람들, mathematikoi)은 사유재산을 가지지 않고 (콩을 제외한) 채식만 하는 엄격한 규정에 복종했다. 남자든 여자든 이 무리에 속할 수 있었다. 피타고라스학파 사람들은 수학, 천문학, 철학을 연구했다. 그들은 만물이 수(數)에서 만들어졌으며 연구할 가치가 있는 모든 것은 측량할 수 있다고 믿었다. 그들이 수리

피타고라스, 라파엘의 프레스코화 아테네 학당The School of Athens의 일부

과학을 산술, 기하, 천문, 음악(중세 대학의 4학이라 불렸다) 네 가지로 세분화했다고 전해진다. 4학이 문법, 논리, 수사의 인문 3학과 합쳐져 '인문 7학(liberal arts)'이 되었다. 이는 이후 2천년이 넘는 시간 동안 학회와 대학의 교육과정이다.

수의 패턴

피타고라스학파에게 '산술'은 수를 연구하는 것이었다. 이들은 때로 수를 기하학적으로 표

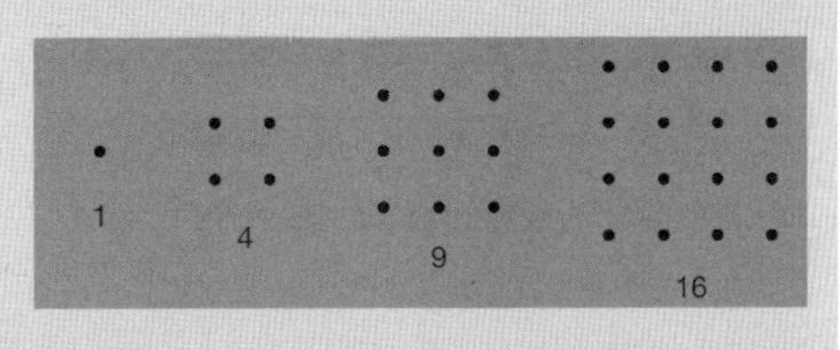

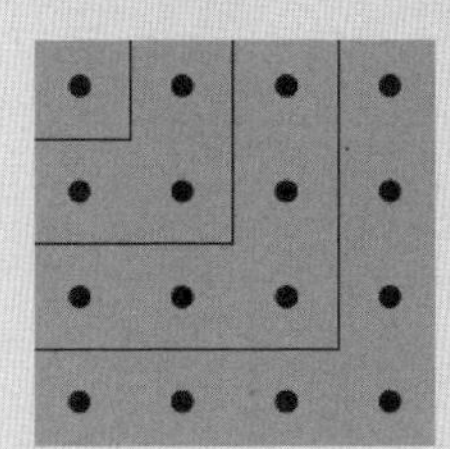

현했다. 예컨대 제곱수(square number)를 점이나 조약돌을 정사각형 형태로 만들어 놓을 때 생기는 것으로 보았다.

이 같은 형태를 이용해 그들은 1부터 연속되는 홀수를 더하여 제곱수를 얻을 수 있음을 보였다.

예컨대 16=1+3+5+7이다.

그들은 점을 삼각형 형태로 만들 때 생기는 삼각수(triangular

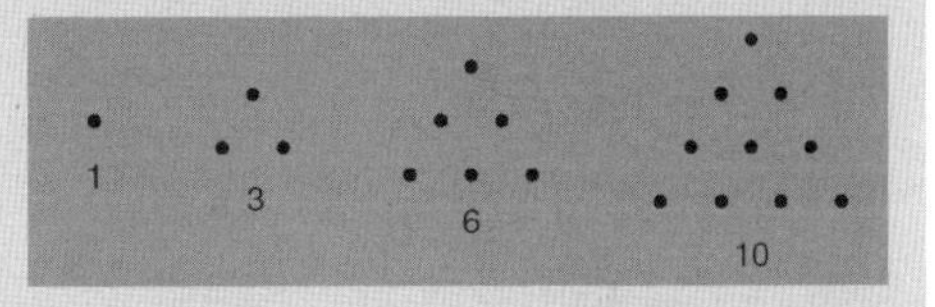

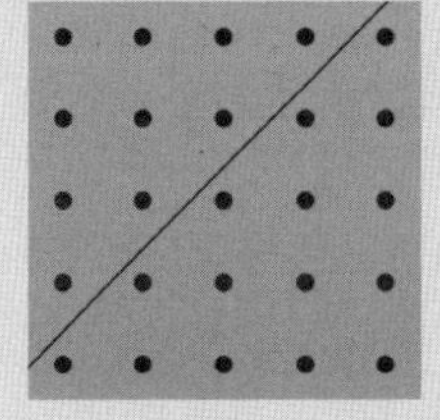

numbers) 또한 연구했다. 숫자가 적은 삼각수는 1, 3, 6, 10, 15, 21이다.

3=1+2, 6=1+2+3, 10=1+2+3+4 등등임에 주목하라.

이러한 형태를 이용해 그들은 연속되는 두 삼각수의 합은 제곱수임을 보였다. 예컨대 10+15=25이다.

피타고라스의 정리

기하학에서는 한 각이 90°인 직각삼각형이 중요하다. 예컨대 변의 길이가 3, 4, 5인 삼각형이다.

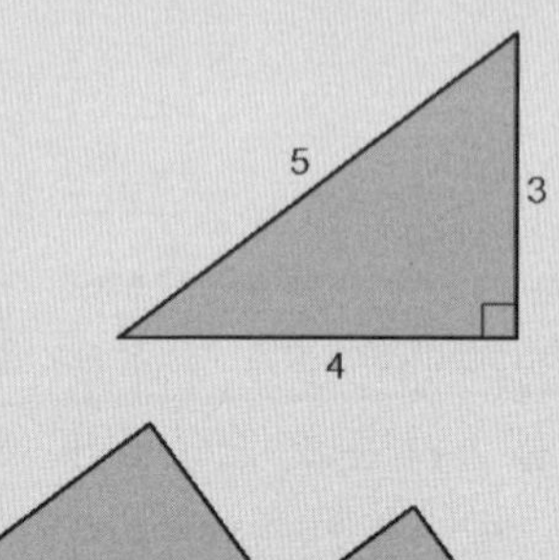

직각삼각형과 관련한 가장 중요한 결과는 피타고라스의 정리로 알려진 것이다. 하지만 그것이 피타고라스와 관련되는 역사적 증거는 현재 없다. 메소포타미아인들이 천년을 앞서 알았지만 그리스인들이 이를 처음으로 증명한 것으로 여겨진다.

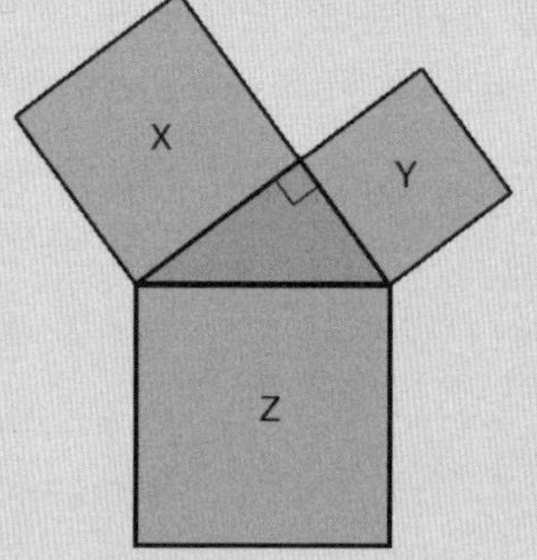

기하학적으로 피타고라스 정리는 직각삼각형의 각 변을 따라 정사각형을 그리면 가장 긴 변을 따라 그린 정사각형의 면적이 다른 두 변을 따라 그린 정사각형 면적의 합과 같음을 가정한다.

즉, (Z의 면적)=(X의 면적)+(Y의 면적)

따라서 변의 길이가 a, b, c(c가 가장 긴 변)인 직각삼각형이라면,

$a^2+b^2=c^2$이다.

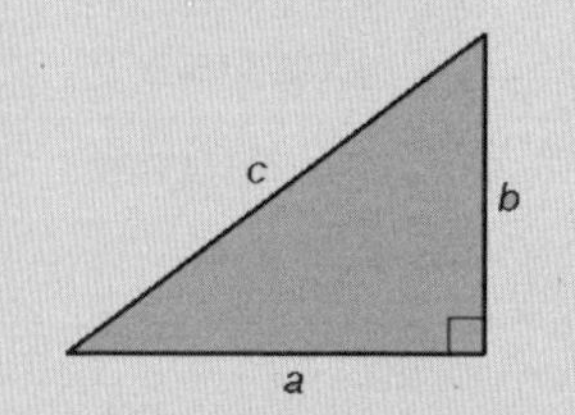

예컨대 변의 길이가 3, 4, 5인 직각삼각형이라면

$3^2+4^2=9+16=25=5^2$

다른 예는 변의 길이가 5, 12, 13인 직각삼각형과 8, 15, 17인 직각삼각형이다.

수학과 음악

피타고라스학파 사람들은 음악을 이용한, 구체적으로 말하자면, 특정 음정을 간단한 정수비와 결부시키는 실험을 했다.

이들은 현악기의 길이가 다른 현을 타고 만들어진 음조를 비교하여 이러한 비율을 발견한 듯하다. 예컨대 현의 길이를 반으로 나누고 진동수 비율을 2대1로 하면 한 옥타브 화음이, 현의 길이를 3k분의 2로 하고 진동수 비율을 3:2로 하면 완전5도 화음이 만들어진다.

피타고라스의 음악실험을 내용으로 하는 1492년 목판화

플라톤과 아리스토텔레스

Plato and Aristotle

BC500~300 무렵 아테네는 소크라테스, 플라톤(BC429~347), 아리스토텔레스(BC384~322)와 같은 학자가 속한 그리스에서 가장 중요한 지식의 중심지였다. 비록 플라톤과 아리스토텔레스 하면 제일 먼저 수학자를 떠올리지는 않지만 사실 둘 다 알렉산드리아에서의 '그리스 수학 황금기'를 위한 토대를 놓았다.

플라톤의 아카데미

아테네를 중심으로 그리스 수학의 위대한 다음 세기가 준비되었다. BC387 무렵 아테네의 외곽에 플라톤의 '아카데미'가 설립되었다. 플라톤은 여기서 글을 쓰고 학문을 가르쳤으며 아카데미는 곧 수학과 철학의 중심지가 되었다.

플라톤과 아리스토텔레스, 라파엘의 프레스코화 아테네 학당The School of Athens의 일부

이러한 분야를 공부하는 것이 국가에서 책임 있는 자리에 오를 사람들에게 최상의 교육이 되리라 믿었던 플라톤은 국가론에서 수학과 예술, 즉 산술, 기하, 천문, 음악이 각각 '철인통치자(philosopher—ruler)'에게 어

떻게 중요한지를 길게 설명했다. 플라톤의 아카데미 출입구 위쪽에는 "기하학을 모르는 자는 여기 들어서지 말라." 라는 글이 새겨져 있었다.

플라톤의 입체(platonic solids)

플라톤의 책 《티마이오스Timaeus》 또한 관심의 대상으로 이에는 정사면체, 정육면체, 정팔면체, 정십이면체, 정이십면체 이렇게 5개의 정다면체에 대한 논의가 담겨 있다.

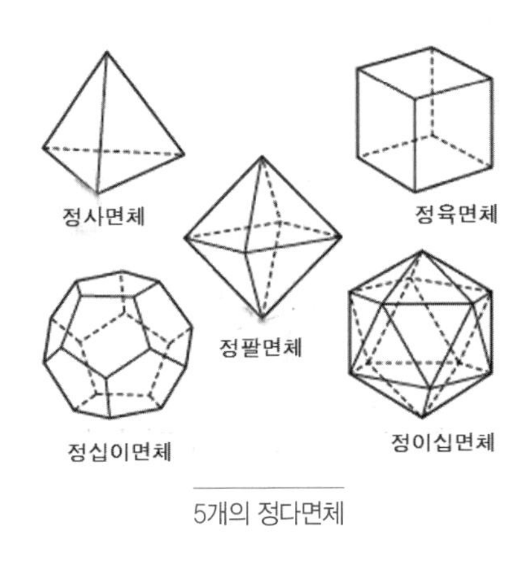

5개의 정다면체

정다면체(solid figures 혹은 polyhedron, '다면체의'라는 의미)는 모든 면이 동일한 형태의 정다각형(삼각형, 사각형 혹은 오각형))이고 각 점에 접하는 다각형의 배열도 동일하다. 예컨대 정육면체는 6개의 사각면을 지니고 한 점에서 만나는 사각형이 3개다. 정이십면체는 20개의 삼각면을 지니고 한 점에서 만나는 삼각형이 5개다.

플라톤은 티마이오스에서 우주를 정십이면체와 결부시키고 다른 4개의 정다면체를 흙, 공기, 불, 물에 대응시켰다. 그 결과 정다면체는 종종 '플라톤의 입체'라 불린다.

소크라테스와 노예소년

짧은 대화편 《메논Meno》에서 플라톤은 소크라테스가 모래에 길이가 2이고 넓이가 4인 정사각형을 그리고 노예소년에게 면적이 두 배(8)인 정사각형을 그리는 방법이 무엇인지 묻는 장면을 묘사하였다.

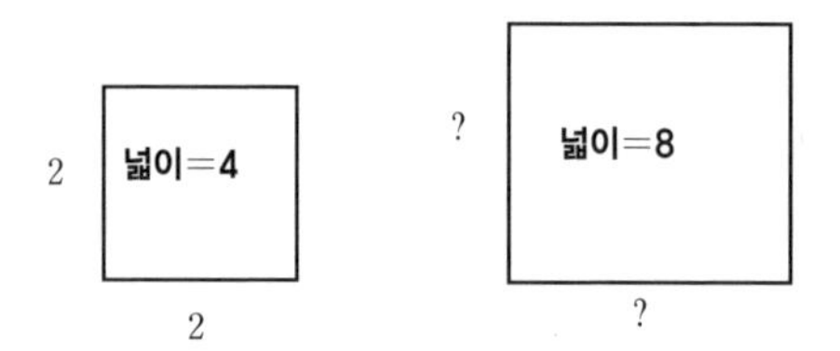

소년은 먼저 정사각형 변의 길이를 두 배, 4로 할 것을 제안하지만 그러면 면적이 4배(16)가 되었다. 다음으로 소년은 변의 길이를 3으로 할 것을 제안하지만 역시 면적(9)이 너무 넓었다. 오랜 논의 후 소년은 마침내 처음 정사각형의 대각선을 한 변으로 하는 정사각형을 생각했고 원하는 면적인 8이 나왔다.

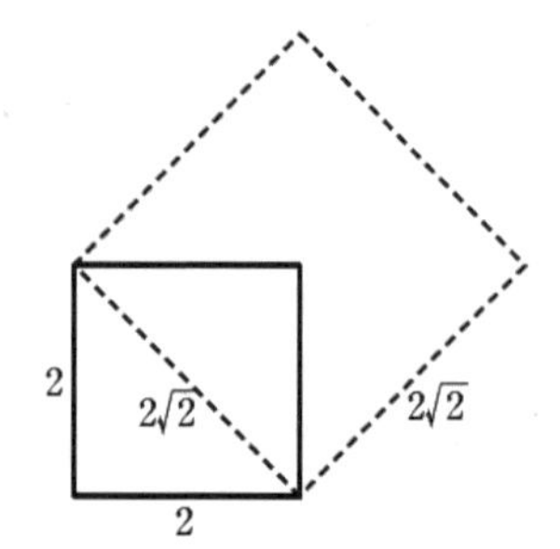

《메논》의 대화는 질문을 통한 가르침

의 훌륭한 예시로 앞서 이집트와 메소포타미아에서 보이던 것과는 전혀 다르다.

아리스토텔레스

아리스토텔레스는 17살에 아카데미의 학생이 되어 플라톤이 죽을 때까지 20년 이상 그곳에 머물렀다.

아리스토텔레스는 논리적인 질문에 매료되어 논리와 연역추론을 체계적으로 공부하였다. 그는 특히 수학적 증명의 특징을 연구하고

모든 사람은 죽는다

소크라테스는 사람이다

따라서 소크라테스는 죽는다

와 같은 (삼단논법으로 알려진) 연역법에 관심을 기울였다.

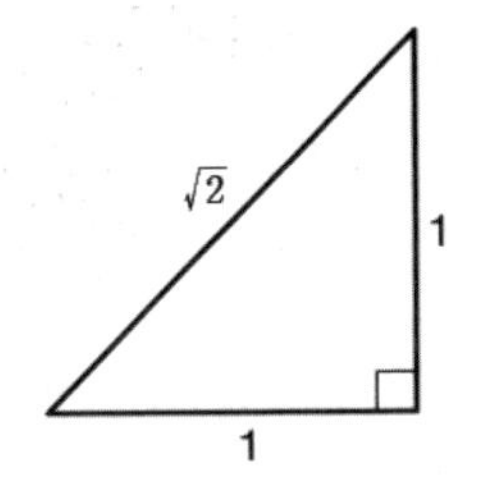

아리스토텔레스는 사각형 한변 : 대각선의 비($\sqrt{2}$)는 p와 q가 자연수인 $\frac{p}{q}$ 형태의 분수로 나타낼 수 없다는 증명도 했다.

$\sqrt{2}$는 분수 $\frac{p}{q}$로 쓸 수 없다

모순에 의한 증명이다. $\sqrt{2}$를 $\frac{p}{q}$인 분수로 쓸 수 있다고 가정하고 이 가정이 모순임을 보인다.

- 이 분수가 기약 분수라 가정한다. 즉, p와 q는 공약수가 (1 이외에는) 없다.
- $\sqrt{2}=\frac{p}{q}$를 제곱하면 $2=\frac{p^2}{q^2}$ 다시 $p^2=2q^2$이라 쓸 수 있다.
  (q^2의 2배이기에) p^2은 반드시 짝수가 되어야 함을 의미한다.
  따라서 (p가 홀수라면 p도 홀수이기에) p 역시 반드시 짝수여야 한다.
- p가 짝수이기 때문에 $p=2k$라 쓸 수 있다. k는 임의의 자연수이다.
  따라서 $p^2=2q^2=4k^2$이고 여기서 $q^2=2k^2$가 나온다.
  q^2이 짝수라면 q 역시 짝수이다.
- 하지만 이는 p와 q가 모두 짝수가 되어 2를 약수로 가지게 된다.
  이는 p와 q가 공약수가 가지지 않는다는 사실에 모순된다.

$\sqrt{2}$를 $\frac{p}{q}$인 분수로 쓸 수 있다는 처음의 가정이 모순의 원인이다. 그러므로 이 가정은 거짓이다. 즉, $\sqrt{2}$는 분수로 쓸 수 없다.

유클리드

Euclid

BC300 무렵 프톨레마이오스 1세가 권력을 잡으면서 수학의 중심지는 그리스 제국의 이집트 지역으로 이동했다. 프톨레마이오스는 알렉산드리아에 대학을 설립하는데 이는 이후 800년 이상 학문의 중심지가 되었다. 그는 명성이 자자한 도서관도 운영을 시작하는데 이곳은 화재로 파괴되기 전까지 5천만 필사본을 소장했다. 알렉산드리아의 파로스 등대는 고대의 7대 불가사의 중 하나이다.

《원론》

알렉산드리아와 관련하여 첫 번째로 중요한 수학자는 유클리드(BC300)였다. 유클리드는 기하학, 광학, 천문학에 관하여 글을 썼지만 그의 가장 중요한 저서는《원론》이다. 이는 시대를 초월하여 널리 읽히고 큰 영향력을 발휘하는 책이다. 2000년이 넘는 시간 동안 읽혔으니 아마도 성경을 제외하고는 가장 많이 인쇄되었을 것이다.

유클리드의《원론》은 이미 알려진 수학적 업적을 논리적 과정, 즉 연역추론으로 집대성한 것이다. 그는 먼저 공리와 공준에서 시작해 연역법을 활용해 체계적으로 새로운 정리를 이끌어냈다.《원론》이 이런 부류의 첫 책은 아니지만 가장 중요한 책이긴 하다.

《원론》은 13항목으로 구성되며 각각을 '권(Book)'이라 부르지만 실은 파피루스 두루마리에 기록되었다. 전통적으로 이를 평면기하학, 산술, 입체기하학의 세 부분으로 나눈다.

평면기하학

(I 권부터 VI권까지의) 평면기하학 부분은 점, 선, 원과 같은 기본적인 용어의 정의로 시작하고 이어서 눈금이 없는 자와 컴퍼스로 작도를 가능케 하는 몇몇 공리 (혹은 공준)가 나온다. 다음은 공준의 예이다.

- 주어진 한 점에서 다른 임의의 점까지 직선을 그을 수 있다.
- 주어진 중심과 반지름으로 원 그릴 수 있다.

그 다음 유클리드는 첫 번째 정리, 즉 주어진 직선 AB를 밑변으로 등변삼각형(정삼각형)을 작도할 수 있다를 해결한다.

유클리드는 위의 두 번째 공준에 따른 작도로 중심이 A이고 반지름이 AB인 원, 그리고 중심이 B이고 반지름이 AB인 원을 그렸다. 두 원은 C와 D 두 점에서 접하고 삼각형 ABC (혹은 ABD)는 등변삼각형이 된다.

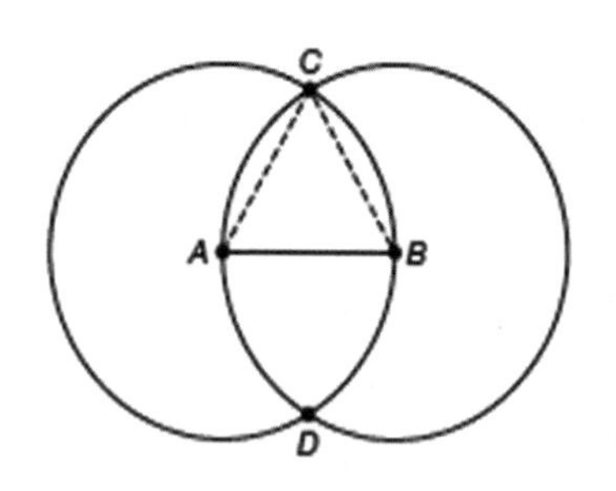

유클리드는 이러한 작도로 항상 등변삼각형을 그릴 수 있는 이유를 설명했다. 증명의 각 단계에서 유클리드는 적절한 정의 혹은 공준을 인용했다.

이어서 I권은 삼각형의 합동(크기와 형태가 같은 삼각형)과 평행선을 다루었다. 유클리드는 '모든 삼각형의 내각의 합은 180°' 라는 '내각의 합 정리(angle-sum theorem)' 와 피타고라스 정리 또한 증명하였다.

Ⅱ권에는 주어진 삼각형과 같은 넓이의 사각형을 작도하기 등 직사각형에 관한 다양한 정리가 나오는 반면 Ⅲ권에는 반원에 내접하는 삼각형에 관한 탈레스의 정리 등 원의 성질을 소개하고 내접하는 사각형에서 마주 보는 두 각의 합은 180°임을 증명했다.
Ⅳ권에서는 원에 내접하는 정오각형, 정육각형, 정십오각형을 작도하였다.

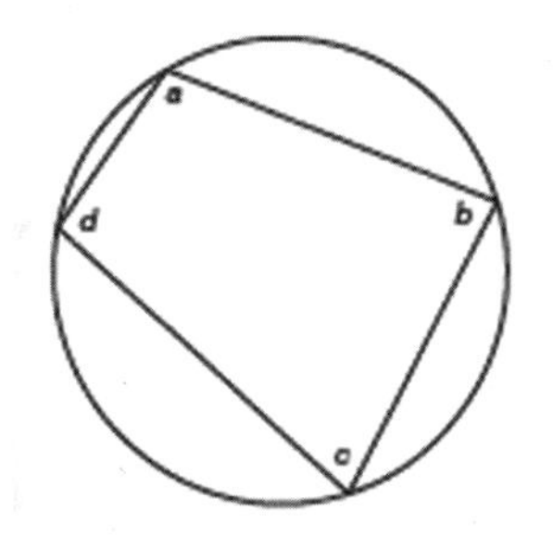

Ⅴ권은 플라톤의 아카데미 학생인 에우독소스[Eudoxus]의 공헌일 것이다. Ⅴ권은 현대의 개념으로 예를 들자면 $\frac{a}{b}=\frac{c}{d}$ 라면 $\frac{a}{c}=\frac{b}{d}$ 이라는 길이의 비를 다룬다. 이는 Ⅵ권의 유사한 기하학적 도형들 (형태는 같아야 하지만 크기가 같을 필요는 없다)에도 적용된다.

입체기하학

유클리드 《원론》의 마지만 세 권은 입체기하학에 관한 것이다. 이 중에서 XIII권이 가장 뛰어나다. 유클리드는 다섯 가지 정다면체 (정사면체, 정육면체, 정팔면체, 정십이면체, 정이십면체)를 연구하고 작도법을 보여준다.
가능한 정다면체는 이 다섯 가지뿐임을 증명하는 것으로 《원론》은 끝난다. 이는 수학에 있어 최초의 '분류정리(classification theorem)' 로 이 위업에 적합한 클라이맥스다.

산술

Ⅶ권부터 Ⅸ권까지는 산술적인 내용이지만 정의에는 여전히 기하학적 용어를 사용한다. 즉, 수를 선분의 길이로 표현한다. 홀수와 짝수에 관해, 하나의 수가 다른 수의 약수가 된다는 의미에 관해 논한다. 여기에서는 체계적으로 두 수의 최대공약수를 찾는 방법 이른바 유클리드의 알고리즘도 포함된다.

《원론》의 이 부분에서는 소수도 논한다. 소수는 1보다 크지만 1과 자신만을 약수로 갖는 수이다. 작은 수부터 몇 개의 소수를 나열하면 2, 3, 5, 7, 11, 13, 17, 19, 23, 29이다. 소수는 수를 구성하는 요소이기 때문에 산술에서 중요하다. 다시 말해서 모든 자연수는 소수의 곱으로 이루어진다. 예컨대 126=2×3×3×7이다. Ⅸ권에는 소수는 무한하다는 명제에 관한 유클리드의 증명이 나온다. 이는 수학에서 가장 유명한 증명 중 하나이다.

알렉산드리아에서 프톨레마이오스에게 원론을 바치는 유클리드; 루이 피기에르의 삽화, 1866

아르키메데스

Archimedes

시실리 섬 시라쿠사의 토착민이고 지금껏 가장 위대한 수학자 중 하나인 아르키메데스 (BC287~212)**는 다양한 분야를 연구했다. 기하학에서는 다양한 입체의 겉면적과 부피를 구하고, '준다면체(semi regular-solid)'를 발견하고, 나선을 연구하고, π 의 근사값을 계산했다. 응용수학에서는 유체 역학**(정지한 유체에 작용하거나 유체에 의하여 작용되는 힘을 연구하는 학문)**에 기여하고 지레의 원리를 발견했다.**

두 가지 일화

아르키메데스는 두 가지 일화로 유명한데 이는 2백년 이후 기록된 것으로 진정성이 의심된다.

첫 번째 일화는 로마의 작가 비트루비우스가 기록했다. 아르키메데스의 친구 히에로 왕은 자신의 왕관이 순금인지 아니면 일부가 은인지 알기 원했다. 아르키메데스는 목욕을 하며 몸이 더 깊이 잠길수록 더 많은 물이 가장자리로 흘러넘치는 것을 보고서 이 문제를 해결하기 위한 열쇠를 발견했다. 아르키메데스는 기쁨에 겨워 목욕탕 밖으로 뛰쳐나와 벌거벗은 채 '유레카!' (더 정확하게 '헤우레카!' 이다)를 외치며 집으로 달려갔다.

다른 일화는 로마 군인에 의한 아르키메데스의 죽음에 관한 플루

아르키메데스, 게오르크 안드레아스 뵈클러, 1661

타르크의 기록이다. BC212 시라쿠사의 포위 기간에도 수학문제에 전념하고 있던 아르키메데스는 로마 군인이 다가와 그를 죽이겠다고 위협할 때 도시가 함락되었다는 사실을 알지 못했다. 아르키메데스는 그에게 자신이 문제를 풀 때까지 기다리라 부탁했고 이를 모욕으로 여긴 군인은 그 자리에서 아르키메데스를 살해했다.

수학의 응용

아르키메데스는 수학의 많은 영역에 기여하였을 뿐 아니라 수학의 적용에 관심을 가진 그리스의 몇 안 되는 수학자였다.

유체 역학에서 아르키메데스의 원리는 물에 잠긴 물체의 무게는 물로 대체된 만큼 줄어든다는 것이다. 아르키메데스는 시라쿠사를 지키기 위해 독창적인 전쟁무기도 만들었고 강에서 물을 퍼 올리기 위해 아르키메데스의 나선펌프 또한 만든 것으로 여겨진다.

그의 또 다른 업적은 지레의 원리를 발견한 것이다. 만약 저울 양 끝에 놓인 물체의 무게가 W_1, W_2라면, 무게와 반비례하여 거리가 a, b일 때 평형이 된다. $W_1 \times a = W_2 \times b$

기하학

아르키메데스는 응용수학만 연구하지 않았다. 가장 잘 알려진 그의 업적은 다음과 같다.

- 삼각형, 평행사변형, 구의 무게 중심을 계산
- 아르키메데스의 나선펌프로 알려진 것을 포함하여 나선을 연구
- 구, 원뿔, 원기둥의 부피 계산, 예컨대 (아르키메데스가 자신의 묘비에 새기기 원했다는) 원기둥은 내접하는 구의 부피의 $1\frac{1}{2}$배이다.

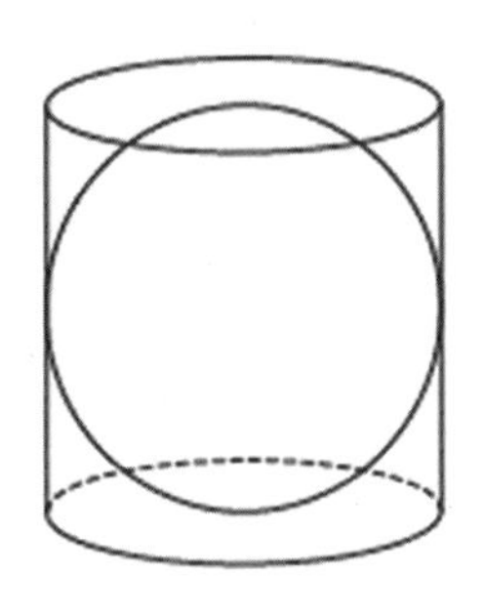

아르키메데스는 모든 면이 정다각형이지만 모든 정다각형의 형태가 동일하지는 않은 '준다면체'도 연구했다. 예컨대 깎은 정이십면체(혹은 축구공)는 정오각형과 정육각형으로 이루어진다. 아르키메데스는 이러한 입체는 단지 13개만 존재함을 밝혔기에 현재 이러한 입체는 아르키메데스의 다면체로 알려져 있다.

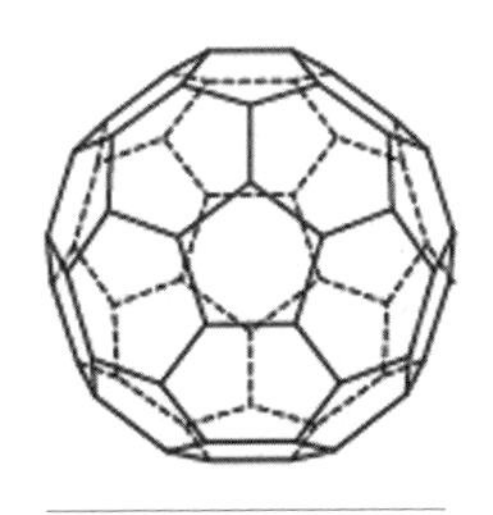

깎은 정이십면체와 축구공

원의 측정

아르키메데스의 가장 유명한 업적 하나는 원둘레와 지름의 비(즉, 원주율 π)에 관한 것이다. 그는 원에 내접하는 육각형과 원에 외접하는 육각형을 그리는 것으로 시작해 그것들의 둘레를 원둘레와 비교했다. 이를 통해 우리는 π가 3과 3.464 사이의 한 값임을 알 수 있다.

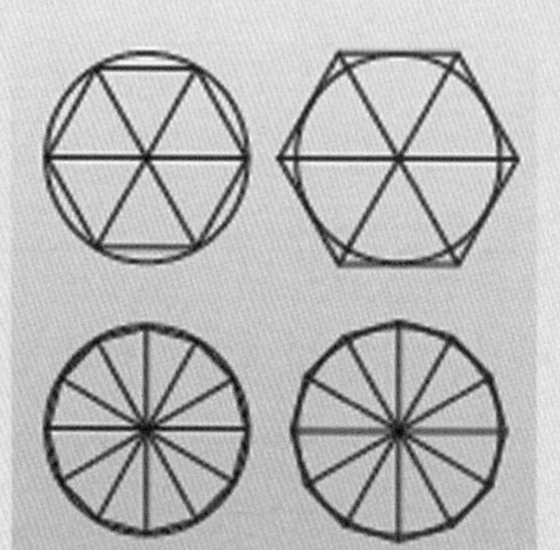

그 다음 아르키메데스는 육각형을 십이각형으로 치환하고 길이를 다시 측정했다.

이런 방식을 반복하여 실제 그리지 않고도 이십사각형, 사십팔각형, 구십육각형의 길이를 측정하여 아르키메데스는 (우리의 개념으로) $3\frac{10}{71}$ 이는 $<\pi<3\frac{1}{7}$이라 결론을 내렸다.

이렇게 하면 π의 값은 약 3.14로 소수점 둘째 자리까지 동일하다.

살펴보았겠지만 이 방법은 이후 2천년 동안 소수점 이하 여러 자릿수까지 π의 값을 구하기 위해 개량되었다.

모래 알갱이 세기

산술 영역에서 아르키메데스는 우주의 모래 알갱이 수가 무한하다고 알려진 아이디어에 반박하고자 소책자 《모래알을 세는 사람The Sand Reckoner》을 썼다. 책의 마지막에서 아르키메데스는 처음으로

$100,000,000^{100,000,000}$을 연구하여 이 수를 p라 하고 그 다음 $p^{100,000,000}$을 만들어냈다. 그가 조심스레 설명하듯 이는 매우 큰 수이지만 유한하다. 하지만 우주의 모래 알갱이 수보다는 작다. 그리스의 수 체계로는 미리아드(10,000)까지만 셀 수 있었으니 이는 참으로 주목할 만한 성과였다.

로마 병사가 아르키메데스를 살해하는 장면

아폴로니우스

Apollonius

고대부터 '위대한 기하학자'로 유명한 베르가의 아폴로니우스(BC262~190)**는 알렉산드리아로 와서 원뿔곡선에 관한 유명한 논문을 썼다. 원뿔곡선은** (원의 특별한 형태인) **타원, 포물선, 쌍곡선 이렇게 3가지 형태가 있다. 아폴로니우스의 〈원뿔곡선론〉은 진정 역작이지만 읽기가 쉽지 않다.**

원뿔의 3가지 형태

에우독소스의 제자인 메나에크무스[Menaechmus]가 원뿔곡선을 발견한 것으로 여겨진다. 그는 원뿔을 다양한 방법으로 절단하여 다음의

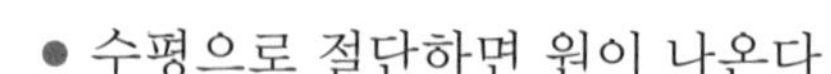
곡선을 얻을 수 있었다.

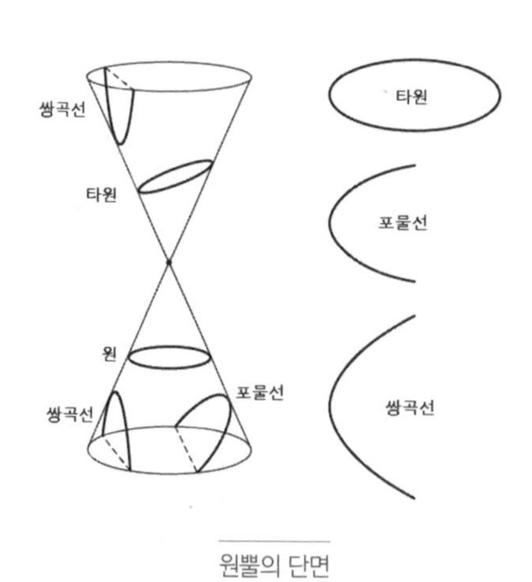

원뿔의 단면

- 수평으로 절단하면 원이 나온다
- 비스듬하게 절단하면 타원이 나온다
- 원뿔의 모선에 평행하게 절단하면 포물선이 나온다
- 수직으로 절단하면 쌍곡선이 나온다

고정된 한 점(초점)과 고정된 한 직선(준선)을 이용해서도 이러한 곡선을 얻을 수 있다. 즉, 초점과 준선 사이에서 점 P를 고정된 비율 r로 이동시킨다. $r=1$이면 포물선을, $r<1$이면 타원을, $r>1$이면 쌍곡선을 얻는다.

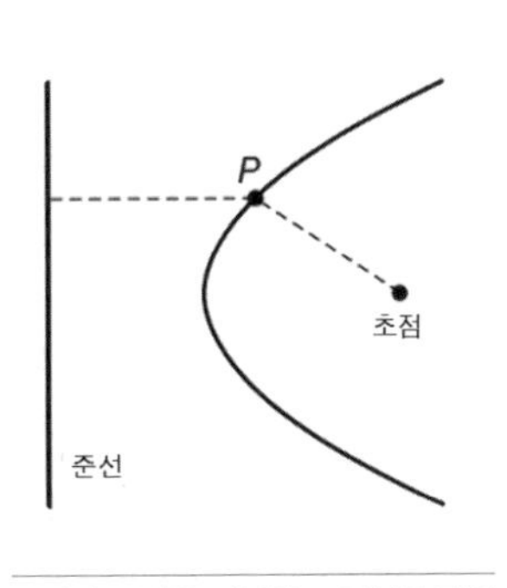

초점과 준선을 이용한 포물선의 정의

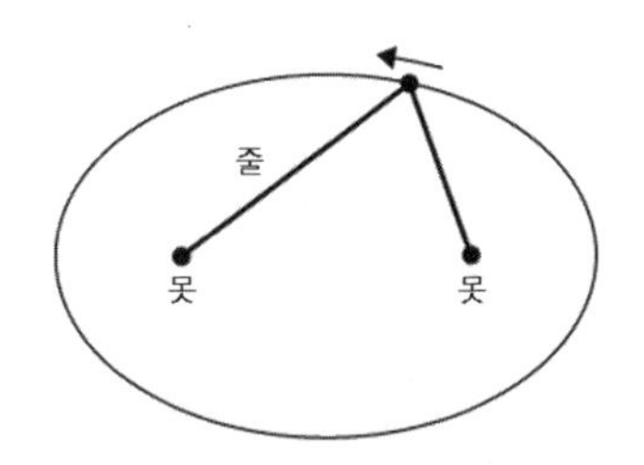

타원을 그리는 다른 방법은 (정원사들이 타원형 화단을 만들기 위해 활용한다) 두 개의 못에 줄을 매달고 곡선을 그리는 것이다.

아폴로니우스의 원뿔곡선

청년 시절 아폴로니우스는 유클리드의 제자들과 함께 공부하고자 알렉산드리아에 갔다. 그는 그곳에 머물며 기하학에 관한 많은 것을 가르치고 글을 썼다. 그중 가장 중요한 것은 기념비적인 논문 《원뿔곡선론》이다. 이는 8부분으로 이루어지는데 앞부분의 많은 부분은 이미 잘 알려진 기본적인 내용인 반면 뒷부분은 놀랍도록 독창적인 내용이다.

우리는 주로 논문의 서문을 통해 아폴로니우스의 삶에 대해 안다. 아폴로니우스는 동료 기하학자들과 그의 연구에 관해 논의하기 위해 페르가몬과 에페수스를 방문했다.

이후 출판된 아폴로니우스의 원뿔곡선론

15세기에 인쇄술이 발명된 후, 그리스의 많은 저작이 책의 형태로 출판됐다. 여기서 우리가 보는 것은 16세기 판 〈원뿔곡선론〉과 (헬리 혜성으로 유명한) 에드먼드 핼리의 1719년 판 책의 표지다. 핼리의 책 표지는 난파되어 겁먹은 동료들과 로도스섬에 있는 그리스 철학자 아리스티포스[Aristippus]를 묘사한다. 모래에 몇몇 기하학적 도형이 그려져 있는 것을 보고 아리스티포스는 "내가 사람의 흔적으로 찾았으니 기운을 내자."라고 소리쳤다.

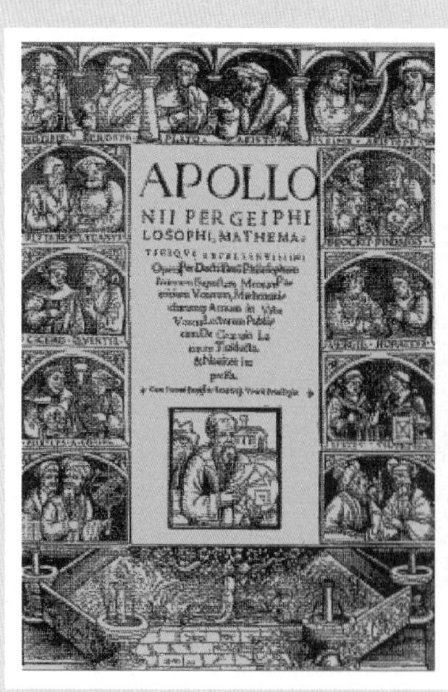
APOLLO
NII PERGEI PHI
LOSOPHI, MATHEMA-

아폴로니우스의 원

아폴로니우스의 가장 유명한 업적 중 하나는 아폴로니우스의 원으로 알려진다.

평면에서 점 A와의 거리와 점 B와의 거리가 고정된 비율 $(\neq 1)$을 갖도록 점 P를 이동시킨다고 가정하면 점의 자취가 원을 형성한다.

그림의 원은 점 A와의 거리와 점 B의 거리가 2:1일 때 점 P의 자취이다.

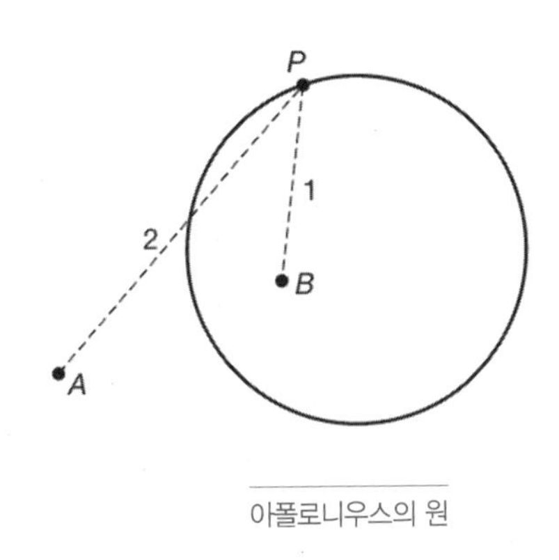

아폴로니우스의 원

히파르코스와 톨레미

Hipparchus and Ptolemy

종종 '삼각법의 아버지'라 불리기도 하는 히파르코스는 최초로 천문학 연구에 삼각법을 적용했다. 아마도 고대의 가장 위대한 천문 관측자로서 히파르코스는 분점의 세차를 발견하고, 최초의 것으로 알려진 항성목록을 만들고, 사인값을 구한 '현표(table of chords)'를 제작했다. 알렉산드리아의 클라우디오스 프톨레미(AD100~170)는 히파르코스와 다른 사람들의 연구를 토대로 일반적으로 《알마게스트Almagest》로 알려진 천문학상의 대작을 썼다.

별을 올려다보는 히파르코스, J. N. 라너드의 세계역사, 1권(1897)의 판화

히파르코스

비티니아의 니케아에서 태어났으나 히파르코스는 대부분의 삶을 로도스에서 보냈다. 로도스에서 그는 그리스보다 앞선 시대의 천문학자들의 연구와 바빌로니아인들의 기록을 토대로 상세한 항성목록

을 만들었다.

이러한 기록과 자신의 관측을 활용하여 많은 사람들이 그의 최고 업적이라 평가하는 성과도 이뤘다. 즉, 히파르코스는 분점(태양이 적도를 통과하는 점, 즉 천구상의 황도와 적도의 교차점. 북쪽으로 향하여 통과하는 점을 춘분점, 남쪽으로 향하여 통과하는 점을 추분점이라 함)과 고정된 별의 위치가 서서히 변화되는 것을 연구하여 분점의 세차(지구의 자전축이 해마다 50초 26분의 각도씩 서쪽으로 이동함으로써 춘분점과 추분점이 매년 조금씩 달라짐)를 발견했다. 히파르코스는 또한 밝기에 따라 (가장 밝은) 1부터 (가장 흐릿한) 6까지의 등급으로 별을 분류했다.

히파르코스는 천문학상의 움직임을 설명하기 위해 자신의 천문학 관측 자료를 기하학 모델에 적용했다. 또한 밤에 별을 관측할 때 시간을 추론하고자 아스트롤라베(천체의 높이나 각거리를 재는 기구) 타입의 기구를 개발했다.

삼각법

히파르코스의 저서는 거의 전해지지 않지만 클라우디오스 톨레미는 그를 가장 중요한 학자로 생각했다. 실제로 BC150 즈음 히파르쿠스가 소개한 삼각법(각도 측정을 의미함)이라는 연구 과제를 클라우디오스 톨레미가 진전시켰다.

천문학에서 그들의 가장 중요한 업적은 원의 현(원 위의 두 점을 이은 직선)길이를 측정한 것으로 이는 여러 각의 삼각비 중 사인값을 구한 것과 같다.

삼각비는 직각삼각형의 연구에서 기인한다. 만약 그림과 같이 각도가 θ라면 우리는 θ의 사인, 코사인, 탄젠트 값을 ($\sin\theta$, $\cos\theta$,

$\tan\theta$라 쓰고) 다음의 길이 비로 정의한다.

$$\sin\theta = \text{대변} \div \text{빗변} = \frac{a}{c}$$

$$\cos\theta = \text{밑변} \div \text{빗변} = \frac{b}{c}$$

$$\tan\theta = \text{대변} \div \text{밑변} = \frac{a}{b}$$

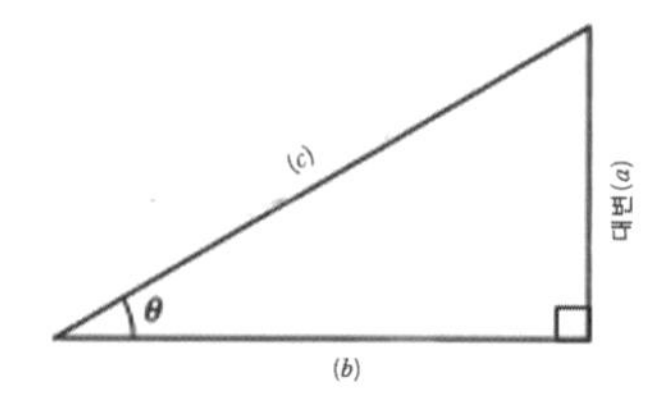

천체를 재고자 직각기를 가지고 있는 톨레미, 앙드레 테비, 1584

톨레미의 《알마게스트》

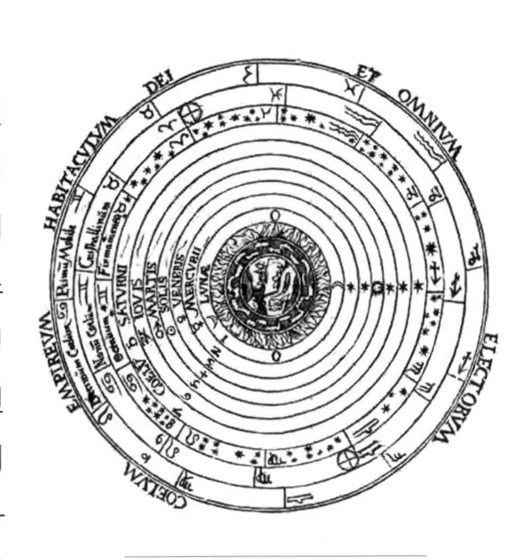

천동설, 알마게스트 라틴어 판의 삽화

천문학에 관한 톨레미의 결정적 저작 13권, 《천문학집대성Syntaxis》은 이후의 아라비아어 명칭 《알마게스트(가장 위대한 책)》로 더욱 유명하다. 거의 1500년 동안 천문학을 주도한 이 책은 태양과 달 그리고 행성의 움직임을 수학적으로 설명한다. 그리고 현표가 나오는데 이는 0°부터 90°까지의 사인값을 $\frac{1}{4}$°단위로 나열한 목록과 동일하다.

《알마게스트》는 히파르코스에 관한 정보를 얻을 수 있는 가장 중요한 자료이고 톨레미에 대해서도 책에 나오는 이상은 거의 알지 못한다.

톨레미는 알렉산드리아에서 AD127~141의 기간에 천체 관측을 했다. 이 때문에 그는 종종 알렉산드리아의 클라우디오스 톨레미라 불린다.

《알마게스트》는 놀라운 정확성으로 행성들의 움직임을 예측할 수 있는 기하학 이론을 발전시켰다. 톨레미의 지구중심 우주론은 지구는 고정되어 움직이지 않으며 태양과 행성이 지구 주위를 회전한다고 생각했다.

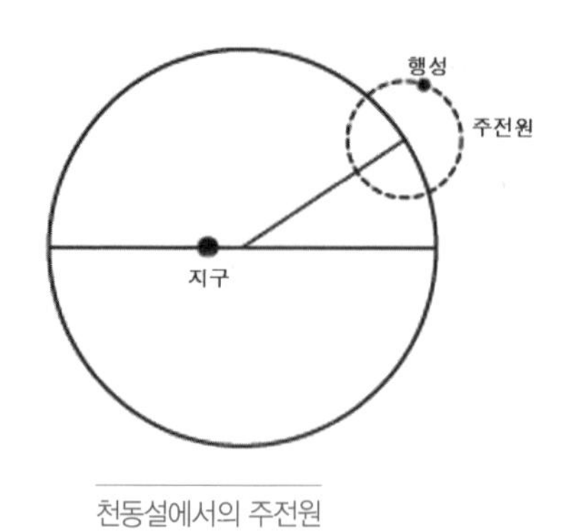

천동설에서의 주전원

태양과 행성의 움직임을 설명하기 위해 톨레미는 주전원을 도입했다. 주전원은 태양과 행성이 움직이는 것처럼 보이는 큰 원의 궤도를 중심으로 하는 작은 원이다. 톨레미는 거리와 회전의 중심, 회전속도를 적절히 조절해 정확한 움직임을 예측할 수 있었다.

톨레미의 지오그라피아(Geographia)

톨레미는 지도 제작에 기준이 되는 영향력 있는 책 《지오그라피아》 또한 출간했다. 이 책에서 톨레미는 다양한 유형의 지도 투영법을 다루고 세계의 유명지 8000 곳의 위도와 경도를 나열했다. 톨레미의 책은 1500년 이상 네비게이터로 활용되었다.

디오판토스

Diophantus

'대수학의 아버지' 라 불리는 알렉산드리아의 디오판토스는 아마도 기원후 3세기의 사람일 것이다. 그의 삶에 관하여는 알려진 바가 거의 없다. 수학에서 디오판토스의 가장 큰 기여는 13권으로 이루어진 《산수론》이지만 전부 전해지지 않는다. 대다수 그리스 수학자들의 기하학 저술과 달리 이는 대수학 모음집으로 대수문제를 제기하고 풀이했다. 디오판토스는 또한 대수학 기호를 고안해 사용한 첫 번째 수학자였다. 앞으로 보듯 《산수론》은 이후 여러 세기 동안 큰 영향을 미쳤다.

디오판토스 방정식

$3x+y=10$이라는 방정식을 푼다고 할 때 만약 x와 y가 어떤 수든 가질 수 있다면, 무한히 많은 답이 가능하다. 예를 들어,

- $x=1$이면, $y=7$
- $x=-2\frac{1}{3}$이면, $y=17$
- $x=\pi$이면, $y=10-3\pi$

하지만 x와 y가 모두 양의 정수이어야 한다면 오로지 3가지만 가능하다.

$x=1,\ y=7\ ;\ x=2,\ y=4\ ;\ x=3,\ y=1$

디오판토스 스스로는 분수해를 기꺼이 받아들였지만 풀이과정에

(보통은 해가 정수라는) 제한 조건이 부과된 대수 방정식을 디오판토스 방정식이라 부른다.

디오판토스의 나이는?

다음 문제는 그리스 시화집(Greek Anthology)으로 알려진 5세기 컬렉션에 나오는 문제다.

이 무덤에 디오판토스가 있다.
아, 얼마나 놀라운가!
무덤에는 그의 나이가
과학적으로 기록되어 있다.
신은 그가 소년으로
인생의 6분의 1을 살도록 했고,
인생의 12분의 1이 더해졌을 때
신은 그의 턱을 솜털로 덮었다.
그리고 인생의 7분의 1이 지난 후
신은 그의 결혼생활에 불을 붙였다.
결혼을 하고 5년 후에
신은 그에게 아들을 주었다.
슬프도다! 늦게 얻은 가엾은 아이야
아버지가 산 인생의 절반만큼 살았을 때
가혹한 운명이 아이를 데려갔다.
4년 동안의 슬픔을 과학으로 달래고
디오판토스는 그의 인생을 마쳤다.

무엇을 추론할 수 있는가?

문제를 통해 우리는 디오판토스 인생의 $\frac{1}{6}$이 아동기였고, $\frac{1}{12}$이 청소년기였으며, $\frac{1}{7}$이상을 청년으로 지냈다고 알려준다. 결혼 5년 후 아들을 얻었는데 그 아들은 디오판토스보다 4년 먼저 세상을 떠났다. 아들이 죽었을 때 나이는 아버지 수명의 $\frac{1}{2}$이었다. 현대 대수학 개념으로 x가 디오판토스의 수명이라면 $\left(\frac{1}{6}x+\frac{1}{12}x+\frac{1}{7}x\right)+5+\frac{1}{2}x+4=x$라는 방정식을 얻는다.

방정식을 풀면 $x=84$, 따라서 디오판토스의 수명은 84년이다.

《산수론》의 문제

다음은《산수론》에 실린 문제 몇 가지다. 디오판토스는 문제를 푸는 보편적 방법을 제시하지는 않았지만 때때로 특정 문제를 선택해 그 문제만의 풀이방식을 찾아냈다. 다음은《산수론》의 해법을 번안한 것이다. 디오판토스는 음수를 이용한 계산에 매우 만족해했다.

합과 곱이 주어진 두 수 찾기

두 수의 합은 20이고 곱은 96, 두 수의 차를 $2x$라 하자.

두 수는 $10+x$, $10-x$이다

[10은 두 수의 합 20의 절반임에 주목하라.]

따라서 $100-x^2=96$로써

그러므로 $x=2$, 두 수는 12와 8이다.

주어진 제곱수를 2개의 제곱수로 쪼개기

16을 두 개의 제곱수로 나눠야 한다.

첫 번째 제곱수를 x^2이라 하면 다른 한 제곱수는 $16-x^2$이다.

나는 한 제곱수를 $(mx-4)^2$ 형태로 두었다.

m은 모든 정수, 4는 16의 제곱근.

예컨대 한 변이 $2x-4$ 라면 제곱수는 $x^2+16-16x$인데

그러면 $x^2+16-16x=16-x^2$이다.

각 항에 음수항을 더하고 같은 항을 정리하면

$5x^2=16x$이고 $x=\frac{16}{5}$이다.

따라서 한 제곱수는 $\frac{256}{25}$, 다른 한 제곱수는 $\frac{144}{25}$이다.

두 수의 합은 16이고 모든 수는 각각 제곱수이다.

《산수론》에 실린 많은 문제들은 이보다 훨씬 복잡하고 몇 문제는 기하학 용어를 사용했다.

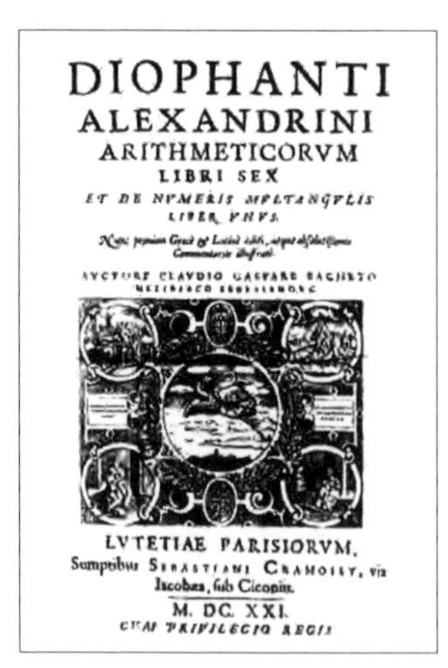
DIOPHANTI
ALEXANDRINI
ARITHMETICORVM
LIBRI SEX
ET DE NVMERIS MVLTANGVLIS
LIBER VNVS
LVTETIAE PARISIORVM,
Sumptibus SEBASTIANI CRAMOISY, via
Iacobæa, sub Ciconiis.
M. DC. XXI.
CVM PRIVILEGIO REGIS

1621년 디오판토스의 산수론 프랑스어 판

둘레가 제곱수이고 면적에 둘레의 길이를 더하면 세제곱수가 되는 직각삼각형 찾기

디오판토스에 따르면 직각삼각형의 각 변은

$\frac{1024}{217}$, $\frac{215055}{47089}$, $\frac{309233}{47089}$이다.

디오판토스의 기호

arithmetic은 수를 의미하는 그리스어 arithmos에서 유래한다. 그들의 십진법 체계에서 그리스인들은 다음과 같이 그리스의 24가지 알파벳과 고대의 3가지 기호를 사용했다.
예컨대 648은 $x\mu\eta$이라 썼다. 이 숫자들을 다른 문자와 구분하기 위해 숫자 위에 줄표를 쓰기도 했다.

디오판토스는 대수 방정식에 더욱 여러 가지 기호를 도입했다. 예컨대 K^{u}는 x^3, Δ^{u}는 x^2, ζ는 x, °는 덧셈을 의미한다. 그러면 이차 방정식 $2x^2+3x+4$를 $\Delta^{\mathrm{u}}\beta^{\circ}\zeta\gamma^{\circ}\delta$라 쓸 수 있다.

1	2	3	4	5	6	7	8	9
α	β	γ	δ	ε	ς	ζ	η	θ
10	20	30	40	50	60	70	80	90
ι	κ	λ	μ	ν	ξ	ο	π	ϙ
100	200	300	400	500	600	700	800	900
ρ	σ	τ	υ	φ	χ	ψ	ω	ϡ

파포스와 히파티아

Pappus and Hypatia

신플라톤주의자들은 종교적이고 신비주의적이었던 3세기 이후의 철학자들이다. 철학자 플로티노스[Plotinus]**에 의해 시작된 이 학파의 가르침은 플라톤과 그의 제자들의 사상을 토대로 한다. 신플라톤주의에서 가장 중요한 두 사람이 알렉산드리아의 기하학자 파포스**(290~350)**와 히파티아**(360~415)**다.**

파포스

알렉산드리아의 파포스는 고대 그리스의 마지막 수학자에 속한다. 알렉산드리아에서 일식을 지켜보며 톨레미의 《알마게스트》에 관해 이야기했다는 기록을 제외하고는 그의 삶에 관하여는 거의 알려지지 않는다. 이로부터 그가 320년 무렵에 활약했음을 유추할 수 있다.

파포스의 가장 큰 업적은 8권의 《수학집성Mathematical Collection》이다. 이 책은 산술학, 평면기하학과 입체기하학, 천문학, 역학에서의 다양한 수학문제를 다뤘다. 여기서는 기하학에서의 그의 업적 두 가지를 살펴보겠다.

벌의 지혜에 관한 에피소드

같은 형태의 정다각형으로 넓은 바닥에 타일을 붙이려면 정사각형,

정삼각형, 정육각형만 가능하다.

수학집성 V권을 보면 파포스는 벌이 벌집을 짓기 전에 기하학적인 어떤 계획을 한다고 믿었다. 위에서 말한 3가지 정다각형밖에 없음을 보이고 파포스는 다른 두 형태보다 더욱 많은 꿀을 저장할 수 있음을 알고서 벌들이 지혜로이 각이 가장 큰 육각형을 선택한다고 기록했다.

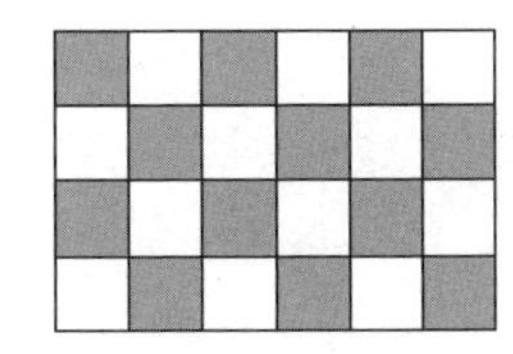
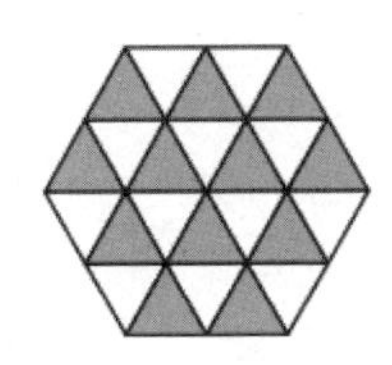
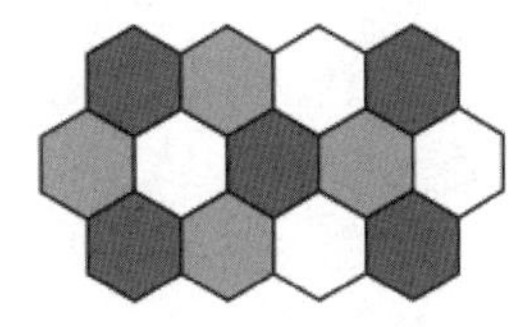

알렉산드리아의 히파티아

우리가 아는 중요한 첫 여성수학자는 알렉산드리아의 기하학자 테온[Theon]의 학생이자 딸인 히파티아다. 뛰어난 기하학자인 히파티아는 400년 무렵 알렉산드리아에서 신플라톤주의 학파의 수장이 되었다. 사람들은 유명한 히파티아의 해설과 강의를 듣고자 먼 곳에서 찾아왔다.

히파티아는 아폴로니우스의《원뿔곡선론》, 디오판토스의《산수론》등 여러 고전텍스트와 톨레미의《알마게스트》편집본에 대한 인상적인 주석서를 썼던 것으로 알려진다. 히파티아는 또한 아스트롤라베와 같은 천문학과 항해 도구를 만들어 보이기도 했다.

비극적이게도 히파티아의 삶은 415년 신플라톤주의에 반대하는 종교인 광신자 무리의 손에 무참히 끝났다. 히파티아의 죽음은 알렉산드리아의 수학에 타격을 입혔다.

히파티아는 여러 그림과 이야기 속에서 불멸하게 된다. 1853년 《물의 아이들》과 역사소설 《서쪽으로 호오!Westward Ho!》와 《선구자 헤리워드Hereward the Wake》로 유명한 빅토리아시대의 작가 찰스 킹슬리가 5세기 알렉산드리아를 배경으로 사실과 허구를 섞은 《히파티아의 전기》를 썼다.

히파티아는 기독교인 무리에게 살해당했다. 루이 피기에르의 Les Vies des Savants (1875) 삽화

파포스 정리

파포스의 다른 유명한 업적은 수학의 위대한 정리 중 하나다. 이는 평면상 선분의 교점에 관한 것으로 '육각형 정리'라 불린다.

육각형 정리
종이에 두 개의 직선을 긋고, 첫 번째 직선상 임의의 세 점 A, B, C를 선택하고 두 번째 직선상 임의의 세 점 P, Q, R을 선택한다.

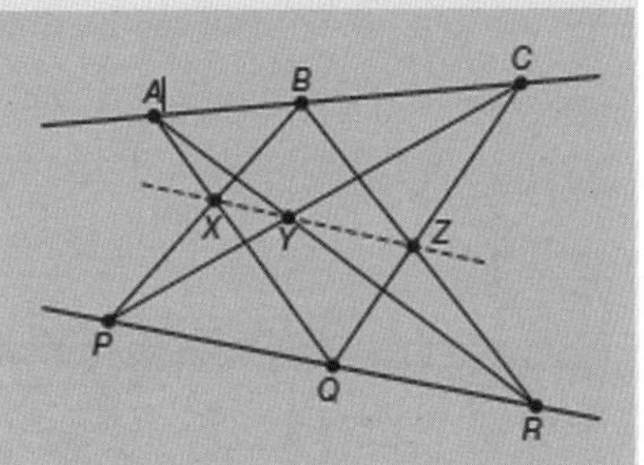

이제 여러 직선을 그리면,
AQ와 BP 두 직선은 점 X에서 만난다.
AR과 CP 두 직선은 점 Y에서 만난다.
BR과 CQ 두 직선은 점 Z에서 만난다.

파포스의 정리에 따르면 처음에 어떤 위치의 여섯 점을 선택하더라도
X, Y, Z는 항상 하나의 직선상에 위치한다.

니코마코스와 보에티우스

Nicomachus and Boethius

게라사의 니코마코스(AD60~120)는 피타고라스의 이론을 토대로 산술과 음악에 관한 중요한 텍스트를 썼다. 이후 보에티우스(480~524)도 산술과 기하에 관한 비슷한 책을 썼다. 이들의 저서는 수백 년 동안 계속해서 이용되었다.

위의 왼쪽부터 시계방향으로 보에티우스, 피타고라스, 니코마코스, 플라톤, 중세의 필사본

니코마코스

피타고라스의 추종자로서 니코마코스는 《산술입문 Introduction to Arithmetic》에 우리가 피타고라스의 업적으로 아는 많은 내용을 포함시켰다. 우리는 여기서 홀수, 짝수, 제곱수, 삼각수(일정한 물건으로 삼각형 모양을 만들 때, 그 삼각형을 만들기 위해 사용된 물건의 총 개수)의 긴 계산식을 볼 수 있다. 니코마코스는 이러한 개념을 더욱 발전시켜 오각수, 육각수, 칠각

수, 사면체수를 연구했다. 또한 그의 책에는 최초라 알려진 그리스 숫자로 된 구구단도 포함되어 있다.

그레고리우스 라이쉬의 백과사전 철학헌장Margarita Philosophica (1503)의 삽화, 4학에 속하는 산술을 내용으로 한다. 즉, (보에티우스와 아라비아숫자로 대표되는) 신(新)산술학과 (피타고라스의 주판으로 대표되는) 구(舊)산술학을 비교하는 그림

뿐만 아니라 니코마코스는 소수와 완전수도 다뤘다. 어떤 수가 (자신을 제외한) 모든 약수의 합과 같으면 완전수이다. 예컨대 28=1+2+4+7+14로 완전수이다. 유클리드는 《원론》에 이러한 수를 찾는 공식을 썼고 니코마코스는 목록에 6, 28, 496, 8128 이렇게 4개를 포함시켰다.

보에티우스

그리스인들과 비교하면 로마인들은 수학을 건축, 측량, 경영 등 실생활에 이용했지만 수학에 기여한 바는 별로 없다.

보에티우스는 로마인으로 비록 어려서 고아가 되었지만 좋은 교육을 받고 글을 쓰고 번역하는 일을 하며 일생을 보냈다. 그는 산술,

철학헌장Margarita Philosophica의 다른 4학 삽화, 천문학을 내용으로 한다. 르네상스기에 사람들은 그를 이집트의 왕 톨레미와 혼동했기에 그림 속 톨레미는 왕관을 쓰고 있다.

기하, 천문, 음악의 수학 과목인 그리스 4학에 열성적이었다.

비록 수학에 대한 지식은 다소 부족하지만 보에티우스는 많은 부분 니코마코스의 텍스트를 바탕으로 산술학을 그리고 유클리드 《원론》의 처음 4권을 바탕으로 기하학을 라틴어로 썼다.

두 작가의 저작은 아쉬운 점이 많다. 니코마코스의 책은 실수가 많고 모든 증명이 생략됐으며 보에티우스의 책도 동일하게 시시하다. 그렇지만 그들의 책은 수학에 별일이 거의 일어나지 않았던 수백 년 동안 이 과목의 교과서로 사용되었다.

중국인

The Chinese

중국의 수학사는 3000년 이상을 거슬러 올라간다. BC220 무렵 고대 중국인들은 공학기술과 수학적 계산의 개가라 할 수 있는 만리장성을 쌓았다. 중국인들은 오늘날 우리가 사용하는 것과 유사한 십진법 체계를 가장 먼저 발전시켰을 뿐 아니라 해시계를 만들고 일찍부터 주판을 사용했다.

마방진

하(夏)나라의 우황제에 관한 고대 중국의 전설이다. 우황제가 뤄허(황허의 지류) 강둑에 서 있을 때 강에서 등에 1부터 9의 수를 지닌 신성한 거북이 나타났다. 수들은 가로, 세로, 대각선의 어느 합도 동일한 3×3 마방진 형태로 배열되어 있었다.

4+9+2=9+5+1=4+5+6=15

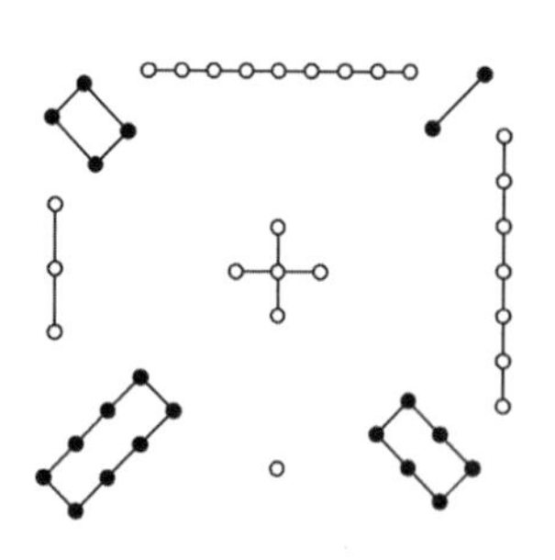

수의 이러한 특수한 배열은 수 세기 동안 아주 종교적이고 신비로운 것으로 여겨졌고 여러 형태로 나타났다. 비록 우황제가 살았던 BC2000 무렵 이후 훨씬 오랜 시간이 지나 아마도 한(漢) 왕조 시기에야 등장했던 이야기지만 말이다.

계산

중국인들은 계산에 일종의 주판을 활용했다. 그것은 일의 자리, 십의 자리, 백의 자리 등 구획이 있는 박스로 각 자리에 대나무 막대가 놓여 있었다. 1부터 9까지의 각 기호는 수직과 수평의 2가지 형태였기에 계산을 하는 사람은 인접한 숫자들을 쉽게 구별할 수 있었다. 다음의 수는 1713과 6036이다.

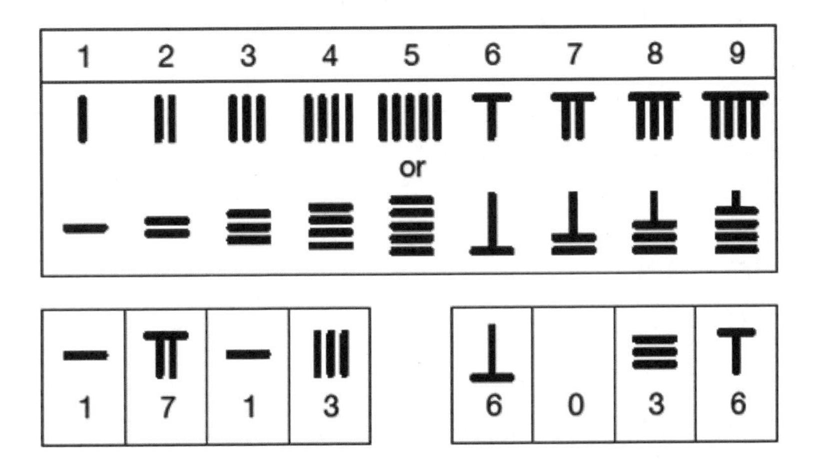

구고(句股, 피타고라스 정리)

중국인들은 기하학에서 분해했다가 다시 조립하기라는 아이디어를 냈다. 그 유명한 예가 피타고라스 정리의 그들식 명칭인 구고다. 구고는 BC100 이전의 수학 고전 《주비산경》에 나온다. 아래의 설명에는 현대의 대수 개념을 사용한다.

그림에는 기울어진 사각형(한 변의 길이는 c)이 있는데 이것을 4개의 직각삼각형(각 변의 길이는 a, b, c)이 둘러싼 결과 큰 정사각형(한 변의 길이는

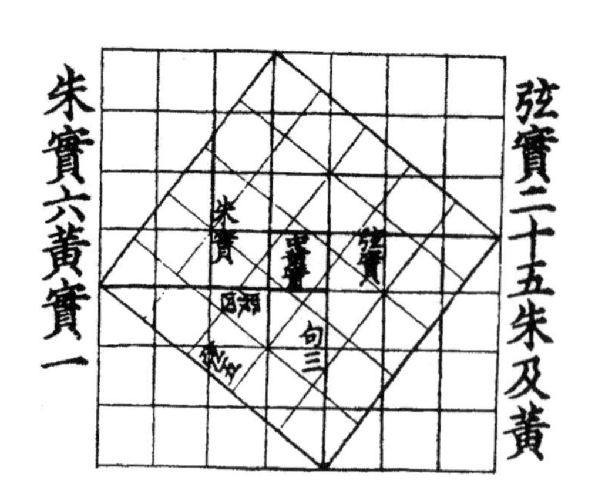

$a+b$)이 만들어진다. 여기서 우리는 변의 길이가 $a+b$인 큰 정사각형을 5조각, 변의 길이가 c인 정사각형과 각각의 면적이 $\frac{1}{2}ab$인 4개의 직각삼각형으로 자른다. 그러면 큰 정사각형의 면적은 $c^2+(4\times\frac{1}{2}ab)=c^2+2ab$이다. 또한 $(a+b)^2=a^2+b^2+2ab$이다. 그러므로 $a^2+b^2=c^2$이다.

대나무 문제

중국의 고전적 문제는 꺾인 대나무에 관한 것이다. 척(尺)은 길이의 단위다.

높이가 10척인 대나무가 부러져 줄기에서 3척 떨어진 바닥에 꼭대기가 닿았다. 대나무의 부러진 부분의 높이를 구하라.

현대의 대수학 개념으로 우리는 대나무의 부러진 부분을 x라 하고, 남은 부분을 $10-x$라 말할 수 있다. 피타고라스 정리에 의해 $x^2+3^2=(10-x)^2$이다. 이 방정식을 풀면 $x=4\frac{11}{20}$척이다.

구장산술

고대 중국의 수학은 대부분 시간이 지나면 소멸되는 대나무나 종이에 기록되었다. 남은 것 중에 눈에 띄는 것은 BC200의 것으로 추정되는 구장산술이다.

이 특별한 기록에는 246문제가 답과 함께 나오지만 풀이과정은 없다. 이는 아마도 교과서로 사용되었을 것이다. 이 책에는 다양한 기하학 도형의 부피와 면적, 제곱근과 세제곱근의 계산, 직각삼각형에 대한 연구는 물론이고 무역, 농사, 측량, 공학의 문제까지 이론적, 실제적 문제가 모두 나온다. 구장산술에는 2000년이 지나서야 유럽에서 재발견된 (현재 가우스 소거법으로 알려진) 방법을 이용한 연립 방정식에 관한 논의가 나온다.

원의 측정

중국의 여러 수학자들은 π값을 알고자 매달렸다.

지진강도를 측정하기 위한 지진계를 발명한 장형[張衡]은 AD100년 무렵에 $\sqrt{10}$(우리의 십진법으로 약 3.16) 을 제시했다.

앞서 우리는 변의 개수가 6, 12, 24, 48, 96인 정다각형으로 아르키메데스가 어떻게 $3\frac{10}{71}<\pi<3\frac{1}{7}$ (우리의 십진법으로 3.14)의 추정치를 얻는지를 살펴보았다. 유휘[劉徽]는 263년 해도산경[海島算經]에서 변의 수가 3072가 될 때까지 정다각형의 변 개수를 두 배로 늘여 $\pi=3.14159$라는 값을 얻었다.

π에 대한 중국인들의 호기심은 5세기에 절정에 달했다. 그때 조충지[祖沖之]와 그의 아들은 변의 개수가 24,576인 정다각형을 계산해 $3.1415926<\pi<3.1415927$ 을 얻었다. 뿐만 아니라 그들은 $3\frac{16}{113}$ $(=\frac{355}{113})$ 라는 어림값도 찾았다. 이렇게 하면 π값을 소수점 여섯 자리까지 구할 수 있다. 이러한 수치는 16세기까지 유럽에서 재발견되지 않았다.

인도인

The Indians

인도의 대부분 지역을 통치한 아소카왕은 BC250 무렵 처음으로 불교도가 되었다. 왕국 여기저기 법령을 새긴 여러 돌기둥에 그의 귀의가 기록되었다. 이러한 아소카 석주에는 아라비아(Hindu-Arabic) **숫자의 최초 형태인 일의 자리, 십의 자리, 백의 자리 등 각 자리가 구분된 십진법 자릿수 체계도 기록되었다. AD400 무렵부터 인도인들은 숫자 0을 플레이스홀더**(십진법에서 유효하지 않은 숫자)**로 계산에도 이용했고 음수를 활용하는 방법도 보여주었다.**

인도의 아리아바타 위성, 1975

인도의 수학은 BC600 무렵의 여러 베다문헌까지 거슬러 올라간다. 이러한 문헌에는 산술, 순열과 조합, 정수론, 제곱근풀이에 대한 초기의 연구가 들어있다. 이후 기원후 천년 내에 가장 눈에 띄는 인도의 수학자는 연장자 아리아바타(476)와 브라마굽타(598~670)다.

아리아바타[Aryabhata]

수학에 있어 아리아바타의 큰 업적 중 하나는 등차급수일 것이다. 이는 다음과 같은 급수이다.

$$5+9+13+17+21+25+29$$

여기서 연속된 두 항의 차는 항상 4이다. 아리아바타는 이러한 등차급수에 관한 여러 규칙을 발견했다. 다음은 가장 간단한 규칙이다.

> 처음과 마지막 항을 더한 값에 항 개수의 절반을 곱하라.

위의 등차급수에서 처음과 마지막 항의 합은 $5+29=34$이고 항 개수의 절반은 $3\frac{1}{2}$이다. 이 두 값을 곱하면 답 119를 얻는다.

아리아바타는 자연수, 제곱수, 세제곱수의 합 공식을 (말로) 제시했는데 이를 현대적인 개념으로 표현하면

$$1+2+3+\cdots+n=n(n+1)\div 2$$

$$1^2+2^2+3^2+\cdots+n^2=n(n+1)(2n+1)\div 6$$

$$1^3+2^3+3^3+\cdots+n^3=n^2(n+1)^2\div 4$$

예컨대 $n=10$이면

$$1+2+\cdots+10=(10\times 11)\div 2=55$$

$1^2+2^2+\cdots+10^2=(10\times11\times21)\div6=385$

$1^3+2^3+\cdots+10^3=(10^2\times11^2)\div4=3025$

아리아바타는 정수해를 구하는 대수학 문제인 디오판토스 방정식을 처음으로 체계적으로 논했다. 그는 삼각법에도 관심을 가졌고 사인함수표를 작성했고 π 값 3.1416을 구했다.

브라마굽타[Brahmagupta]

인도의 수학자들은 0의 역할을 플레이스홀더에서 계산에 이용하는 실수(實數)로 바꿨다. 천문학자이며 수학자인 브라마굽타는 AD628에 《브라마스푸땃싯단따Brahmasphutasiddhanta, 우주의 개관》라 불리는 책의 저술을 마쳤다. 브라마굽타는 이 책에서 (3과 같은) 양수 혹은 '재산'으로 시작하고 그리고 0을 설명하고 다음으로 (−5와 같은) 음수 혹은 '빚'까지로 논의를 확대하는데 이는 대단히 획기적인 것이다. 그는 그 수들의 조합에 관한 분명한 법칙 또한 말했다.

0과 음수의 덧셈은 음수이다. 양수와 0의 덧셈은 양수이다. 0과 0의 합은 0이다.

[예를 들어, $0+(-5)=-5$, $3+0=3$, $0+0=0$]

0에서 음수를 빼면 양수가 된다. 0에서 양수를 빼면 음수가 된다. 0에서 0을 빼면 0이다.

[예를 들어, $0-(-5)=5$, $0-3=-3$, $0-0=0$]

0과 양수의 곱이나 0과 음수의 곱은 0이다. 0과 0의 곱은 0이다.

[예를 들어, $0\times3=0$, $0\times(-5)=0$, $0\times0=0$]

브라마굽타는 미지수가 2개인 특별한 유형의 디오판토스 방정식을 포괄적으로 연구했다. 하지만 18세기의 수학자 레온하르트 오일러[Leonhard Euler]의 착각으로 펠의 방정식(Pell' s equation)으로 알려진다.

브라마굽타

방정식의 형태는 $Cx^2+1=y^2$, 그리고 c의 값이 주어졌을 때 자연수 해를 구한다. 예컨대 $c=3$일 때, $3x^2+1=y^2$ 를 만족시키는 자연수 x, y를 구한다.

해 2가지는 $x=1$이고 $y=2$,

왜냐하면 $(3\times1^2)+1=4=2^2$

$x=4$이고 $y=7$이다.

왜냐하면 $(3\times4^2)+1=49=7^2$,

하지만 $x=2$라면 y는 답이 없다.

브라마굽타는 c 값이 다른 여러 펠의 방정식을 풀었고 기존의 풀이에 새로운 해를 추가하는 유용한 규칙도 밝혔다. 예컨대 특정 방정식에서 하나의 해를 찾을 수 있다면 그 방정식의 다른 해를 원하는 만큼 찾을 수 있다.

풀기가 특별히 어려운 경우는 $61x^2+1=y^2$ $(c=61)$이다. 브라마굽타는 이 방정식의 가장 작은 해를 구했다.

$x=226{,}153{,}980$이고 $y=1{,}766{,}319{,}049$

이는 주목할 만한 성과이다. 이후 17세기에 프랑스의 수학자 피에르 드 페르마가 이 해를 재발견했다.

원에 내접하는 사각형

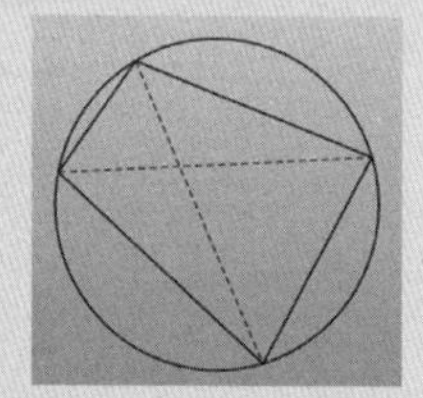

브라마굽타의 주요 관심 가운데 하나는 네 점이 모두 원에 내접하는 사각형이었다. 그는 이와 같은 사변형의 4변 길이가 주어졌을 경우에 사변형의 면적과 두 대각선의 길이를 구하는 공식을 구했다. 또한 이러한 사변형을 작도하는 여러 방법을 밝혔다.

마야인

The Mayans

가장 흥미로운 수 체계 중 하나는 중앙아메리카의 마야인들이 AD300~1000까지의 가장 풍요로웠던 시기에 사용하던 것이다. 마야인들은 오늘날 과테말라와 벨리즈 중앙의 넓은 지역에 자리잡고 북쪽에 멕시코의 유카탄 반도부터 남쪽에 온두라스까지 거주지를 넓혔다. 그들의 수 체계 대부분은 달력 만들기와 연관되었다. 그들의 달력은 20을 기반으로 하는 자릿수 체계로 발전했다.

우리는 동굴 벽과 유적, 석주에 새겨진 상형문자 그리고 한 움큼의 채색된 필사본에서 마야의 수 체계와 달력에 관한 지식을 얻는다. 필사본은 마야의 사제들에게 사냥, 파종, 기우(祈雨)를 포함한 종교의식을 가르치기 위해 만들어졌지만 1500년 이후 이 지역에 도달한 스페인 정복자들이 많은 사본을 없애버렸다.

현존하는 필사본 중 가장 주목할 만한 것은 1200년 무렵의 아름다운 드레스덴 사본이다. 유약을 바른 무화과나무 껍질에 칼라로 채색된 드레스덴 사본에서 마야 숫자의 여러 예를 볼 수 있다.

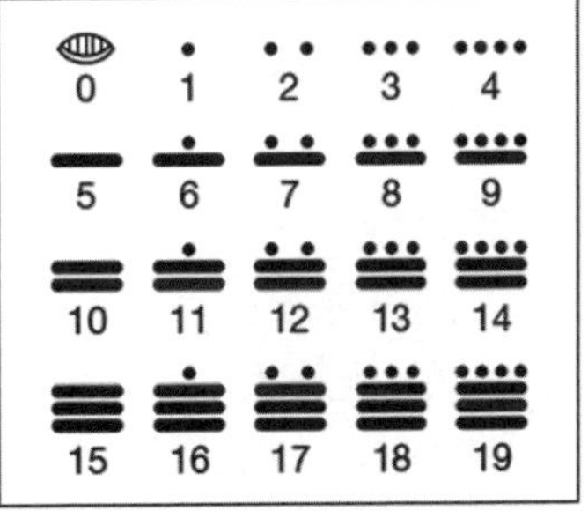

0부터 19까지 수를 나타내는 마야의 기호

마야의 수 체계

마야의 수 체계는 1을 의미하는 점, 5를 의미하는 선, 0을 의미하는 특별한 기호(조가비)를 사용하는 자릿수 체계였다. 이러한 기호를 조합해 0부터 19까지를 표현했다.

더 큰 수를 표현하기 위해 이러한 기호를 세로로 썼다. 예컨대 채색된 사본의 기호 13 위에 기호 12는 253(12×20+13)을 의미한다.

머리 형상

마야의 숫자가 지닌 흥미로운 특징은 사람, 동물, 새 혹은 신의 머리로 표현된 각 숫자를 대신하는 형태, 그림 혹은 머리 형상이라 알려진 상형문자가 있었다는 것이다. 이러한 그림을 여러 기둥에서 볼 수 있다.

다음은 다양한 수를 의미하는 머리 형상이다.

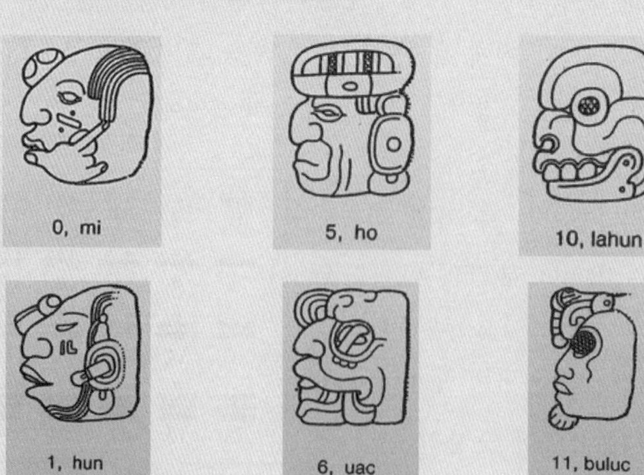

마야의 달력

시간의 흐름을 기록하고자 마야인들은 260일과 365일, 이렇게 2가지 형태의 달력을 사용했다.

260일 달력은 미래를 예측하기 위한 의례용으로 촐킨(tzolkin) 혹은 '신성한 달력'이라 알려졌다. 이는 20일씩 13달로 이루어졌다. 하루하루는 (1부터 13까지) 달과 (이믹스Imix, 익Ik, 악발Akbal 등) 신들의 이름을 붙인 20일 그림의 결합으로 이루어졌다. 그림에서처럼 날과 달이 맞물렸다. 예컨대 1이믹스 다음은 2이믹스, 3이믹스 등등이 아니고 2익, 3악발 등으로 이어져 결국 13×20=260일의 주기가 나왔다.

365일 달력에서 마야인들은 달력상 날수를 고려해 그들의 수 체계를 수정했다. 이렇게 하기 위해 그들은 이십진법 체계에 18개월을

마야의 필사본 일부

도입했고(18×20=360), 여기에 365일을 채우기 위해 추가로 '불길한' 5일을 더했다. 그들의 계산체계는 다음의 단위를 바탕으로 한다.

1킨(kin)=1일

20킨스(kins)=1위날(uinal)=20일

18위날(uinals)=1툰(tun)=365일

20툰스(tuns)=1카툰(katun)=7200일

20카툰스(katuns)=1박툰(baktun)=144,000일

마야인들은 이처럼 큰 수도 계산할 수 있었다.

이러한 두 종류의 달력은 독립적으로도 운영되었고, 결합해 역법주기(calendar round)를 결정하기도 했다. 여기서 260일과 365일의 최소공배수는 18,920일 혹은 52년이다. 그리고 52년은 더욱 긴 시간의 주기에 다시 포함되었다. 마야인들이 사용한 가장 긴 시간 주기는 5125년의 장주기(long count) 달력이다.

마야의 260일 달력

알 콰리즈미

Al–Khwarizmi

750년부터 1500년 무렵에 메소포타미아에서는 그리스와 인도 문화에 대한 관심이 일었다. 선지자 무하마드의 가르침에 자극받아 이슬람의 학자들은 고대문헌을 붙들고 그것들을 아라비아어로 번역하고 거기에 해석과 주석을 더했다. 실크와 향료의 통상로였기에 바그다드는 그리스 기하학자들의 저작과 자리수 체계를 포함한 인도 학자들의 업적을 충분히 받아들일 수 있었다.

바그다드의 칼리프들은 수학과 천문학을 적극적으로 장려했다. 9세기 초의 칼리프 하룬 알 라시드[Harun al–Rashid]와 그의 아들 알 마문[Al–Ma'mun]은 광범위한 도서와 천문대를 갖춘 과학기관인 하우스오브위즈덤을 설립하고 지원했다. 거기서 이슬람의 수학자들은 그리스 유클리드, 아르키메데스와 다른 학자들의 글을 번역하고 논했으며 인도의 십진법 수 체계를 현재의 아라비아 수체계로 발전시켰다.

경위의를 이용하는 초기 이슬람의 천문학자들

알 콰리즈미(783~850)

하우스오브위즈덤의 최초 학자들 중 하나는 페르시아의 학자 무하마드 이븐 무사 (알) 콰리즈미(페르시아 이름은 아라비아의 접두사 '알'을 생략)다. 2개의 유명한 항성표를 작성하고 아스트롤라베에 대한 중요한 논문을 쓴 알 콰리즈미를 수학자들은 주로 산술과 대수에 관한 것은 그의 책으로 기억한다.

독창적인 업적을 담은 책은 없지만 그의 산술 책은 인도의 수 체계를 이슬람 세계에 소개하고 이후 기독교 세계인 유럽에 십진법 수 체계가 확산되도록 일조했기에 중요했다. 사실 '알고리즘(algorism)'으로 바뀐 그의 아라비아 이름은 이후 유럽에서 산술(arithmetic)을 의미하게 된다. 우리는 단계적인 문제해결 과정을 말하고자 여전히 알고리즘(algorithm)이라는 단어를 사용한다.

알 콰리즈미의 대수학책 제목은 《알자브르와 알 무카발라al-Jabr wal Muqabala, 완성과 정리를 통한 계산에 관한 개론서》이다. 이 책의 제목은 대수학(algebra)이란 단어의 어원이다. 즉, 알자브르(al-jabr)라는 단어는 대수 방정식의 한 변에서 다른 변으로 바꾸는 이항과정을 말한다.

우즈베키스탄, 히바의 알 콰리즈미 동상

알 콰리즈미의 대수는 (x가 포함되는 수와 항을 가진) 선형방정식과 (x^2이 포함되는) 이차방정식

이차방정식 풀기

얼마의 제곱에 얼마의 10배를 더하면 39디르헴(dirhem, 화폐의 단위)이 된다.
현대의 개념으로 $x^2+10x=39$이다.
알 콰리즈마는 x를 한 변으로 하는 정사각형(어둡게 칠해진 사각형)에서 시작해 세로가 x이고 가로가 5인 (5는 10의 절반임에 주의) 두 사각형을 더했다. 그런 다음 여기에 한 변의 길이가 5인 새로운 정사각형을 더하여 큰 정사각형을 만들었다.

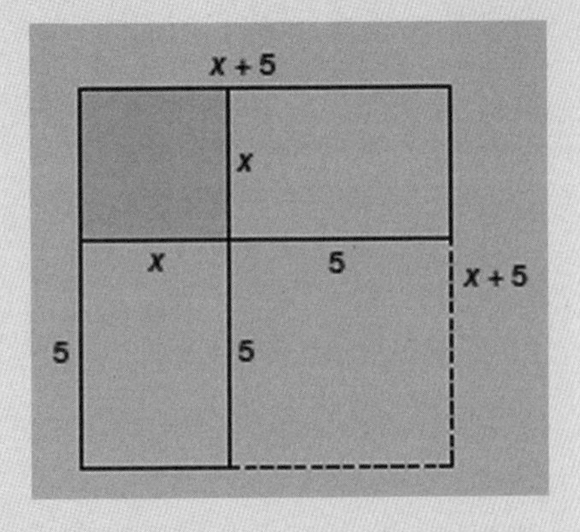

마지막에 얻은 $x+5$를 한 변으로 하는 큰 정사각형의 넓이는 $(x+5)^2$이다. 이는 넓이가 x^2과 25인 두 개의 작은 정사각형과 넓이가 $5x$인 두 직사각형으로 이루어진다.
따라서 $(x+5)^2=x^2+10x+25$이다.
$x^2+10x=39$이기 때문에 $(x+5)^2=39+25=64$이다.
알 콰리즈마는 제곱근으로 $x+5=8$임을 구하고 $x=3$이라 답을 주었다.

다른 해 (-13)은 음수이기 때문에 의미가 없다고 여겨 무시되었음을 주목하라.

을 푸는 방법에 관한 긴 설명으로 시작된다. 음수는 의미가 없다고 여겼기 때문에 알 콰리즈미는 방정식을 다음의 6가지 유형으로 분류했다. 여기서는 (a, b, c가 양의 상수인) 현대의 동치로 설명한다.

근은 숫자와 같다 $(ax=b)$

제곱은 숫자와 같다 $(ax^2=b)$

제곱은 근과 같다 $(ax^2=bx)$

제곱과 근의 합은 숫자와 같다 $(ax^2+bx=c)$

제곱과 숫자의 합은 근과 같다 $(ax^2+c=bx)$

근과 숫자의 합은 제곱과 같다 $(bx+c=ax^2)$

그런 다음 그는 $x^2+10x=39$와 같이 각 경우의 예를 들고 '제곱식을 완성'시키는 기하학 형태로 문제를 해결했다.

알하젠과 오마르 하이얌

Alhazen and Omar Khayyam

아라비아의 기하학자 중 중요한 사람은 이븐 알 하이탐(965~1039)이다. 서방에는 알하젠으로 알려진 그의 큰 업적은 광학의 연구이다. 시집 루바이야트(Rubaiyat)로 주로 기억되는 페르시아의 시인 오마르 하이얌(1048~1131)은 대수, 기하 그리고 달력에 관해 글을 썼던 수학자이기도 하다.

광학에 대한 알하젠의 광범위한 기여에는 핀홀카메라와 카메라오브스쿠라(카메라의 어원으로 '어두운 방'이라는 의미. 밀폐된 방의 한쪽 벽에 구멍을 뚫으면 바깥 경치가 다른 쪽 벽 위에 거꾸로 나타남)의 발명이 포함된다. 7권으로 된 유명한 《광학의 서Kitab al-Manazir》 5권에서 그는 '알하젠의 문제'로 현재 알려진 문제를 내고 답을 한다.

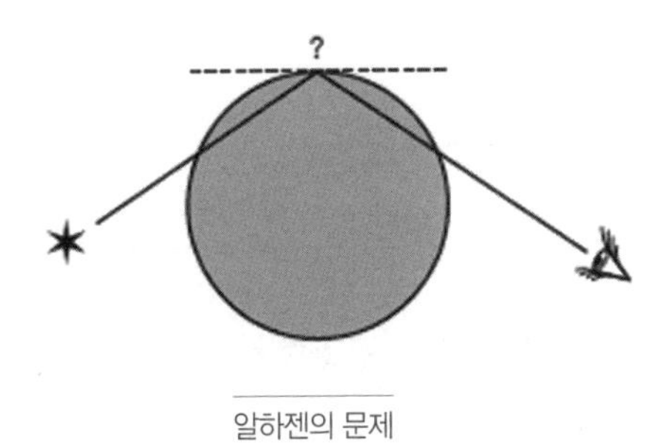

알하젠의 문제

Q. 주어진 지점에서 관측자의 눈으로 반사된 빛은 구면 거울의 어느 부분에 위치하는가?

이 문제는 주어진 두 점에서 시작된 두 선분이 교차하며 접선과 이루는 각이 동일한 점이 주어진 원주의 어느 부분인지를 묻는다. 다음은 이와 비슷한 다른 문제이다.

Q. 목표로 하는 공을 맞추려면 원형 당구대의 쿠션 어느 부분에 큐볼을 조준해야 하는가?

평행선 공준[The parallel postulate]

알하젠은 유클리드의 평행선 공준도 해결하려 노력했다.

유클리드의 《원론》은 우리가 참이라 가정하는 5가지 공준으로 시작된다. 우리가 앞서 살펴보았듯 이에는 주어진 점과 반지름으로 원을 그릴 수 있다는 것도 포함된다. 처음 4개의 공준은 짧고 간단하지만 5번째는 조금 더 복잡하다.

두 직선이 임의의 선분과 교차하여 생기는 두 내각 x, y의 합이 180°보다 작을 때, 두 직선을 무한히 연장하면 두 직선은 교차한다.

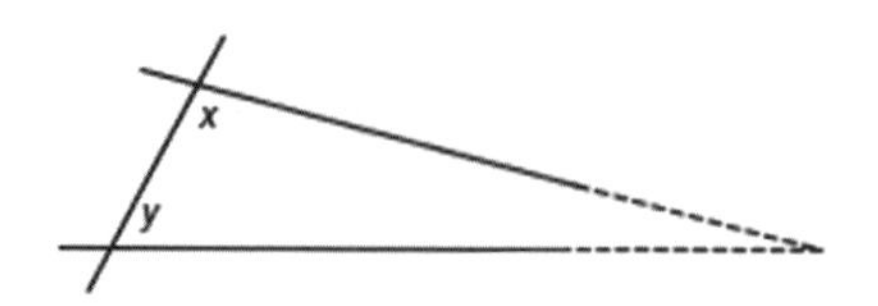

이 공준은 가정된 사실이기보다 증명해내야 할 결과처럼 보인다. 2천 년 동안 기하학자들은 다른 4개의 공준으로부터 다섯 번째 공준

을 추론하려 노력했다.

이를 증명하는 한 방법은 그와 '동등한' 다른 결과를 찾아내는 것이다. 즉, 우리가 다른 결과를 증명할 수 있다면 다섯 번째 공준도 이해된다. 동등한 결과의 하나는 다음과 같다.

임의의 직선 L과 이 직선 밖 임의의 점 P가 주어진 경우, 직선 L과 평행하고 점 P를 통과하는 직선은 단 하나이다.

이는 다음 그림과 같이 나타낼 수 있다. 그렇기 때문에 유클리드의 5번째 공준을 흔히 평행선 공준이라고도 한다.

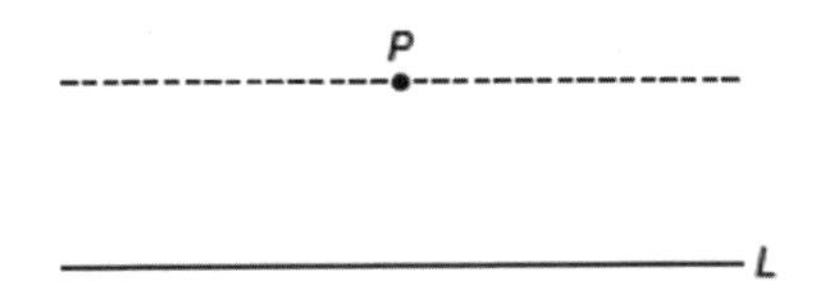

평행선 공준의 문제는 19세기까지 풀리지 않고 남아있었다.

알하젠은 평행선 공준을 증명하고자 노력한 최초의 사람 중 하나다. 그의 방식은 독창적이다. 알하젠은 점 P에서 직선 P로 수직선을 긋고 이 수직선을 그림처럼 왼쪽과 오른쪽으로 이동시켰다. 그러면 수직선의 끝이 점 P를 통과하고 직선 L과 평행한 선분을 만들었다.

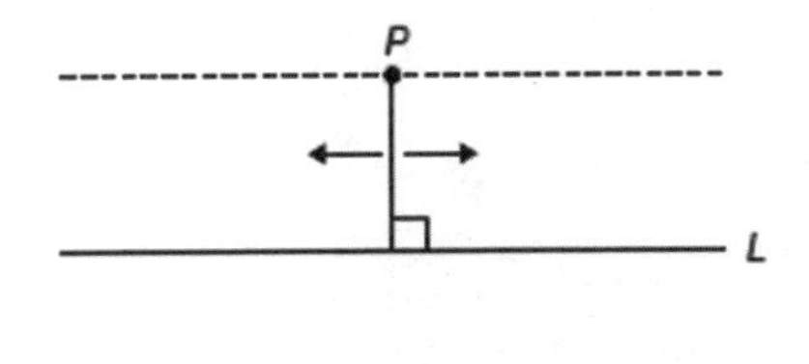

알하젠의 평행선 공준 '증명'

오마르 하이얌

평행선 공준을 증명하려던 알하젠의 시도를 공개적으로 비판한 사람은 오마르 하이얌(아라비아어로 알 하이얌)으로 그는 대수학과 역학에 관한 글을 썼다. 결론을 증명하기 위해 선분을 이동하는 것이 유클리드의 《원론》에 적합하지 않다는 것이 그의 반론이었다.

여기에는 잘못된 것이 여럿이다.

수직선이 주어진 선분 위에 머물러야지 어떻게 이동할 수 있는가?

이런 생각을 바탕으로 한 것을 어떻게 증명이라 하겠는가?

기하학과 이동이 어떻게 연관될 수 있는가?

대수학에 대한 그의 글에서 오마르 하이얌은 처음으로 (x^3이 포함되는) 3차 방정식을 체계적으로 분류해 설명했다. 이는 알 콰리즈미가 1차 방정식과 2차 방정식을 분류한 것과 유사하다. 오마르 하이얌은 여러 유형의 3차 방정식을 풀기 위해 기하학적 방식을 도입했다. 예컨대 정육면체의 부피에 변의 몇 배를 더하면 어떤 수가 된다.

오마르 하이얌

현대의 개념으로 하면 $x^3+cx=d$이다.

오마르 하이얌은 특정 반원 ($x^2+y^2=(\frac{d}{c})x$)과 특정 포물선($x^2=\sqrt{c}\,y$)를 그리고 둘의 교점을 찾는 방법을 썼다.

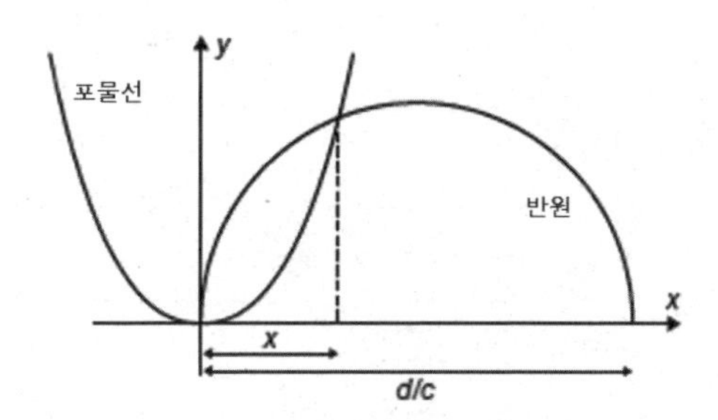

달력의 개량

오마르 하이얌의 또 하나의 관심은 달력의 개량이었다. 그는 이스파한(이란 중부의 도시)의 왕실 천문대의 8명의 지식인 가운데 하나였다. 술탄 말리크 샤 1세는 그들에게 페르시아의 태음력을 태양력으로 바꾸라는 명령을 내렸다. 그 결과인 자랄리 달력은 8세기 동안 사용되었는데 매우 정확했다. 특히 1년이 365.24219858156일이라는 계산은 몇 초밖에 틀리지 않은 것이다.

2장

초기 유럽의 수학

Early European Mathematics

초기 유럽의 수학

중세에 수학에 대한 연구가 다시 유행한 것은 크게 다음의 3가지 요소 때문이다.

- **12~13세기 동안 아라비아의 고전 텍스트 라틴어 번역**
- **최초 유럽의 대학 설립**
- **인쇄기술의 발명**

첫 번째 요소 때문에 유클리드와 아르키메데스 그리고 다른 그리스 작가들의 연구결과를 유럽의 학자들도 이용할 수 있게 되었다. 두 번째 요소 때문에 의견이 같은 학자 무리가 만나 공통의 관심사에 관해 토론할 수 있게 되었다. 세 번째 요소 때문에 일반 대중은 학자들의 연구결과를 모국어로 된 싼 값의 책으로 읽을 수 있게 되었다.

유럽 최초의 대학은 1088년 볼로냐에 세워졌다. 바로 뒤 파리와 옥스퍼드에도 대학이 세워졌다. 커리큘럼은 두 파트였다. 학사학위를 바라는 사람들이 4년 동안 공부하는 첫 번째 파트는 문법, 수사, (보통은 아리스토텔레스의) 논리로 이루어진 '3학과' 였다. 석사학위를 주는 두 번째 파트는 산술, 기하, 천문, 음악으로 이루어진 '4학과' 였다. 4학과는 그리스의 수학을 배우는 것으로 유클리드의 《원론》과 톨레미의 《알마게스트》가 포함되었다.

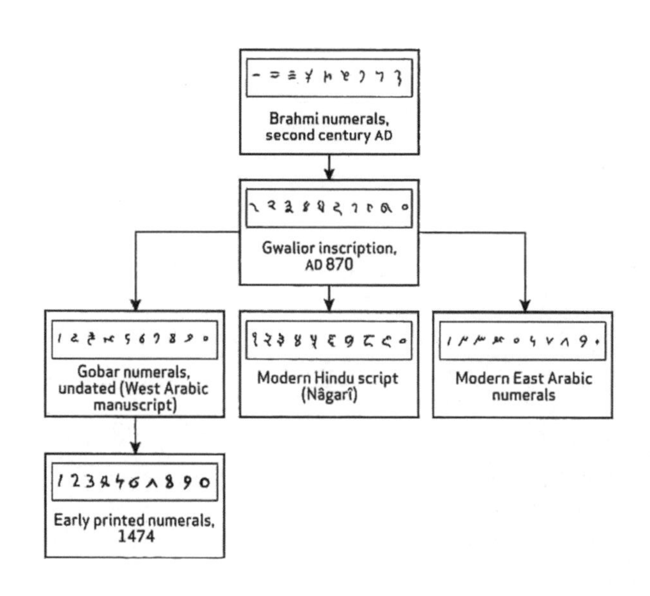

우리가 사용하는 수 체계의 기원

아라비아 숫자(The Hindu–Arabic Numerals)

앞서 아라비아 숫자가 인도에서 처음 나왔고 이후 알 콰리즈미와 바그다드 등지의 다른 이슬람 학자들이 십진법 자릿수 체계를 발전시켰음을 보았다. 아라비아 숫자는 점진적으로 현대 힌두교의 문자, 중동의 여러 나라에서 오늘날에도 볼 수 있는 (오른쪽에서 왼쪽으로 표기하는) 동아라비아의 숫자, (왼쪽에서 오른쪽으로 표기하는) 1부터 9 그리고 0인 서아라비아의 숫자 이렇게 3가지의 다른 유형으로 갈라졌다. 시간이 지나며 서아라비아의 수 체계는 서유럽 전역에서 사용되게 되었다.

하지만 서양의 아라비아 숫자(Hindu–Arabia)의 형태가 완성되기까지는 수백 년이 걸렸다. 계산에 아라비아 숫자를 사용하면 로마자를 사용하는 것보다 분명 더 편리한데도 대부분의 사람들은 실

viewing the heavens with the joynt rule

생활에 여전히 주판을 이용했다.

시간이 흘러 (라틴의) 피보나치, (이탈리아의) 파치올리, (영국의) 레코드 등이 출판한 영향력 있는 책이 아라비아 숫자의 사용을 권장하였기에 상황이 바뀌었다. 인쇄된 책들이 널리 읽히던 시점에 아라비아 숫자가 보편적으로 쓰이게 되었다.

대항해 시대

중세와 르네상스의 탐구와 개척 정신으로 사람들은 수백 년 동안 수용해 왔던 사상을 더욱 비판적인 시각으로 보게 되었다. 여러 방면에서 이러한 모습이 보인다.

- 미지의 땅을 개척하기 위한 항해
- 다양한 목적을 위한 과학도구, 수학도구의 발전과 발명
- 미술 등 여러 시각예술에 기하학 원근법을 활용
- 3차 방정식과 4차 방정식을 해결
- 수학용어와 수학기호의 발전과 규격화
- 행성운행에의 혁명적 접근/입문서
- 고전텍스트의 재발견과 재해석
- 역학의 발전
- 기하학에의 의존을 벗어난 대수학

이러한 모든 일들의 공로로 지구는 수학이라는 언어로 쓴 책이라는 관점이 발전하게 되었다. 도구가 이전보다 더욱 정교해짐에 따라 수학은 실용적인 목적에, 특히 항해, 지도제작, 천문학과 전쟁에 더욱 많이 이용되었다.

제르베르

Gerbert

500년부터 1000년까지 유럽은 수학의 암흑기로 알려진다. 고대세계의 유산은 대부분 잊혀 졌고 학교교육은 드물며 문화수준은 전반적으로 낮게 지속되었다. 달력, 손가락 셈, 산수문제에 관한 베너러블 비드[Venerable Bede], 요크의 앨퀸[Alcuin of York] 등등의 몇몇 산발적인 저작을 제외하고 수학활동은 전체적으로 드물었다.

8세기와 9세기 동안 이슬람 세계는 아프리카 남쪽 해안을 따라 그리고 스페인남부와 이탈리아 거쳐 위로 확대되었다. 카탈로니아에는 이슬람교 학교가 설립되었고 마침내 코르도바는 유럽의 과학중심지가 되었다.

이슬람의 장식적인 미술과 건축은 스페인남부를 거쳐 퍼졌다. 예컨대 코르도바 메스키타(회교사원)의 거대한 기하학적 아치, 세비야에 알카사르 요새와 그라나다의 알함브라 궁전의 다양한 기하학적 문양 타일이 유명하다.

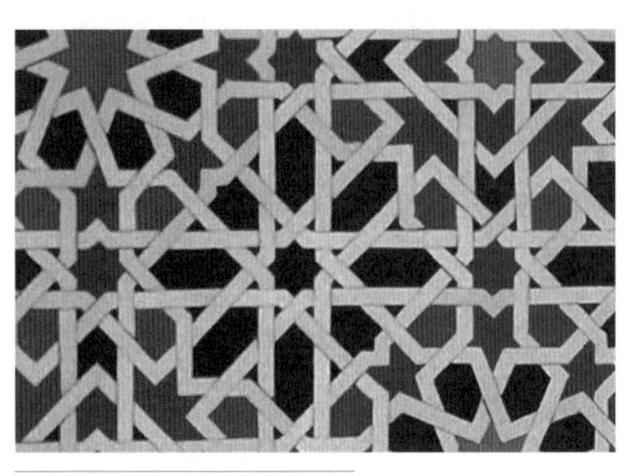

세비야 알카자르의 아라비아식 타일

코르도바의 회교사원

오리야크의 제르베르

수학에의 관심이 되살아난 것은 오리야크의 제르베르(940~1003)부터라 여겨진다. 제르베르는 성직자가 되어 남프랑스의 오리야크에서 훈련받았다. 과학에 관심을 가진 그가 공부할 수 있도록 교회는 그를 카탈로니아로 파견했고 이후 코르도바와 세비야로도 파견했다. 제르베르는 카탈로니아에서 아라비아 숫자의 진전, 아스트롤라베의 사용 등등 이슬람세계의 업적을 접하게 되었다.

제르베르는 널리 여행을 다니며 (산술, 기하, 천문, 음악) 4학 교사로서 명성을 얻었다. 제르베르는 기독교 세계인 유럽에 처음으로 아라비아

아스트롤라베

아스트롤라베는 이슬람 세계와 중세 유럽의 천문학자, 항해자, 연구자, 종교지도자들이 널리 사용하던 도구다. 완전히 개발된 후에는 아스트롤라베는 태양, 달, 별의 위치를 알고 예측하는데, 위도를 계산하는데, 메카의 방향과 기도시간을 결정하는데, 계산하는데, 별점을 치는데 이용되었다.

아스트롤라베의 발명은 고대 그리스까지 거슬러가며 특별히 히파르쿠스와 톨레미가 그 사용에 공로가 있다고 믿어졌다. 알렉산드리아의 테온(히파티아의 아버지)은 아스트롤라베에 대한 논문을 썼고 히파티아는 그에 대한 강의를 했다.

이슬람의 세기 동안 (처음에는 메소포타미아에서 이후에는 남부유럽에서) 아스트롤라베가 진가를 인정받았다. 천문학에 쓰이는 아스트롤라베 가장자리에 각도와 숫자 눈금이 추가되었다. 몇 년 후에는 항해를 위한 더욱 편리한 항해자용 아스트롤라베가 만들어졌다.

(Hindu-Arabic) 숫자를 소개했고, 목적을 가지고 특별히 제작한 주판을 사용한 사람이라 알려져 왔다.

제르베르는 그리스인들이 발명한 천문학 도구인 혼천의도 재도입했다. 금속의 원형 고리를 포개어 만든 혼천의로 지구 둘레를 이동한다고 여겨지던 태양과 행성과 별의 움직임을 볼 수 있었다.

995년에 제르베르는 오토 3세의 로마궁전에서 황제의 개인교사가 되었다. 이 시간을 거치며 교회에서 제르베르의 지위는 점차 올라갔고 998년에는 라베나의 대주교로 임명받았다. 999년에는 황제 덕택에 교황 실베스테르 2세가 되었다.

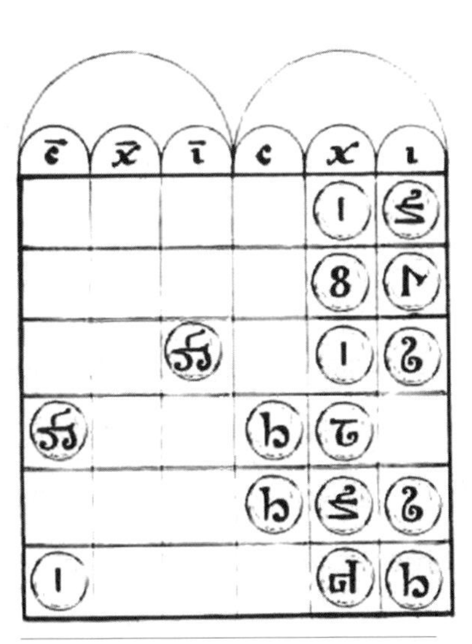

제르베르와 그의 제자들이 사용한 주판의 형태

오리야크에 있는 제르베르 동상

피보나치

Fibonacci

19세기 이후로 피보나치(보나치오의 아들)로 알려진 피사의 레오나르도(1170~1240)**는 아라비아**(Hindu–Arabic) **숫자를 보급하는 역할을 한 《산수책**Liber Abaci**》과 그의 이름을 딴 피보나치수열로 기억된다. 그는 아라비아의 수학을 서유럽에 더 널리 알리는데 꼭 필요한 사람이었다.**

피보나치는 피사에서 태어났다. 그는 지중해 전역을 두루 여행한 후 고향으로 돌아와 그가 배운 바에 더해 책을 써서 고향사람들이 셈하고 장사하는데 도움을 주었다.

레오나르도 피보나치

산수책[Liber Abaci]

피보나치에 관해 우리가 아는 바는 대부분 유명한 그의 《산수책》 서론에 나온다. 이 책의 초판은 1202년에 나왔다. 크게 4가지 영역을 다루는 이 책은 계산에 아라비아(Hindu-Arabic) 숫자를 사용하는 것으로 시작하고 다음은 일에 관련된 수학에 숫자를 사용한다. 그리고 가장 많은 부분에 오락적인 수학문제가 나오고 제곱근과 약간의 기하학에 대한 설명으로 끝난다.

산수책에 나온 문제

피보나치의 《산수책》에는 수업시간의 수학문제를 떠올리게 만드는 아래의 3문제를 포함하여 다양한 범위의 수학문제가 나온다.

Q. 나무가 한 그루 있는데 전체의 $\frac{1}{4}$ 또는 $\frac{1}{3}$이 땅 아래 있다. 땅 아래 부분이 21팔미(palmi)라면 전체 나무의 길이는?

Q. 한 마리 양을 먹는데 걸리는 시간이 사자는 4시간, 표범은 5시간, 곰은 6시간이라면 한 마리 양을 사자와 표범과 곰이 함께 먹을 때 걸리는 시간은?

Q. 참새 3마리에 1페니, 멧비둘기 2마리에 1페니, 비둘기 1마리당 2펜스(페니의 복수형)에 살 수 있다. 만약 내가 새를 30마리 사는데 30펜스를 썼고 각 종류를 적어도 1마리 샀다면 나는 각 종류를 몇 마리씩 살 수 있었을까?

다른 문제에서는 7이 거듭 곱해진다.

Q. 7명의 할머니가 로마로 가고 있다. 각 할머니는 7마리의 노새를 가졌고, 각 노새는 짐을 7개씩 지고 있다. 각 짐에는 빵이 7덩어리 들어있고 각 덩어리에는 7개의 칼이 들었고 각각의 칼에는 칼집이 7개이다. 모든 것의 총합은 얼마인가?

이는 이집트 린드 파피루스에 나온 문제를 생각나게 한다.

집 7채, 고양이 49마리, 쥐 343마리, 스펠트밀 2401, 밀 16,807이면 모든 수의 합은 19,607이다.

더 최근의 동요 또한 생각난다.

Q. 세인트 아이브스로 가는 길에 아내가 7명인 남자를 만났지 7명의 아내는 각각 7개의 가방을 들고 있었지 세인트 아이브스로 가는 새끼고양이, 고양이, 가방, 아내를 모두 합하면?

이러한 예들은 동일한 수학적 아이디어가 수천 년 동안 다른 형태로 재등장한다는 사실을 인상적으로 보여준다.

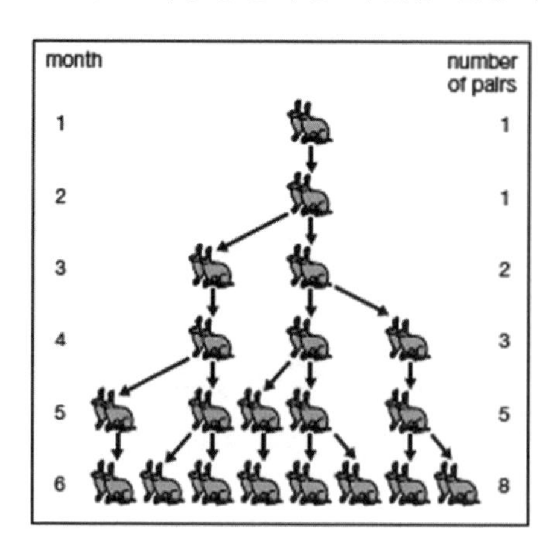

토끼 문제

《산수책》에서 가장 유명한 문제는 토끼 문제이다.

Q. 한 농부에게 새끼 토끼 한 쌍이 있었다. 토끼가 성장하는 데는 2개월이 걸리고 매달 한 쌍의 토끼를 낳는

다. 1년 후에는 토끼가 몇 쌍이 되는가?

이 문제를 풀기 위해 주목해야 할 것은

- 첫 달과 둘째 달 농부에게는 원래의 한 쌍만 있다.
- 셋째 달에 새로운 한 쌍이 생겨서 두 쌍이 되었다.
- 넷째 달에 최초의 한 쌍은 새로운 한 쌍을 낳지만, 새로운 한 쌍은 아직 성장하지 않았으므로 지금 농부에게는 토끼가 세 쌍이다.
- 다섯째 달에 최초의 한 쌍과 새로운 한 쌍은 둘 다 또 다른 한 쌍을 낳는다.

결과, 매 달 토끼의 쌍은 피보나치수열이라 불리는 아래의 수이다.

1, 1, 2, 3, 5, 8, 13, 21, 34, 55, 89, 144, ⋯ ,

(첫 두 개의 수 이후) 앞의 두 수를 더하면 연속되는 수가 된다. 예컨대 $89=34+55$이다. 이 문제의 답은 12번째 수로 144이다.

나선과 황금수

피보나치수열로 만들어진 분수는

$$\frac{1}{1}, \frac{2}{1}, \frac{3}{2}, \frac{5}{3}, \frac{8}{5}, \cdots .$$

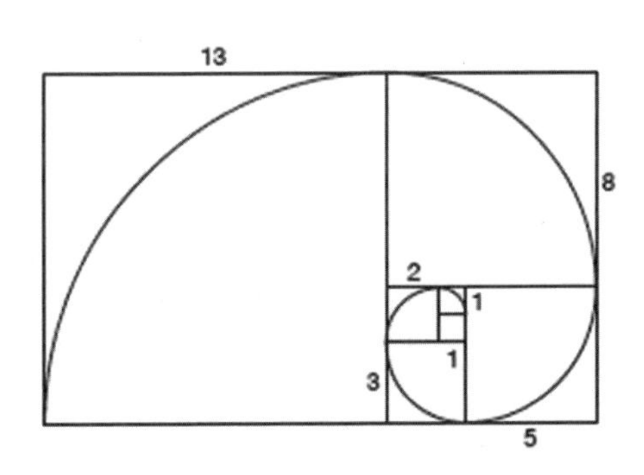

이는 '황금수' $\varphi=\frac{1}{2}(1+\sqrt{5})=1.1618$로 이는 두드러진 특징을 지닌다. 예컨대 제곱수를 구하기 위해 1을 더하고 ($\varphi^2=2.618\cdots$), 제곱근을 구하기 위해 1을 뺀다 ($\frac{1}{\varphi}=0.618\cdots$).

변의 길이가 φ대 1인 사각형이 너무 두껍지도 너무 얇지도 않으며 가장 보기 좋다고 여겨진다. 아래의 그림은 피보나치 수가 어떻게 나선 패턴을 만드는지 보여준다. 여기에 사각형이 얼마든지 더해질 수 있다.

나선의 유사한 형태를 자연 예컨대 앵무조개 껍데기와 해바라기 씨의 패턴에서도 볼 수 있다. 이러한 나선 패턴의 해바라기 씨 개수는 34, 55 혹은 89이기 쉬운데 이는 모두 피보나치 수이다.

초기 옥스퍼드의 수학자들

Early Oxford mathematicians

옥스퍼드 대학교의 실제 설립일은 불확실하나 13세기 초에 옥스퍼드 대학교에는 1214년에 '총장(Chancellor)'이라는 공식적 직함을 받은 유명한 대표가 있었다. 이는 옥스퍼드에 과학철학 전통을 확립한 그로테스트 주교(1175~1253)다.

그로테스트는 특히 기하학과 광학에 관심을 가졌고 수학을 찬미하는 다음의 글을 썼다.

> 선, 각도, 도형의 연구는 최고로 유용하다. 그러한 것들이 없으면 자연철학의 이해가 불가능하기 때문이다. (…) 기하학의 권한으로 자연을 주의 깊게 관찰하는 사람은 모든 자연현상의 원인을 설명할 수 있다.

그로테스트의 가장 유명한 추종자는 프란시스코 수도사 로저 베이컨(1214~1294)으로 아주 어릴 때 옥스퍼드에 왔고 겨우 19세에 서품을 받았다.

14세기 필사본에 등장하는 로버트 그로테스트

Dr Mirabilis로 알려진 베이컨은 그의 돈을 대부분 과학서와

오렘의 그래프

도구를 사는데 사용하고 과학적인 사안에 관해 글을 썼는데 그의 이런 사상 때문에 로마 교회와 갈등이 생겼고 그로 인해 감옥에 갇혔다. 베이컨도 그로테스트와 같은 신념을 가졌다.

수학을 모르는 사람은 다른 과학도 이 세상의 일들도 알 수 없다. 수학에 대한 지식이 없는 사람은 자신의 무지를 인식할 수도 없고 따라서 교정될 수도 없다.

베이컨의 연구실은 템즈강 위 폴리브리지에 있었는데 그의 연구실은 곧 과학자들의 순례지가 되었다. 사무엘 피프스[Samuel Pepys]는 1669년 일기에 이렇게 적었다.

그래서 수도사 베이컨의 연구실로 올라가 보았고 그 남자에게는 1실링을 주었다. 옥스퍼드 아주 훌륭한 장소.

수도사 베이컨의 연구실

머튼 칼리지

14세기 초, 학자들은 칼리지를 조직하기 시작하였고 3개의 칼리지가 존재하게 되었다. 머튼 칼리지는 곧 과학연구에 뛰어난 곳이 되었고 유럽 전역에 명성을 떨치게 되었다. 머튼 스쿨의 구성원들은 열, 빛, 힘, 밀도, 색채 등 모든 자연 현상을 수학적으로 다루려 노력했고 심지어 지식, 은혜, 자비도 수량화하려 했다.

머튼 스쿨과 연관이 있는 이는 월링퍼드의 리처드(1292~1336)로 그는 세인트 알반스의 대수도원장이 되기 전 옥스퍼드에서 공부했다. 그는 삼각법에 관한 최초의 라틴 논문을 썼고 천문학과 항해에 이용할 수학적 기기를 궁리하여 만들었다. (현재 세인트 알반스 성당에 있는) 천문학시계가 가장 유명한데 그는 1327년 〈천문학시계에 관한 논문 tractatus horologii astronomici〉에서 이를 설명했다.

머튼의 학자들 중 가장 중요한 사람은 토마스 브래드워딘(1290~1349)으로 그는 14세기 영국의 가장 위대한 수학자이다. 토마스 브래드워딘은 산술과 대수부터 속도와 논리까지를 주제로 영향력 있는 책을 여러 권 썼다. 그 내용이 너무 정통하기에 그는 Dr Profundus라 불린다. 그는 1349년 캔터베리의 대주교 자리까지 올랐으나 몇 주 후

컴퍼스로 원반을 측정하는 월링퍼드의 리처드

제프리 초서 (1342~1400)

초서(Geoffrey Chaucer)는 주로 ≪캔터베리 이야기≫의 저자로 기억된다. 그 중에 나오는 옥스퍼드의 가난한 학자 니콜라스는 침대 곁에 톨레미의 ≪알마게스트≫, 천체 관측기, 계산기 'augrim-stones'을 두었다. 그의 알마게스트와 초서는 수학적 기기에 관심을 가졌다. 천체 관측기에 관한 논문(1393)은 영어로 쓰인 최초의 과학책 가운데 하나이다.

초서의 천체 관측기

에 흑사병으로 죽는다. 수학에 관해 그는 이렇게 적었다.

수학은 모든 숨겨진 비밀을 알고 모든 문서의 미묘함을 해결하는 열쇠를 지니기에 모든 진실을 드러낸다. 수학을 간과하고 물리를 공부하려는 몰염치한 사람은 누구라도 그가 지혜의 문을 통과해 들어갈 수 없을 것임을 처음부터 알아야 한다.

오렘

Oresme

니콜 오렘(1323~1382)**은 노르망디에 캉**(Cean) **부근에서 태어났고 파리 대학교에서 공부하였으며 신학 박사학위를 받았다. 이후 그는 나바르 칼리지의 대표, 루앙 대성당의 주임사제, 리지외의 주교가 되었다. 샤를 Ⅴ세의 친구로 왕의 부탁을 받은 오렘은 아리스토텔레스의 저작들을 번역했다. 오렘은 수학의 무한급수와 비례를 연구했고 역학의 성과를 예견하고 시대에 앞서 그래프 형식으로 자료를 표현했다.**

오렘은 아리스토텔레스의 여러 의견, 특히 중력과 행성의 운동에 반대했다. 〈하늘과 땅에 관한 논문Traité du ciel et du monde〉에서 오렘은 지구가 축을 따라 회전한다는 의견을 반박하고 옹호하는 여러 주장을 살피고, 지구가 고정되어 있다는 아리스토텔레스의 주장

니콜 오렘

이 왜 타당하지 않은지를 설명하고, 지구가 서에서 동으로 이동하는지 혹은 하늘이 동에서 서로 이동하는지를 확정해줄 실험이 없다고 했다.

오렘은 또한 별과 행성을 동반하는 천구가 아닌 지구가 움직인다면 지구에서의 모든 관측이 동일하리라고도 믿었다. 코페르니쿠스의 여러 의견에도 불구하고 오렘은 자신의 의견을 그저 사색이라 여겼다.

> 모든 사람들은, 나 자신도 역시, 하늘이 움직이고 지구는 움직이지 않는다고 믿는다.

그래프

〈특질과 움직임의 배열에 관한 논문Tractatus de Configurationibus Qualitatum et Motuum〉에서 오렘은 쇠막대로 불의 특성과 백화와 연화 등 다른 '특질'을 연구했다. 오렘은 막대 각 지점의 온도(내연 혹은 위도)와 달궈진 막대의 길이(외연 혹은 경도)를 구분했다.

그 다음 두 수량을 밑변(수평축)은 경도, 논의되는 지점의 길이는 수직의 위도로 표현되는 도표로 묘사했는데 우리의 2차원 직교좌표와 비슷하다.

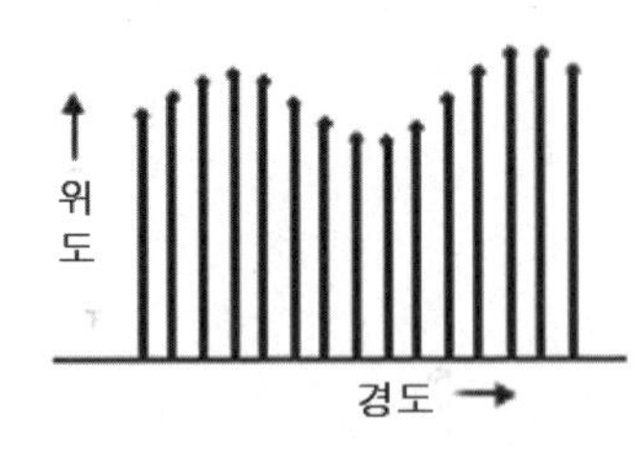

로저 베이컨

결과로 나온 도표는 (혹은 배열은) 특질의 변화를 묘사하는데 쓰였다. 수평선은 (일정한 온도 등) 움직임이 없음을 보여주며 반면에 밑변에 비스듬히 만들어진 직선은 (예컨대, 쇠막대를 따라 위도가 일정하게 증가하는) 움직임이 동일함을 보여준다.

무한급수

오렘은 수학의 여러 영역에 기여했다.

여기서는 '조화수열' $1+\frac{1}{2}+\frac{1}{3}+\frac{1}{4}+\frac{1}{5}+\cdots$ 가 어떤 한정된 수로 수렴하지 않고 한없이 증가한다는 유명한 오렘의 증명을 제시한다.

이를 증명하기 위해 오렘은 먼저 항을 분류했다.

$1+\frac{1}{2}+(\frac{1}{3}+\frac{1}{4})+(\frac{1}{5}+\frac{1}{6}+\frac{1}{7}+\frac{1}{8})+\cdots$.

그리고 이 합은 다음의 수열보다 크다는 사실에 주목했다.

$1+\frac{1}{2}+(\frac{1}{4}+\frac{1}{4})+(\frac{1}{8}+\frac{1}{8}+\frac{1}{8}+\frac{1}{8})+\cdots$

$=1+\frac{1}{2}+\frac{1}{2}+\frac{1}{2}+\cdots$

왜냐하면 각 괄호 안의 수는 $\frac{1}{2}$이기 때문이다.

뒤에 나온 수열의 합은 유한하지 않다.

따라서 원래의 수열의 합 역시 유한하지 않다.

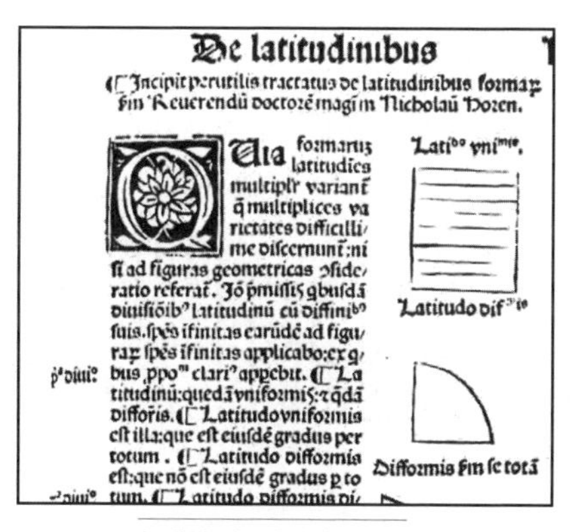

오렘의 위도방식에서 발췌

움직임에의 적용

오렘은 물체의 움직임에도 비슷한 분석을 내놓았다. 여기서는 경도가 걸린 시간이고 위도는 물체의 속도이다. 오렘은 갈릴레이보다 먼저 위도의 선분들을 이용해 주어진 시간동안 이동한 거리와 일치하는 면적을 구했다.

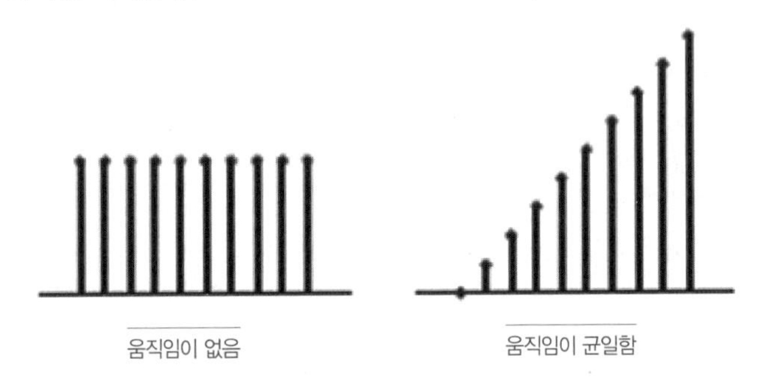

움직임이 없음　　움직임이 균일함

오렘의 또 다른 업적은 평균속력을 구한 것인데 이 역시 이후 갈릴레오의 업적이 되어버렸다.

일정한 가속도로 정해진 시간 동안 이동한 거리는 그 시간 동안 중간 속도로 일정하게 이동한 것과 동일하다.

오렘은 삼각형 ABC의 면적이 사각형 ABGE의 면적과 동일하다는 것을 관찰하여 이를 증명했다.

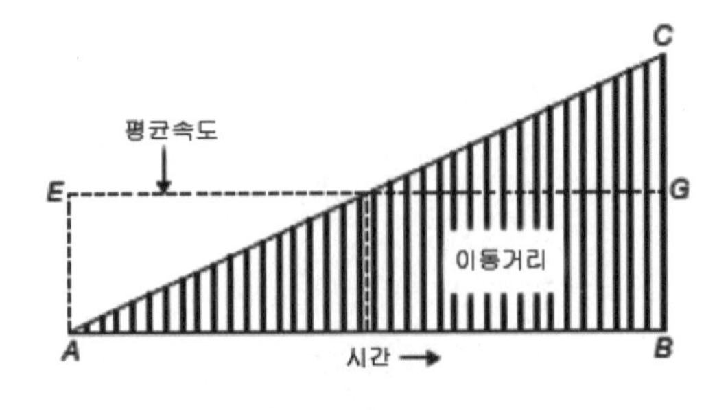

평균속력에 관한 오렘의 연구결과

레기오몬타누스

Regiomontanus

레기오몬타누스라 불리는 요하네스 뮐러 폰 쾨니히스베르크[Johannes Müller von Königsberg, 1436~1476]**는 아마도 15세기의 가장 중요한 천문학자일 것이다. 그는 관측과 이론 사이의 불일치점을 분석했다. 코페르니쿠스, 튀코 브라헤**[Tycho Brahe]**, 케플러 이후 천문학에 개혁을 행하도록 레기오몬타누스가 어젠다를 설정해 두었다는 주장이 종종 나온다. 그의 가장 중요한 2가지 업적은 톨레미의 《알마게스트》와 삼각형에 대한 글인데 둘 다 그의 사후에 출판되었다.**

레기오몬타누스는 (동프로이센 쾨니히스베르크보다 유명하지 않은) 바바리아 쾨니히스베르크 인근 마을에서 태어났다. 그는 라이프치히 대학교와 비엔나 대학교에서 공부했고 1457년에 비엔나 대학교에 임명되었다.

아스트롤라베를 가진 레기오몬타누스

톨레미의 알마게스트 축도(縮圖)

1461년 비엔나에서 함께 연구하던 게오르크 포이어바흐[Georg Peuerbach]가 죽었다. 그는 임종하며 레기오몬타누스에게 톨레미의 《알마게스트》를 요약하고 논평하던 자신의 일을 계속해달라고 부탁했다. 이 작업은 레기오몬타누스의 사후 톨레미의 《알마게스트 축도Epytoma in Almagesti Ptolemei》라는 제목으로 출간되었다. 이를 통해 서유럽 사람들은 처음으로 톨레미의 권위 있는 설명을 접할 수 있었고 16세기의 모든 유명한 천문학자들은 이 책을 공부했다. 책머리의 그림은 거대한 혼천의 아래 앉은 톨레미와 레기오몬타누스를 보여준다.

톨레미의 알마게스트 축도

1471년 레기오몬타누스는 (고향과 가까운) 뉘른베르크로 돌아와 자신의 출판사를 설립하여 상업적 목적을 위해 수학책과 과학책을 출판한 최초의 출판업자 중 하나가 되었다.

1474년 레기오몬타

누스는 이후 30년 동안 태양, 달, 행성의 위치를 표시한 도해집을 출판했다. 신세계를 향한 4번째 여행에서 크리스토퍼 콜럼버스는 1504년 2월 29일의 월식을 예측하는데 이 도해집을 활용했다. 콜럼버스는 월식의 예측을 원주민들의 관심을 끌고 위협하는데 이용했다.

삼각법

여러 도형의 변과 각 사이의 관계를 계산할 필요가 있었기에 많은 천문학자들이 삼각법의 발전에 기여하게 되었다. 삼각법의 아버지 히파르쿠스도 천문학자였고 톨레미도 마찬가지였다. 한편 이슬람교와 힌두교 천문학자들은 그리스 고전 특히 구면삼각법으로 관심을 넓혔다.

레기오몬타누스는《모든 유형의 삼각형에 관하여De Triangulis Omnimodis》로 이러한 발전을 이었다. 그는 이 책에 삼각법에 관한 자신의 이전 연구를 정리하고 유클리드《원론》의 삼각법을 살폈다.

이 책은 5권으로 이루어진다. 1권은 정의와 공리 그리고 편면삼각형의 기하학적 해법을 담고 있다. 삼각법은 2권에 처음 나오는데, 여기서 우리는 처음으로 두 변과 끼인각으로 삼각형의 면적을

DOCTISSIMI VIRI ET MATHE-
maticarum diſciplinarum eximij profeſſoris
IOANNIS DE RE-
GIO MONTE DE TRIANGVLIS OMNI-
MODIS LIBRI QVINQVE:
Quibus explicantur res neceſſariæ cognitu, uolentibus ad
ſcientiarum Aſtronomicarum perfectionem deueni-
re: quæ cum nuſquã alibi hoc tempore expoſitæ
habeantur, fruſtra ſine harum inſtructione
ad illam quiſquam aſpirarit.

Acceſſerunt huc in calce pleraq; D. Nicolai Cuſani de Qua
dratura circuli, Deq; recti ac curui commenſuratione:
itemq; Io. de monte Regio eadem de re [illegible]
[illegible], hactenus à nemine publicata.

Omnia recens in lucem edita, fide & diligentia
ſingulari. Norimbergæ in ædibus Io. Petrei.
ANNO CHRISTI
M. D. XXXIII.

모든 유형의 삼각형에 관하여
(De Triangulis Omnimodis)

레기오몬타누스의 최대치 문제

1471년 레기오몬타누스가 물었다.
바닥의 점 P에서 수직인 선분 AB를 어디에 두어야 가장 길어 보일까 (따라서 각 θ도 가장 크게 만들까)?

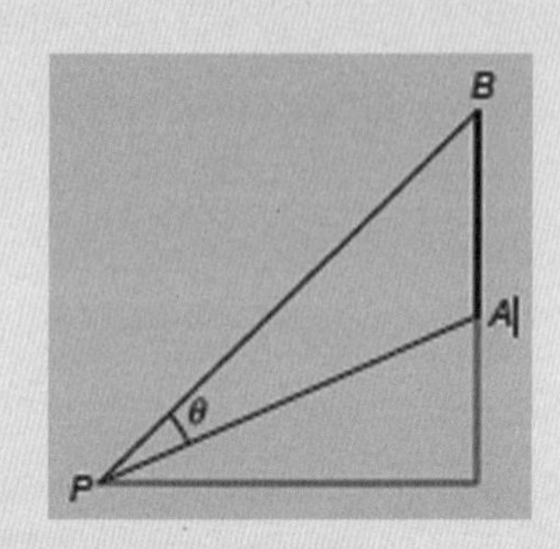

우리는 무엇 때문에 그가 이 문제를 냈는지 알지 못한다. 어쩌면 건물의 어디에 창문을 두어야 전망이 가장 좋을지를 알고자 이 문제를 냈을 수도 있다. 이 문제는 고대 이래 최초의 '극값' 문제 중 하나로 여겨진다.

구하는 공식을 볼 수 있다. 나머지 3권은 구면기하학과 삼각법을 다룬다.

레기오몬타누스의 목적은 천문학에 수학을 도입하는 것이었고 그는 이렇게 썼다.

> 위대하고 경이로운 것들을 공부하기 바라는 당신은, 별의 움직임이 궁금한 당신은 반드시 삼각형에 관한 정리를 읽어야 한다. (…) 누구도 삼각형에 대한 지식 없이 별에 대한 충분한 지식을 얻을 수 없기 때문이다. (…) 공부를 새로 시작하는 학생들은 겁내지도 낙담하지도 말아야 한다. (…) 이론에 대한 공부가 막힐 때에는 언제라도 아래에 숫자로 나타난 예들을 통해 도움을 얻을 수 있다.

원근법 화가들

Perspective painters

기하학적 동굴벽화와 꽃병, 바구니 위의 수학적 문양부터 로마인들의 모자이크와 아라비아인들의 타일 패턴에 이르기까지 수학과 시각예술의 관계는 처음부터 분명했다.

이탈리아 르네상스 초기 그림의 주목할 만한 변화는 화가들이 3차원 물체를 사실적으로 표현하는데 관심을 가졌고 그 때문에 그들의 그림에 시각적인 깊이가 더해졌다는 것이다. 기하학적인 원근법은 곧 정식 교과가 되었다.

원근법, 1610년 독일의 한 책에 실린 삽화

원근법으로 실험을 한 첫 번째 사람은 공예가이며 공학자인 필리포 브루넬레스키(1377~1446)로 그는 플로렌스 대성당의 독특한 8각형 돔을 설계했다. 브루넬레스키의 아이디어는 친구인 레온 바티스타 알베르티(1404~1472)에 의해 발전되었다. 레온 바티스타 알베르티는 정확한 원근법을 위해 그림에 수학법칙을 도입하고 1436년《회화론(Della Pittura)》에 이렇게 적었다.

화가의 우선되어야 할 의무는 기하학을 아는 것이다.

피에로 델라 프란체스카[Piero della Francesca]

또 다른 15세기 이탈리아의 미술가는 피에로 델라 프렌체스카(1415~1492)로 그는 입체기하를 탐구하는데 원근격자(perspective grid)가 유용함을 발견했고 수학적 원근법을 전임자들보다 더욱 철저히 탐구했다. 그는《회화에서의 원근법(De Prospectiva Pingendi)》과《5가지 정다면체에 관한 책(Libellus de Quinque Corporibus Regularibus)》을 썼다.

델라 프란체스카의 성인들과 있는 성모마리아와 아기예수, 원근법 사용

델라 프란체스카의 가장 유명한 그림 가운데 하나는 성인들과 있는 성모마리아와 아기예수(1472)로 그가 원근법에 정통했음을 보여준다. 예컨대 천장의 평행한 선들은 한 점으로 모이는 것처럼 보이고

뒤러의 원근법 표현 설명

정사각형들을 정사각형으로 그리지 않았다. 그림의 초점은 성모마리아의 머리다.

알브레히트 뒤러[Albrecht Dürer]

다른 장소에서도 원근법의 사용이 연구되었다. 유명한 독일의 화가이자 판화가인 뒤러(1471~1528)는 젊어서 원근법의 신비를 배우고자 이탈리아로 갔다. 그는 고향으로 돌아오기 전 그곳에서 원근법의 도입을 시작했다. 원근법을 실제로 표현하는 방법을 보여주고자 뒤러는 다수의 동판화와 목판화를 제작했다.

가장 유명한 동판화 중 하나인 독방의 성(聖) 히에로니무스(St Jerome in His Cell, 1513~1514)는 기하학적 원근법의 훌륭한 예시로 그는 이탈리아와는 다른 접근법을 취했다. 여기서 소실점은 그림의 오른쪽 가장자리에 가까운데 그 결과로 그림이 답답하지 않고 편안하다. 모든 사물은 원근법을 염두에 두고 신중히 배치되었고 그림에서 90°를 이루거나, 평행하거나 혹은 45°를 이룬다. 예컨대 왼편의 슬리퍼 한 짝은 벽에 평행하게, 다른 한 짝은 수직으로 배치되었다.

뒤러는 수학자로도 많은 업적을 이루어 이름을 남겼다. 그는 원근화를 위한 도구를 발명하고 새로운 기하학 곡선과 다면체를 발명하고 건축과 디자인에 수학을 활용하려는 사람들을 위해 글을 썼다. 그의 책들은 널리 읽혀졌고 이후 많은 수학활동을 자극했다.

뒤러의 독방의 성(聖) 히에로니무스(St Jerome in His Cell)

파치올리와 다 빈치

Pacioli and da Vinci

1440년 무렵 요하네스 구텐베르크[Johannes Gutenberg]의 인쇄기 발명은 수학의 혁명을 일으켰다. 사람들은 처음으로 수학 고전들을 접하게 되었다. 이전에는 유클리드와 아르키메데스의 고전 텍스트 등 학자들의 필사본 저작들은 오로지 학자들만 볼 수 있었다. 하지만 오늘날 인터넷이 그러하듯 인쇄본으로 훨씬 많은 사람들이 이러한 저작을 볼 수 있게 되었다.

처음에는 학자들을 위한 라틴어와 그리스어로 책이 인쇄되었고 이러한 버전이 여러 차례 발행되었다. 유클리드《원론》의 최초 인쇄본은 1482년 베니스에서 출판되었고, 10년이 지난 1492년 매력적인 톨레미의《알마게스트》가 발행되었다.

처음에는 이러한 라틴어와 그리스어였지만 일반 독자들을 위해 현지어로 된 책들도 나오기 시작했다. 여기에는 젊은이들이 장사를 할 수 있도록 준비시키기 위한 실용서 뿐만 아니라 산술학, 대수학, 기하학 입문서도 포함되었다.

인쇄기의 발명으로 수학의 표기도 점차 표준화되었다. 특히 +와 −부호는 요하네스 비드만(Johannes Widmann)이 쓴 1489년 독일의 산술책,《모든 거래에서의 빠르고 정확한 계산(Behende und

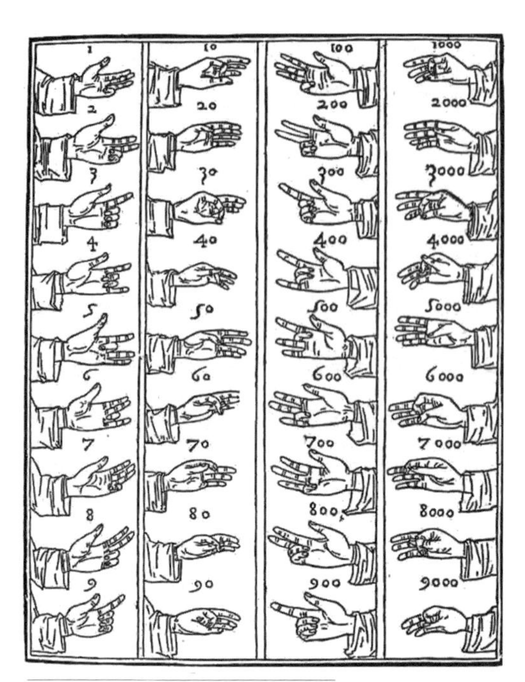

손가락 셈, 파이올리의 백과사전(Summa)

hubsche Rechenung auff allen Kauffmanschafft)》에 처음으로 등장했다. 놀랍게도 ×와 ÷ 부호는 17세기까지 보편적으로 쓰이지 않았다.

루카 파치올리

1494년에 처음 발행된 중요하고 영향력 있는 현지어 텍스트는 수학교사이자 프란체스코 수도사인 루카 파치올리(1447~1517)의 《산술, 기하, 비례, 균형 백과사전 Summa de arithmetica, geometrica, proportioni et proportionalita》이었다. 이는 그 당시 유명했던 600페이지의 수학 모음집으로 그의 학생들을 위해 이탈리아어로 썼다. 지금은 최초로 복식부기를 쓴 책으로 주로 기억된다. 이 때문에 파치올리는 때로 '회계의 아버지(Father of Accounting)'라 불린다.

루카 파치올리는 화가 피에로 델라 프란체스카의 좋은 친구였고, 성인들과 있는 성모마리아와 아기예수 그림 속에 등장한다. 다른 유명한 그림에서 파치올리는 유클리드의 정리를 설명하고 있는데 책상에는 《원론》 사본과 컴퍼스가 놓여있고 천장에는 다면체

(부풀린 육팔면체)가 늘어져 있다.

파치올리의 다른 영향력 있는 책은《신의 비례에 관하여De Divina Proportione, 1509》였다. 이 책의 다면체 목판화는 그의 친구이자 학생인 레오나르도 다 빈치가 준비했다.

루카 파치올리

레오나르도 다 빈치

레오나르도 다 빈치(1452~1519)는 다른 르네상스 화가만큼이나 철저하게 원근법을 탐구하였다. 그의 기록에는 수학적 관심사가 많이 포함되었다.

밀란 공작의 화가이자 기술자로 일하는 동안 건축, 수력, 군사에 관해 조언하며 레오나르도는 기하학에 매료되었다. 그는 유클리드의《원론》, 파치올리의《백과사전Summa》을 공부하고 건축에 관한 알베르티의 저작과 원근법에 관한 프란체스카의 논문도 읽었다. 파치올리와 함께 일하는 동안 기하학에 너무 열중한 나머지 미술을 등한시하게 되었다는 이야기가 있다.

레오나르도의 다른 수학활동에는 기본 역학에 관한 책을 쓰고 원과 면적이 같은 정사각형을 만드는 여러 방법을 연구한 것이 포함된다. 공학자로서의 경력이 있기에 그의 방식은 사실 이론적이기보다는 기계적이다.

레오나르도는 그림의 구도를 계획할 때 황금수를 잘 활용했다. 사실 〈회화에 관한 논문(Trattato della Pittura)〉에서 그는 이렇게 경고했다.

수학자가 아닌 사람은 누구라도 내 글을 읽지 말라.

레오나르도가 파치올리의 책에 넣은 다면체 삽화

레코드

Recorde

영국에서 최초로 출판된 수학책들은 라틴어였다. 여기에는 1522년 커스버트 턴스톨[Cuthbert Tunstall]의 《계산 기술에 관하여De Art Supputandi》가 포함되는데 이는 영국에서 출판된 첫 번째 산술책으로 그 시대에 가장 유명했다. 하지만 점차 고유어인 영어로 된 책들이 나오기 시작했다.

영어로 출간된 첫 번째 산술책은 1537년 《An introduction for to Lerne to Reken with the Pen and with the Counters, after the Trewe Cast of Arismetyke or Awgrym in Hole Numbers, and also in Broken》(awgrym은 수학을, broken number는 분수를 뜻한다)이라는 제목으로 세인트 알반스에서 나온 책일 것이다. 하지만 영어로 수학책을 쓴 가장 중요한 작가는 로버트 레코드(1510~1558)다.

사우스 웨일즈, 덴비, 세인트 메리 교회에 있는 로버트 레코드의 기념비

로버트 레코드

레코드는 다사다난한 삶을 살았다.

1531년 옥스퍼드 대학교를 졸업한 레코드는 수학과 의학을 공부하러 캠브리지 대학교에 가기 전 올 소울즈 칼리지의 선임연구원으로 뽑혔다. 이후 그는 아일랜드에서 프로젝트가 폐쇄되기까지 광업과 금융업의 총감독자였다. 이후 그는 외관상 에드워드 4세와 메리 여왕의 시의(侍醫)로 런던에 왔다. 그의 맞수였던 펨브룩 백작이 군대를 이끌어 여왕에 대한 반란을 진압했을 때 레코드는 그를 직권남용으로 고소하려다가 오히려 명예훼손으로 고소당했다. 벌금을 낼 수 없어서인지 내기를 원하지 않아서인지 그는 런던감옥에 갇혔고 그곳에서 사망했다.

교육 측면에서 레코드는 매우 존경받은 교사였다. 수학을 가르치려는 목적으로 쓴 그의 책은 모두 영어로 쓰였기에 일반 독자들도 읽을 수 있었고 거듭 인쇄되었다. 책은 대부분 학생과 스승 간의 소크라테스식 대화법으로 쓰였다.

The Castle of Knowledge.
The Sphere of Destinye.
The wheele of Fortune.
Sphæra Fati
Sphæra Fortunæ.
NOWLEDG is this Trophy set,
All learninges friendes will it support.
So shall their name great honour get,
And gaine great fame with good report
Though spitefull Fortune turned her wheele
To staye the Sphere of Vranye,
Yet dooth this Sphere resist that wheele,
And fleeth all fortunes villanye.
These Spheres surmount al fortunes chance.

레코드의 지식의 성(The Castle of Knowledge)

산술의 기본(The Ground of Arte, 1543)

레코드의 첫 책《산술의 기본(The Ground of Arte)》은 '정수와 분수 계산의 이론과 실제'를 가르치고 '어린 아이도 할 수 있게' 여러 규칙을 너무 쉽게 설명하는 산술책이다. 학생이 배워야 할 기술을 가르치는데 더해 스승은 일상에서의 산술의 중요성도 설명하고, 상업과 전쟁에서의 쓰임도 논하고, '음악, 물리, 법, 문법 등 여타 과학'에의 등장도 정당화했다. 하지만 스승의 조언은 가끔 용기를 꺾어버리기도 한다.

학생: 스승님, 곱셈의 가장 중요한 쓰임은 무엇입니까?

스승: 그 쓰임은 자네가 지금 이해하는 것보다 훨씬 더 대단하다네.

곱셈에 대한 부분에서 스승은 곱문제를 어떻게 해결하는지 설명했다. 예컨대 8과 7을 곱하려면 두 숫자를 왼쪽에 쓰고 오른쪽에 10에서 각 수를 뺀 값 2와 3을 적는다.

이제 8－3 (혹은 7－2)＝5, 3×2＝6 이므로 답은 56이다.

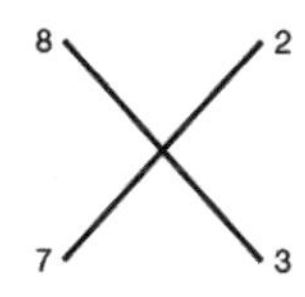

엑스표가 점점 작아져 오늘날 우리가 쓰는 곱셈기호(×)가 되었다.

지식의 길(The Pathway to Knowledge, 1551)

인쇄책의 출현은 용어의 표준화를 가져왔다. 기하학 책《지식의 길 The Pathway to Knowledge》에 레코드는 직선(straight line)이라는 용어를 도입했는데 이는 여전히 쓰인다. 레코드는 결코 인기

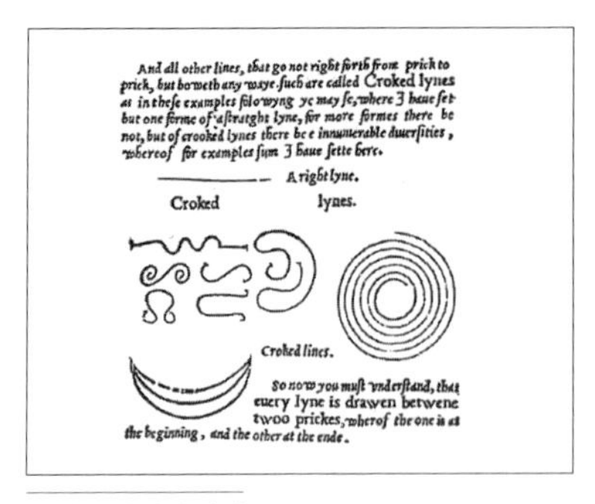
And all other lines, that go not right forth from prick to prick, but boweth any waye, such are called Croked lynes as in these examples folowyng ye may se, where I haue set but one forme of a straight lyne, for more formes there be not, but of crooked lynes there bee innumerable diuersities, whereof for examples sum I haue sette here.

A right lyne.

Croked lynes.

Croked lines.

So now you must vnderstand, that euery lyne is drawen betwene twoo prickes, wherof the one is at the beginning, and the other at the ende.

지식의 길에서 발췌

를 얻지 못한 여러 재밌는 용어, 예컨대 점은 prickes, 예각은 sharp corner, 둔각은 blunt corner, 정삼각형은 threelike, 평행사변형은 likejamme도 제안했다.

기지의 숫돌(Whetstone of Witte, 1557)

대수학 책인 《기지의 숫돌Whetstone of Witte》에 가장 유명한 새로운 기호가 등장한다. 여기서 그는 이렇게 설명한다.

"같다"는 단어의 지루한 반복을 피하기 위해 나는 (종종 연구에 사용한) 길이가 같은 한 쌍의 평행선을 사용할 것이다. 왜냐하면 어떤 두 가지도 이만큼 동일할 수는 없기 때문이다.

1. 14.ze.—+—.15.φ═══71.φ.
2. 20.ze.——.18.φ═══.102.φ.
3. 26.ȝ.—+—10ze═══9.ȝ.—10ze—+—213.φ.

이는 등호(=)의 첫 번째 등장이었는데 현재 우리가 사용하는 것보다 훨씬 길었다.

레코드의 다른 책들에는 의학서 《의료용 소변기(The Urinal of Physick), 1548》와 천문학서 《지식의 성(The Castle of Knowledge, 1566)》가 포함되었다.

카르다노와 타르탈리아

Cardano and Tartaglia

3차 방정식을 풀려는 노력은 수학사에서 가장 유명한 이야기 중 하나다. 이는 이탈리아의 대학 교수들이 거의 고용을 보장받지 못하던 16세기 초 이탈리아의 볼로냐에서 일어났다. 교수 자리를 두고 매년 경쟁해야 했기에 그들은 때로 공개적인 콘테스트에서 문제를 해결하여 경쟁자들에 대한 그들의 우수함을 증명해야 했다.

오마르 하이얌이 3차 방정식을 분류해 반원과 포물선의 교차로 풀이함을 앞에서 살펴보았다. 하지만 3차 방정식의 일반적 풀이에는 거의 진전이 없었다. 1500년 무렵 파치올리와 다른 수학자들은 이것이 풀릴지에 대해 비관적인 견해를 갖기도 했다.

하지만 1520년대에 볼로냐 대학의 수학교수 시피오네 델 페로[Scipione del Ferro]가 3차 방정식의 풀이방법을 발견했다.

니콜로 타르탈리아

삼차식에 일차식의 몇 배를 더하면 어떤 수가 된다. 이를 $x^3+cx=d$라고 쓸 수 있다. 그는 이를 제자인 안토니오 피오르에게 알렸다.

이즈음 3차 방정식을 연구한 다른 사람은 타르탈리아(말더듬이)라 알려진 브레시아의 니콜로(1499/1500~1557)였다. 소년일 때 한 기병이 얼굴에 상처를 입힌 후 그는 심한 말더듬이가 되었다. 타르탈리아가 발견한 풀이법 형태는 다음과 같다.

세제곱에 제곱의 몇 배를 더하면 어떤 수가 된다. 이를 $x^3+bx^2=d$라 쓸 수 있다.

피오르[Fior]가 타르탈리아에게 도전하다

델 페로의 사후인 1526년에 비밀을 지킬 필요가 없다고 느낀 피오르는 타르탈리아에게 삼차 방정식 풀이대회를 제안했다. 피오르는 타르탈리아에게 첫 번째 형태의 삼차 방정식 30문제를 내고 한달의 시간을 주었다. 타르탈리아 또한 두 번째 형태의 삼차 방정식 30문제를 냈다.

다음은 피오르의 문제 2개를 현대적으로 표현한 것이다.

Q. 어떤 수에 세제곱근이 더해지면 6이 되는 세제곱근을 찾아라.

$x^3+x=6$

Q. 어떤 사람이 사파이어 한 개를 500 더컷에 팔아 그의 자본의 세제곱근의 이윤을 남긴다. 이윤은 얼마인가?

$x^3+x=500$

피오르는 대회에서 졌다. 그는 타르탈리아의 문제를 풀만큼 훌륭한 수학자가 아니었다. 반면 타르탈리아는 대회 열흘 전의 잠 못 이루던 밤에 피오르의 모든 문제를 해결하는 방법을 간신히 깨달을 수 있었다.

제롤라모 카르다노

그러는 동안 밀란에서는 제롤라모 카르다노(1501~1576)가 물리와 의학에서부터 대수와 확률(특히 도박에 적용)에 이르기까지 광범위한 주제로 글을 썼다. 콘테스트에 대해 들은 카르다노는 타르탈리아에게서 풀이 방법을 캐내기로 결심했다.

1539년의 어느 날 저녁, 타르탈리아에게 스페인 총독을 소개해 주겠다는 약속을 하고 카르다노는 그 방법을 알아냈다. 스페인 총독이 그의 연구를 지원해주기를 바랐던 타르탈리아는 그 풀이 방법을 알리지 않겠다는 엄숙한 맹세를 받아냈다.

> 신의 거룩한 이름으로 또 명예를 귀히 여기는 사람으로서 당신께 맹세하오. 진실한 기독교인으로서 내 신앙을 걸고 당신이

제롤라모 카르다노

타르탈리아의 $x^3+cx=d$ 풀이 방식

비밀을 지키고자 타르탈리아는 그의 풀잇법을 반대로 기억했다. 일반적 풀잇법과 특정 경우의 풀이($x^3+18x=19$, 여기서 $c=18$이고 $d=19$)가 함께 나온 아래 이탤릭체를 보라.

$u-v=d$이고 $uv=(\frac{c}{3})^3$을 만족시키는 두 수 u와 v를 찾고 다음으로 $x=\sqrt[3]{u}-\sqrt[3]{v}$라 쓰는 것이 그 방법에 포함된다.

어떤 수의 세제곱과 어떤 수의 몇 배를 더하면
다른 어떤 수와 같을 때 [$x^3+cx=d$: $x^3+18x=19$]
이런 차이가 나는 서로 다른 두 수를 찾아라. [$u-v=d$: $u-v=19$]
습관처럼 기억하라
두 수의 곱은 항상
어떤 수의 3분의 1의 세제곱이다. [$uv=(\frac{c}{3})^3$: $uv=6^3=216$]
일반 규칙으로서 나머지는 [u, v를 찾아라: $u=27$, $v=8$]
세제곱근으로 구한다면 [$\sqrt[3]{u}$, $\sqrt[3]{v}$를 찾으라: $\sqrt[3]{u}=3$, $\sqrt[3]{v}=2$]
어떤 수와 같게 될 것이다. [$x=\sqrt[3]{u}-\sqrt[3]{v}$: $x=3-2=1$, 따라서 $x=1$]

내게 그 방법을 알려줘도 결코 공포하지 않을 뿐 아니라 나의 사후에 누구도 그것을 이해할 수 없도록 그것들을 부호로 기록하겠다고 맹세하오.

하지만 1542년 타르탈리아의 풀이 방법의 최초 발견은 델 페로 덕분이었다는 사실을 알게 된 카르다노는 거리낌 없이 맹세를 어겼다. 그러는 동안 그의 영리한 동료 루도비코 페라리[Ludovico Ferrari]가 (x^4이 포함되는) 4차 방정식의 유사한 풀이 방법을 찾았다.

1545년 카르다노는 《위대한 기술Ars Magna》을 출판했는데 3차, 4차 방정식의 풀이 방법을 넣고 공을 타르탈리아에게 돌렸다. 이 책은 시대를 초월해 가장 중요한 대수학 책이 되었지만 타르탈리아는 카르다노의 행위에 격분해 그의 나머지 생애를 카르다노에게 신랄한 편지를 쓰며 보냈다.

수백 년 동안 이어진 노력 끝에 마침내 3차, 4차 방정식이 풀렸다. 다음 질문(x^5, x^6…이 포함된 방정식을 풀 수 있을까?)은 19세기까지 미제로 남았다.

봄벨리

Bombelli

대부분의 경우 우리에게 필요한 전부는 평범한 수체계이다. 이러한 체계에서 우리는 3, $\sqrt{2}$, π 등등의 제곱근을 구할 수 있지만 음수 -1의 제곱근을 구하지 못한다. 왜냐하면 양수와 음수 모두 제곱하면 양수가 되기 때문이다. 그렇다면 제곱하여 -1이 되는 것은 어떤 수일까? 카르다노와 봄벨리는 2차와 3차 방정식을 풀기 위해 노력하는 동안 이 문제를 발견했고, 그것이 무엇인지 이해하지 못했지만 불가사의한 대상 $\sqrt{-1}$로 계산하면 편리하다는 사실을 깨달았다.

카르다노가 해결하고자 노력했던 한 문제이다.

Q. 곱한 값이 40이 되도록 10을 나누어라.

카르다노는 x와 $10-x$로 나눠 2차 방정식을 얻었다.

$x(10-x)=40$

이를 풀어 해 $5+\sqrt{-15}$와 $5-\sqrt{-15}$를 구했다. 카르다노는 이 수들의 의미를 이해하지 못했지만 말했다. 그럼에도 불구하고 우리는 계속할 것이며 정신적 고통을 무시할 것이다. 카르다노는 모든 것이 정확하게 맞아떨어짐을 발견했다.

- $(5+\sqrt{-15})+(5-\sqrt{-15})=10$
- $(5+\sqrt{-15})\times(5-\sqrt{-15})=5^2-(\sqrt{-15})^2=25-(-15)=40$

이러한 '정신적 고통' 때문에 카르다노는 불평했다.

산술의 세부적인 사항이 발전하려면 쓸데없을 만큼 정제되어야 한다.

라파엘 봄벨리

라파엘 봄벨리(15261572)에 의해 상황은 많이 정리되었는데 그는 볼로냐에서 태어나고 나중에는 기술자로 일하며 질펀한 늪지에서 물을 빼 가톨릭 교회를 위해 개간했다.

볼로냐에서 자랐기에 봄벨리는 카르다노와 타르탈리아 사이의 다툼을 알았고 3차 방정식과 그 풀이에 관심을 가졌다. 봄벨리는 특히 방정식 $x^3=15x+4$에 관심을 가졌는데 이 방정식은 허수가 아닌 보이는 해가 3개였다.

$x=4,\ -2+\sqrt{3},\ -2-\sqrt{3}$

하지만 3차 방정식을 푸는 타르탈리아 방법을 적용한 봄벨리는 놀랍게도 복소수가 포함되는 해를 얻었다.

$x=\sqrt[3]{(2+\sqrt{-121})}+\sqrt[3]{(2-\sqrt{-121})}$

그의 해와 $x=4$ 사이의 관계를 설명하고자 봄벨리는 다음과 같이 실수 a, b를 구했다.

$(a+b\sqrt{-1})^3=2+\sqrt{-122}$

그리고 $(a-b\sqrt{-1})^3=2-\sqrt{-121}$

따라서 봄벨리는 두 개의 세제곱근을 얻을 수 있었다. 몇 가지 실험을 한 후 봄벨리는 $a=2$이고 $b=1$임을 알았다.

$(2+\sqrt{-1})^3=2+\sqrt{-122}$

L'ALGEBRA
OPERA
Di RAFAEL BOMBELLI da Bologna
Diuiſa in tre Libri.
Con la quale ciaſcuno da ſe potrà venire in perfetta cognitione della teorica dell'Arimetica.
Con vna Tauola copioſa delle materie, che in eſſa ſi contengono.
Poſta hora in luce à beneficio delli ſtudioſi di detta profeſſione.

IN BOLOGNA,
Per Giouanni Roſſi. MDLXXIX.
Con licenza de' Superiori,

봄벨리의 대수학 표지

그리고 $(2-\sqrt{-1})^3=2-\sqrt{-121}$

따라서 기대했던 것처럼 $x=(2+\sqrt{-1})+(2-\sqrt{-1})=4$이다.

복소수

우리가 $\sqrt{-1}$을 계산하려 노력한다고 가정하자.

덧셈은 쉽다.

$(2+3\sqrt{-1})+(4+5\sqrt{-1})=6+8\sqrt{-1}$,

($\sqrt{-1}\times\sqrt{-1}$을 -1로 대체하면) 곱셈도 마찬가지로 쉽다.

$(2+3\sqrt{-1})\times(4+5\sqrt{-1})=(2\times4)+(3\sqrt{-1}\times4)+(2\times5\sqrt{-1})+(15\times\sqrt{-1}\times\sqrt{-1})$

$=(8-15)+(12+10)\sqrt{-1}=-7+22\sqrt{-1}$

이처럼 새로운 대상에 관한 기본적 산술과정을 우리는 이해할 수 있다. 우리는 새로운 대상 $a+b\sqrt{-1}$을 복소수라 부른다. a는 실수 부분이고 b는 허수 부분이다. 요즘에는 $\sqrt{-1}$을 나타내기 위해 문자 i를 이용한다. 따라서 $i^2=-1$이다.

1799년 덴마크의 항해사 카스파르 베셀[Caspar Wessel]이 복소수를 기하학적 형태로 나타냈다. 이는 복소수 평면이라 불리는데 두 축(실수축과 허수축)이 직각으로 그려지고 복소수 $a+b\sqrt{-1}$의 계수 a는 실수축을 따라, b는 허수축을 따라 표시된다.

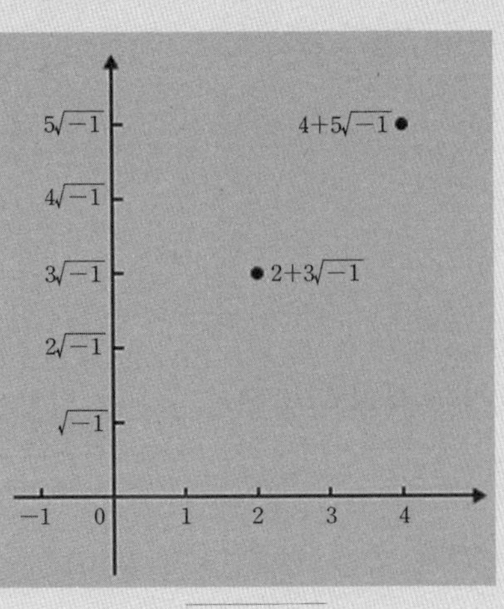

복소수의 표시

봄벨리의 대수학

봄벨리는 평생 동안 알 콰리즈마, 피보나치, 파치올리 등 앞선 학자들의 대수학 저작을 연구했다.

봄벨리는 로마의 도서관에서 《산술론》 복사본을 보고 디오판토스 저작에 대한 중요한 연구도 시작했다.

누구도 대수 문제의 특성, 특히 3차 방정식을 푸는 방법을 분명하게 설명하지 못한다고 생각한 봄벨리는 대수학에 관한 모든 지식을 총망라하는 중요한 작업을 시작했다. 봄벨리의 《대수학》은 5권으로 예정되었지만 그의 생전에는 3권만 완성되었다. 마지막 2권의(기하학 부분) 불완전한 원고가 1923년 볼로냐 도서관에서 발견되었다.

《대수학》에서 봄벨리는 복소수를 이해하고자 그가 얼마나 노력했는지 서술했다. 봄벨리는 처음으로 복소수를 더하고 빼는 방법을 보이고 복소수의 곱에 관한 규칙을 알려주었다. 봄벨리는 이러한 규칙을 이용해 타르탈리아의 방법으로 음수의 제곱근이 나올 때라도 3차 방정식의 실수해를 구하는 방법을 보였다.

메르카토르

Mercator

플랑드르의 지도제작자인 게르하르두스 메르카토르(1512~1594)는 메르카토르 도법으로 유명한데 이는 항해사들에게 너무나 유용했다. 이는 구형의 지구를 평평한 종이 위로 옮기는 도법으로 일정한 나침반 방위 경로 뿐 아니라 위도와 경도가 직선으로 표현된다. 메르카토르는 지도를 모으며 '지도책(atlas)' 라는 단어도 만들었다.

메르카토르 혼디우스 지도책의 속표지. 지도제작자의 도구에 둘러쌓여 있는 메르카토르 (왼쪽)와 요도쿠스 혼디우스[Jodocus Hondius], 혼디우스는 메르카토르의 지도를 출판했다

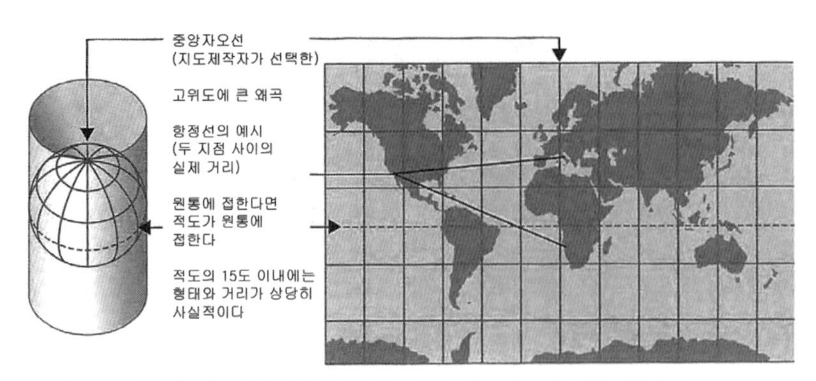

메르카토르 도법은 적도에서 멀리 떨어진 지역의 크기와 모양이 왜곡되는 원통도법이다

무역, 발견, 탐험 항해가 활발하던 16세기의 주된 관심은 항해에 도움이 되는 수학과 지도의 발달이었다.

바다 한가운데 있는 경우 기본적 문제는 어디에 있는지, 그리고 목적지에 도착하기 위해 어느 방향으로 항해를 해야 하는가이다. 천문학 도구를 이용해 태양과 별의 위치를 아는 것으로 위도를 알 수 있었다. 하지만 경도를 알기는 더욱 어려웠고 18세기가 되기까지 만족스런 방법이 없었다.

자석 나침반을 이용해 항해자들은 일정한 나침반 방위선(항정선)을 따라 이동할 수 있었다. 이러한 경로는 모든 경도를 동일한 크기로 나눈 것이었다. 하지만 16세기 포르투갈인 수학자요, 천문학자인 페드로 누네스[Pedro Nunes]가 발견하자 항정선은 극을 향하는 나선형이 되었다.

메르카토르 도법

메르카토르 도법의 강점은 위도선과 경도선을 직각으로 교차하는 직선으로 표현하고 항정선 또한 지도에 직선으로 표현했다는 것이다. 만약 항해자가 배의 현재 위치와 목적지의 위도와 경도를 안다면 두 지점이 만나는 선을 지도에서 찾을 수 있었다. 이는 적당한 나침반 방위선을 결정하도록 했지만 목적지까지 최단거리는 알려주지 않았다.

메르카토르는 구를 원기둥에 투영하였다. 그런 다음 항정선이 직선이 되도록 구를 전개하고 수직으로 펼쳤다. 펼쳐진 정도는 위도에 따라 달랐고 북쪽으로 갈수록 늘어났다. 그 결과 적도에서 먼 지역은 그 크기가 부풀려졌다. 예를 들어서 사실 브라질이 5배나 큰데도 알래스카가 브라질보다 크게 표시된다. 핀란드는 인도보다 남북으로 더 길어 보이는데 이는 정확하지 않은 것이다.

메르카토르는 도법에 대한 수학적 토대를 제시하지 않았다. 에드워드 라이트[Edward Wright]가 1599년에 그의 책《항해에서의 확실한 오류Certaine Errors in Navigation》에서 처음으로 이를 제시했다. 라이트는 도법에 쓰일 정확한 수학도표 또한 실었다. 하지만 마침내 메르카토르 도법을 이루는 기본적 수학 공식을 발견한 것은 토머스 해리엇(1560~1621)이었다.

메르카토르 도법으로 항해가 한 단계 진전되었다

코페르니쿠스와 갈릴레오

Copernicus and Galileo

'근대 천문학의 아버지' 인 니콜라우스 코페르니쿠스(1473~1543)**는 폴란드의 토루인에서 태어났고 크라쿠프, 볼로냐, 페라라에서 공부했다. 코페르니쿠스는 톨레미의 지구 중심의 행성운동 체계를 중심에 태양이 있고 다른 여러 행성 가운데 하나인 지구도 원 궤도를 그리며 태양 주위를 돈다는 태양 중심 체계로 바꿨다. '근대 자연과학의 아버지' 인 갈릴레이 갈릴레오**(1564~1642)**는 1632년 코페르니쿠스의 체계가 톨레미의 체계보다 우월하다고 평가했고 이것이 문제가 되어 종교재판을 받게 되었다. 1638년 갈릴레오는 역학에 관한 책을 썼는데 이는 아이작 뉴턴과 다른 과학자들의 업적의 토대가 되었다.**

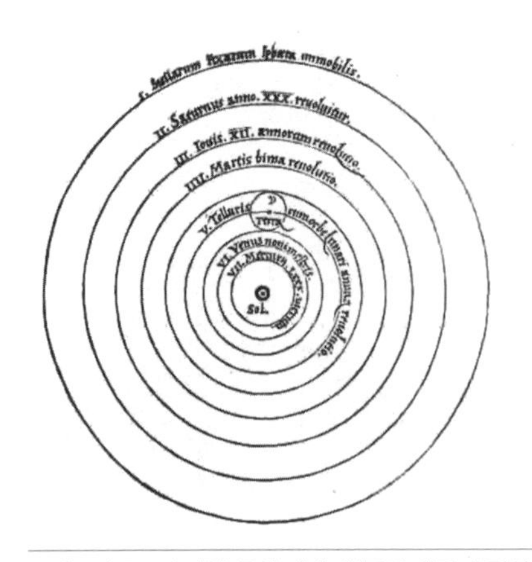

코페르니쿠스의 태양 중심 체계, 천구의 회전에 관하여(De Revolutionibus Orbium Coelestium)

니콜라우스 코페르니쿠스

비록 아리스타르쿠스[Aristarchus]와 다른 사람들이 더 일찍 태양 중심의 의견을 제시했지만 바탕이 되는 이론과 결과를 수학적으로 세부적으로 연구한 첫 번째 사람은 코페르니쿠스였다.

그의 책《천구의 회전에 관하여De Revolutionibus Orbium

Coelestium》는 1543년에 출판되었고 소문에 의하면 무덤에 복사본 한 권을 같이 묻었다고 전해진다. 이 유명한 책에서 코페르니쿠스는 당시 알려졌던 6개의 행성을 (지구 궤도 안쪽의) 수성과 금성, (지구 궤도 바깥의) 화성, 목성, 토성 이렇게 두 그룹으로 나눴다. 그는 태양으로부터 멀어지는 순서로 행성을 나열했고 그로 인해 다른 행성은 밤새 볼 수 있는 반면에 수성과 금성은 새벽과 해질녘에만 볼 수 있는 등등 톨레미의 체계로 설명하지 못했던 현상들을 명확하게 설명할 수 있었다.

갈릴레오 갈릴레이

코페르니쿠스의 태양 체계는 큰 논란을 일으켰고 이를 지지하는 사람들은 지구가 우주만물의 중심에 위치하며 따라서 코페르니쿠스의 사상이 성경 말씀과 모순된다고 생각하는 교회와 직접적인 갈등을 빚게 되었다. 《2가지 우주체계에 관한 대화(Dialogo sopra I Due Massimi Sistemi del Mondo, 1632)》로 코페르니쿠스 이론에 관한 가장 설득력 있는 설명을 한 사람은 갈릴레이였다. 이 때문에 갈릴레이는 종교재판에 회부되어 지동설을 철회하라는 압력을 받았다. 가톨릭 교회는 1995년이 되어서야 그를 사면했다.

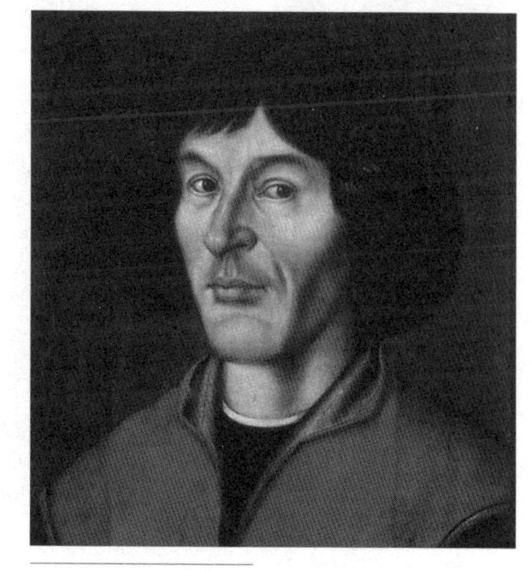

니콜라우스 코페르니쿠스

갈릴레오는 피사에서 태어났고 1592년부터 1610년까지 파두아에서 수학을 가르쳤으며 이후 플로렌스에서 대공의 수학자요, 철학자가 되었다. 갈릴레오는 망원경을 광범위하게 이용한 최초의 천문학자 중 하나로 태양의 흑점과 목성의 위성을 발견하고 달 표면을 묘사했다. 그는 망원경으로 코페르니쿠스의 체계를 옹호하는 증거를 관찰할 수 있었다. 톨레미의 체계에 따르면 금성이 늘 동일하게 보일 테지만 코페르니쿠스의 체계에 따르면 (시간에 따라 다른) 상을 보여야 했다. 갈릴레오는 망원경을 금성에 고정하고 며칠 밤 동안 그 모습을 관측했다.

활기차게 대화중인 아리스토텔레스, 톨레미, 코페르니쿠스를 보여주는 2가지 우주체계에 관한 대화(Two Chief World Systems)의 표지그림

갈릴레오의 《(2가지 우주체계에 관한 대화Two Chief World Systems)》는 이탈리아어로 쓰였는데 두 철학자와 한 문외한의 4일간의 대화 형식을 취한다. 이들은 코페르니쿠스의 의견을 옹호하는 살비아티[Salviati], 갈릴레오의 관점을 표하는 사그레도[Sagredo], 아리

스토텔레스와 톨레미의 추종하는, 즉 전통적인 관점과 주장을 따르는 심플리시오[Simplicoi: 바보라는 의미]이다.

갈릴레오의 역학

1638년의 《역학》 책에서 갈릴레오는 등속도 운동과 가속도 운동 법칙을 논하고 던져진 물체는 왜 포물선 경로를 그리는지 설명했다.
갈릴레오는 이 책에 평생의 연구를 모두 담았다. 즉, 위치, 속도, 가속도가 시간에 따라 어떻게 달라지는지에 관한 이론을 제시하고 수학적 연역법으로 이를 지지했다. 갈릴레이는 이 책에서 지구는 정말로 돈다는 그의 신념을 뒷받침하는 수학적 기초를 쌓았다. 이러한 수학적 기초는 다른 사람들, 특히 갈릴레이가 죽은 해에 태어난 아이작 뉴턴에 의해 더욱 심도 있게 진척되었다.

케플러
Kepler

요하네스 케플러(1571~1630)**는 독일 남서부의 슈바벤에서 태어났다. 신플라톤주의학파의 영리하고 박식한 수학자인 케플러는 조화와 설계를 토대로 연구를 했다. 그는 먼저 태양계 모형으로, 이어서 그의 이름이 붙은 3가지 행성 운동 법칙으로 이를 표현했다. 케플러는 다면체 또한 연구했고 적분학에도 기여했다.**

덴마크의 천문학자 튀코 브라헤(1546~1601)는 망원경의 발명 이전에 가장 위대한 천체 관측자였다. 그는 덴마크의 벤섬에 있는 그의 우라니보그(Uraniborg) 천문대에서 프라하로 옮겨가기 전까지 수년간 일했다. 프라하에서 케플러는 브라헤의 조수가 되었고 브라헤의 때 이른 죽음 후 1601년에 브라헤에 이어 제국의 수학자로 임명되었다. 케플러는 이후 11년을 프라하에서 보내며 그곳에서 그의 가장 중요한 업적을 이뤘다.

요하네스 케플러

케플러의 적분학

케플러는 나중에 적분으로 알려지는 것에 관심을 가졌는데 이것으로 기하학적 형태의 면적과 부피를 계산했다. 이러한 면적과 부피를 구하기 위해 케플러는 '무한소 방식(method of infinitesimal)'이라 불리게 되는 방법을 썼다. 예를 들어서 부피를 구하기 위해 도형을 매우 얇은 원으로 분할하여 축 둘레로 원뿔과 다른 도형을 회전시켜 얻은 90개 이상의 도형으로 부피를 구했다.

케플러의 행성 운동 법칙

코페르니쿠스의 이론을 지지하기 위해 필요한 것은 최소한 톨레미의 이론이 주전원으로 했던 만큼만이라도 천체의 추이를 계산하는 방법이었다. 브라헤의 광대한 관측기록을 활용한 《새로운 천문학(Astronomia Nova, 1609)》, 《우주의 조화(De Harmonices Mundi, 1619)》에서 케플러는 이러한 계산을 가능하게 만든 3가지 법칙을 도출했다.

1. 행성은 태양을 한 초점으로 하는 타원 궤도를 그리면 움직인다.
2. 태양에서 행성까지의 궤도가 같은 시간 동안 쓸고 지나가는 면적은 같다.
3. 행성의 공전주기의 제곱은 궤도의 반지름의 세제곱에 비례한다.

아래의 그림은 케플러의 첫 번째, 두 번째 법칙을 설명한다. 그림은 타원의 초점에 놓인 태양을 중심으로 타원 궤도를 그리며 도는 행성을 보여주고 궤도상에서 3번의 같은 기간동안 행성이 이동한

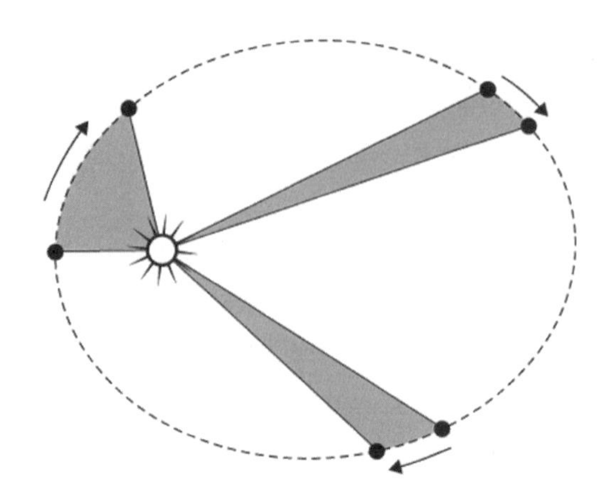

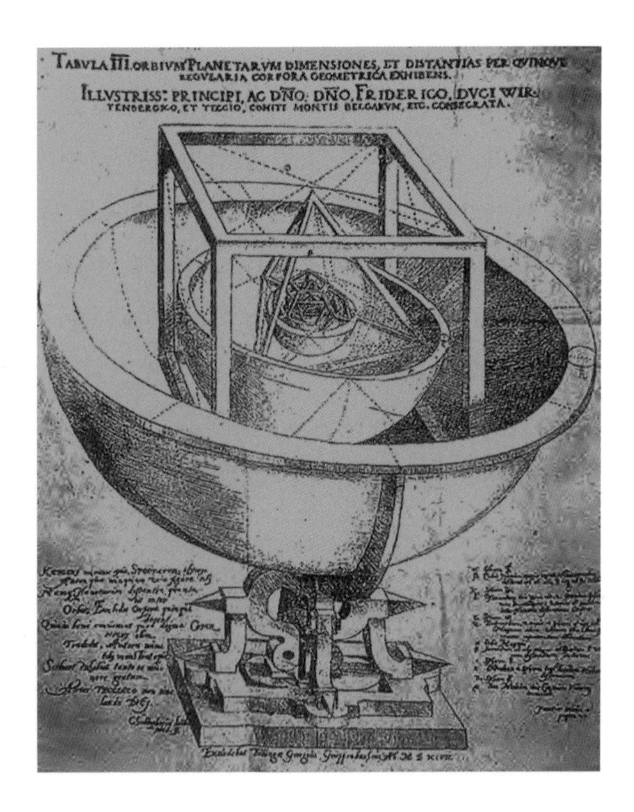
TABVLA III. ORBIVM PLANETARVM DIMENSIONES, ET DISTANTIAS PER QVINQVE REGVLARIA CORPORA GEOMETRICA EXHIBENS.
ILLVSTRISS: PRINCIPI, AC DNO: DNO. FRIDERICO, DVCI WIR: TENBERGICO, ET TECCIO, COMITI MONTIS BELGARVM, ETC. CONSECRATA.

케플러의 태양계 모형

경로를 표시한다. 케플러의 2법칙은 색칠한 부분의 면적이 동일하다고 말한다.
케플러의 법칙은 관측결과를 토대로 했다. 그리고 팔십 몇 년 이후 《자연철학의 수학 원리(Principia Mathematica)》에서 이러한 법칙이 왜 사실인가를 설명한 사람은 바로 뉴턴이었다.

수학적 업적

1596년 《우주의 신비(Mysterium Cosmographicum)》에서 케플러는 태양계 모형을 제시했는데 이 안에는 플라톤의 입체 5개가 배치되어 있다. 가장 안쪽에는 정팔면체, 그 다음에는 정이십면체, 정십이면체, 정사면체, 정육면체 순이고 그 당시 알려졌던 행성 (수성, 금성, 지구, 화성, 목성, 토성)의 궤도를 그리는 구 6개가 산재해 있었다.

케플러는 일반적인 다면체에도 관심을 가져 입방팔면체와 엇각기둥을 발견했다. 또 그의 이름은 4가지 케플러-푸앵소 다면체(Kepler-Poinsot Polyhedra)와도 관련이 있다.

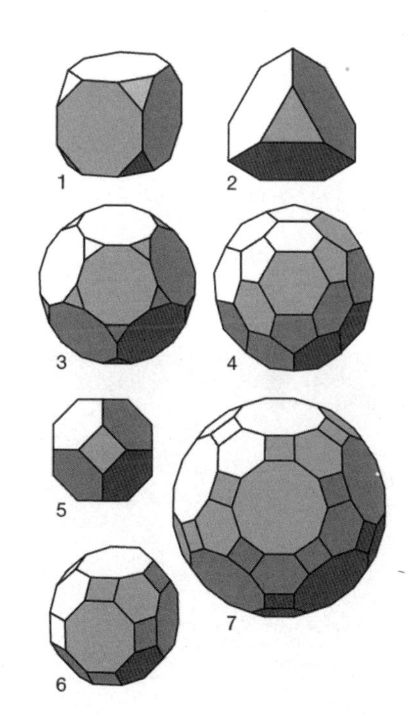

케플러의 몇 가지 다면체 그림

비에트

Viéte

(라틴어로) **비에타로도 알려진 프랑수아 비에트**(1540~1603)**는 퐁트네르콩트에서 태어나 파리에서 죽은 프랑스의 수학자였다. 그는 법학 교육을 받았고 헨리 3세와 헨리 4세의 법률 고문으로 일했다. 부호에 대한 연구와 대수학에 관한 그의 아이디어는 수학에서 대수학이 독립적인 분야가 되는 밑바탕이 되었다.**

푸아티에 대학교 법학부를 졸업하고 비에트는 앙투아네트[Antoinette d' Aubeterre] 가문의 교사이며 비서로 일하기 전에 법정에서 일했다. 이때 그는 처음으로 수학과 인연을 맺었고 주로 천문학과 삼각법에 관한 글을 썼다.

이 기간에 비에트는《삼각형에 적용된 수학법칙들(Canon Mathematicus seu Ad Triangula)》집필을 시작했는데 이 책은 1570년 대 내내 출판되었고 평면과 구면 삼각형에 관한 그리스의 연구를 발전시키고 체계화시켰다. 이 책에서 소수를 나타내는 새로운 부호를

비에트를 기념하는 파리 17구역의 거리표지판

소개했다. 또 면이 수천 개에 이르는 내접하고 외접하는 다각형들을 이용해 1도 간격으로 6개의 모든 삼각비 값을 도출해낸 표를 실었다.

비에트의 해석학(Aanalytic Art)

비에트의 명성은 1680년대 말에 그가 썼던 책을 기반으로 했다. 그 책은 주로 대수학과 기하학에 관한 것이었다.

프랑수아 비에트, 밴 스쿠턴의 1646년 판(版) 비에트 글 모음집

그가 남긴 큰 유산은 대수학을 설명하기 위해 기하학을 이용하던 이전의 상황을 바꿔놓은 것이었다. 비에트의 책은 이후의 많은 수학자들이 대수학에 관심을 갖도록 만들었다. 대수학은 기하학을 대신해 수학의 중심 분야로서의 지위를 얻었다. 현존하는 문제와 새로운 영역의 수학 과제를 풀어가도록 통찰력을 주었을 것이다.

1591년 비에트의《해석학 입문In Artem Analyticem Isagoge》은 대수학에 관한 그의 첫 책이었다. 이 책에서 비에트는 수학 연구에 새로운 유형의 해석을 도입했는데 이는 방정식과 비례식의 해결과 관련된다. 다른 논문에서 비에트는 4차까지 여러 방정식을 해결했다.

비에트의 부호

그의 책에서 비에트는 부호의 개량에 앞서 수량을 표현하기 위해 말이 아닌 문자를 이용했다. 비에트는 알려진 모든 수량은 자음(B, D 등등)으로, 알려지지 않은 수량은 모음(A, E 등등)으로 나타냈다.

원의 측정

비에트는 현재 π라 부르는 원둘레와 지름의 비율에도 관심을 가졌다. 393,216개의 면을 가지는 다각형으로 계산한 결과 비에트는 π를 소수점 10자리까지 구했다.

비슷한 시기에 아드리안 밴 루멘은 1,073,741,824개의 면을 가지는 다각형으로 π를 소수점 15자리까지 구했고, 루돌프 밴 체울렌(Ludolph van Ceulen)은 4×10^{18}개의 면을 가지는 다각형으로 소수점 35자리(자신의 묘비에 새기도록 조치했다)까지 구했다.

비에트는 처음으로 π를정확하게 표현했는데 아래와 같이 제곱근이 많이 포함된다. 이는 그의 공식 $\frac{2}{\pi}=\frac{\cos\pi}{2}\times\frac{\cos\pi}{4}\times\frac{\cos\pi}{8}\cdots$에서 나왔다.

여기서 각도는 모두 호도(π radian$=180^\circ$)로 측정했다. π의 정확한 표현은

$$2\times\frac{2}{\sqrt{2}}\times\frac{2}{\sqrt{2+\sqrt{2}}}\times\frac{2}{\sqrt{2\sqrt{2+\sqrt{2}}}}\times\cdots$$

비에트는 차수의 중요성을 강조하고 '면적에 선분을 더하는'(ax^2+bx를 의미) 이전의 문제를 인정하지 않았다.

또한 자신은 3차에 제한하지 않았지만 동차성을 유지할 것을 강조

했다. +와 −기호는 그의 책에 나오지만 ×와 ÷는 나오지 않는다.

예컨대 그는 이렇게 썼다.

A cubus, +A quadrato in B ter, +A in B quadratum ter, +B cubo

이를 현대적인 개념으로 쓰면 $A^3+3A^2B+3AB^2+B^3$ 이다.

비에트가 사용한 문자는 이후 데카르트에 의해 발전되었다.

밴 루멘의 도전

1594년 벨기에의 수학자 아드리안 밴 루멘은 아래의 복잡한 다항 방정식을 해결하라며 수학계에 정면으로 도전했다.

$x^{45}-45^{43}+945x^{41}-12300x^{39}+111150x^{37}-740459x^{35}+3764565x^{33}-14945040x^{31}+469557800x^{29}-117679100x^{27}+236030652x^{25}-378658800x^{23}+483841800x^{21}-488494125x^{19}+384942375x^{17}-232676280x^{15}+105306075x^{13}-34512074x^{11}+7811375x^{9}-1138500x^{7}+95634x^{5}-3795x^{3}+45x=c$,

여기서 $c=\frac{1}{2}\sqrt{\{7-\sqrt{5}-\sqrt{(\sqrt{5}-6\sqrt{5})}\}}$이 도출되었다.

비에트는 단지 몇 분 만에 답을 구했다. 그는 이 문제가 $sin45x$를 $sinx$로 표시하는 것과 관련된 문제임을 알았다.

해리엇

Harriot

토머스 해리엇(1560~1621)은 아이작 뉴턴 이전에 틀림없는 영국 최고의 수리 과학자였지만 그가 소수의 친구들에게만 자신의 발견을 알렸기 때문에 지금은 이름이 널리 알려지지 않았다. 그는 항해와 대수학에 최고의 업적을 남겼다. 월터 롤리[Walter Raleigh]에게 과학과 항해술에 관해 조언한 그는 지도투영법에 중요한 기여를 했다.

해리엇은 기하학, 대수학, 광학, 역학, 천문학, 항해학에 대해 연구한 8000페이지의 원고를 남겼다. 그는 망원경을 이용해 달 지도를 그린 최초의 천문학자이기도 했다. 매우 혁신적이고 독창적이었지만 연구 결과를 출판하지 않았기 때문에 그의 연구는 실제보다 적은 영향을 끼쳤다.

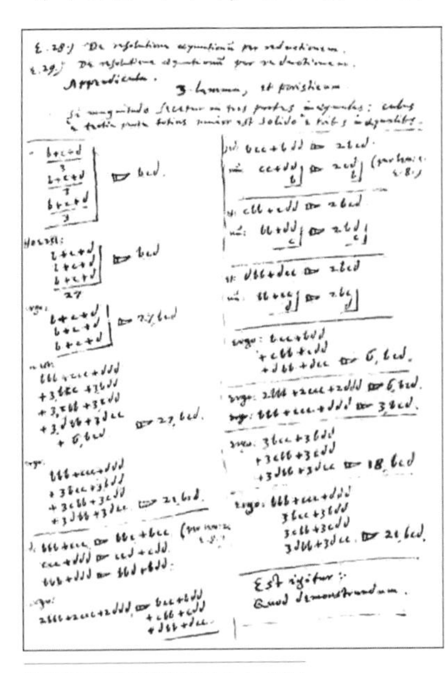

해리엇의 방정식에 관한 논문 일부

해리엇의 대수학 원고에 대한 최근의 연구는 그의 다항식 연구가 얼마나 독창적이었는가를 보여주었다.

$$3x^4-5x^3+2x^2+7x-9$$

이는 미지의 숫자와 거듭제곱을 더하고 빼는 것이다.

월터 롤리

해리엇에게서 중요한 것은 그의 부호인데 이는 비에트의 부호와는 달랐다. 해리엇은 b의 곱을 표시하기 위해 ab를, 현재 우리가 a^2, a^3이라 쓰는 것을 표시하기 위해 aa, aaa를 썼다. 해리엇은 미지의 수량을 나타내기 위해 비에트처럼 모음을 썼지만 (a, e 등등) 소문자를 썼다. 부호는 많은 유익을 가져왔고 해리엇은 계수로 표현된 다항식의 특징을 연구할 수 있게 되었다. 결정적으로 해리엇은 다항식을 낮은 차수로 인수분해할 수 있는 곱으로 보았다.

해리엇의 항해

1580년에 옥스퍼드 대학교를 졸업한 후, 해리엇은 식민지 개척을 위해 미국으로의 여행을 준비하는 롤리에게 고용되었다. 결국 그곳은 버지니아와 노스캐롤라이나로 알려지게 되었다. 해리엇은 롤리에게 항해문제, 천문학과 측량술에 관해 조언했다. 사실 그의 평생에 해리엇이 출판한 유일한 책은 1585~86년의 북아메리카 탐험에서 나온《버지니아의 새로 발견된 땅에 대한 간략하고 진실한 보고

A briefe and true report
of the new found land of Virginia:
of the commodities and of the nature and man
ners of the naturall inhabitants. Discouered by
the English Colony there seated by Sir Richard
Greinuile Knight In the yeere 1585. Which Rema
=ined Vnder the gouernement of twelue monethes,
At the speciall charge and direction of the Honou=
rable SIR WALTER RALEIGH Knight lord Warden
of the stanneries Who therein hath beene fauoured
and authorised by her MAIESTIE
and her letters patents:
This fore booke Is made in English
By Thomas Hariot seruant to the abouenamed
Sir WALTER, a member of the Colony, and there
imployed in discouering
CVM GRATIA ET PRIVILEGIO CÆS. MA^TIS SPECIA^LI

FRANCOFORTI AD MOENVM
TIPIS IOANNIS WECHELI, SVMTIBVS VERO THEODORI
DE BRY ANNO CIↃ IↃ XC.
VENALES REPERIVNTVR IN OFFICINA SIGISMVNDI FEIRABENDII

버지니아에 관한 해리엇의 보고서 표지

서(A Brief and True Report of the New Found Land of Virginia)》이다.

해리엇의 나선에 관한 연구

행해술 연구로부터 해리엇은 등각나선(equiangular spiral)이라 알려진 유형의 나선을 연구하게 되었다.

해리엇은 먼저 등각나선을 연속된 직선에 의해 나선을 이루는 다각형으로 만들었다. 연속된 각각의 직선은 고정된 점(그림에서는 P)에서 동일한 각 α로 등각나선의 선을 잘랐다. 해리엇은 다음으로 이 다각형을 삼각형으로 재구성하기 위해 '오려붙이기' 방법을 사용했다.

선분 길이를 줄이면 원래의 등각나선에 더욱 근접하는 다각형 나선을 얻을 수 있다. 따라서 면적은 삼각형의 면적과 같고 길이는 삼각형의 두 변의 합과 같은데 두 변의 길이 모두 쉽게 계산할 수 있다. 이는 놀라운 결과였다. 이러한 곡선의 길이는 구할 수 없다는 인식이 일반적이었기 때문이다.

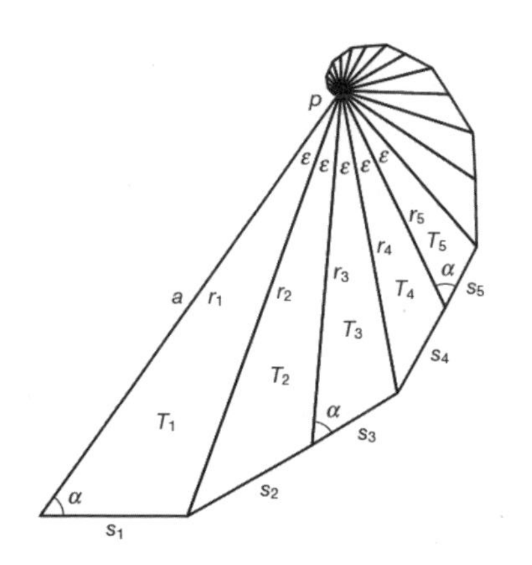

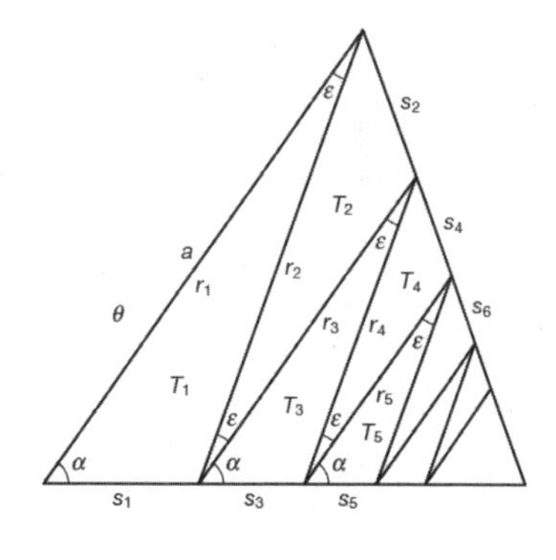

메르센과 키르허

Mersenne and Kircher

13세기 카탈로니아의 신비주의자요, 시인인 라몬 룰[Ramón Lull]**은 모든 지식은 소수의 근본원리로부터 구성될 수 있다고 믿었다. 라몬은 이러한 근본원리의 조합을 이해하면 하나의 세계에 알려진 모든 지식을 통합할 수 있고, 그렇게 가르친 기독교 신학은 너무나 논리적이어서 이교도들이 진리를 깨닫고 회심하게 될 것이라 했다. 룰의 영향은 수세기 동안 널리 지속되었고 초기의 회심자에는 청년 라이프니츠도 속했다. 17세기에 그를 열렬히 추종한 두 사람은 미니마이트 탁발수도사 마랭 메르센**(1588~1648)**과 예수회 사도 아타나시우스 키르허**(1601~1680)**였다.**

룰의 '순환 도표' 중 하나로 신의 9가지 속성 간의 관계를 보여준다

모든 실제는 신성이 구현된 것이라 믿었던 룰은 조합되어진 대상으로 신의 속성이 내포된 18가지를 선택했다. 여기에는 선(bonitas), 능력(potestas), 지혜(sapientia), 진리(vertas)가 포함되었다.

마랭 메르센

17세기 파리 가까이에 살았던 미니마이트 탁발수도사 마랭 메르센은 모두가 과학적 발견을 이용할 수 있어야 한다고 믿었다. 이를 위해 메르센은 당시 유럽의 선도적 과학자들 대부분과 서신왕래를 하며 새로운 과학발견의 '정보처리자' 역할을 하였다. 메르헨은 수학자들이 만나 그들의 최신 연구결과를 토론하는 파리에서의 정규 모임도 시작했다. 1666년 루이 14세는 이 모임으로부터 프랑스과학아카데미를 설립했다.

메르센과 음악

메르센은 열정적인 과학자로 소리의 특성에 관한 실험을 행했다. 특히 길이와 두께, 밀도와 강도가 다른 선이 어떻게 음을 만드는지 조사하고 음속을 측정했다.

'수학자와 신학자'를 위해 쓴 화성악에 관한 1636년 책에서 메르센은 여러 악기의 음향을 논했다.

또한 메르헨은 룰의 조합 아이디어를 음악에 도입하여 6가지 음조로 만들 수 있

HARMONIE
VNIVERSELLE.

Nam & ego confitebor tibi in vasis psalmi veritatẽ tuam:
Deus psallam tibi in Cithara, sanctus Israel. Psalme 70.

일반 화성악에 관한 메르센의 책

는 '노래' 가 6!=720임을 보였다. (일반적으로 n!로 표기하는 n의 계수는 1, 2, 3, … n까지의 곱이다.)

메르센은 64! (19자릿수)까지 모든 계수 (Factorial Number)를 나열했고 순열과 조합의 방대한 도표를 제시했다. 예컨대 36가지에서 12가지를 선택하는 방법은 1,251,677,700가지이다.

아타나시우스 키르허

룰을 추종한 또 다른 사람은 예수회 사제 아타나시우스 키르허였다. 그는 이집트 상형문자를 해독하고, 최초의 박물관 중 하나를 설립했으며, 환등기를 만들고, 노아의 방주와 중국에서부터 병균과 지리학까지를 주제로 책을 쓴 박식한 사람이었다.

키르허의 지혜의 위대한 기술(Ars Magna Sciendi)

키르허의 1669년 《지혜의 위대한 기술, 혹은 조합술(Ars Magna Sciendi, sive Combinatoria)》은 룰에게서 나온 논리체계를 보여준다. 12권 중 제3권 《룰의 방법(Methodus Lulliana)》은 룰의 원칙을 개괄적으로 설명하고 제4권에는 《조합술(Ars Combinatoria)》이 이어진다. 50페이지 가량인 제4권은 ORA와 AMEN이라는 단어의 문자로 이루어진 모든 순열로

메르센의 소수

메르센은 주로 소수 특히, 2^n-1(현재 메르센의 소수라 불린다)이라는 형태로 기억된다. 예컨대 $2^5-1=31$이고 $2^7-1=127$이다.

그가 깨달았듯이 2^n-1이 소수라면 n은 소수다.

하지만 역은 거짓이다. 11은 소수이지만 $2^{11}-1=2047=23\times89$로 소수가 아니다.

메르센은 39자릿수인 $2^{127}-1$을 포함하여 이러한 소수를 9개 발견했다.

≪원론≫의 Ⅳ권에서 유클리드는 2^n-1이 소수라면 $2^{n-1}\times(2^n-1)$은 완전수임을 증명했다. 완전수는 (자신을 제외한) 모든 인수를 합하면 원래의 수가 된다. 예컨대 $2^4\times(2^5-1)=16\times31=496$인데 이는 완전수이다. 따라서 모든 메르센 소수는 완전수이다. 이후 오일러는 모든 완전수도 이러한 형태를 가져야 한다는 사실을 증명했다.

책을 쓸 당시 47개의 개의 메르센 소수가 알려져 있는데 가장 큰 수는 $2^{43,112,609}-1$로 자릿수가 12,978189 이다. 새로운 소수를 찾고자 할 때 대부분의 연구자들은 이 형태의 소수를 찾는다.

시작된다. 이 책에는 50!까지 표가 나오고 이어서 룰이 선택한 18가지 속성의 다양한 조합을 선택하는 방법을 논한다. 이러한 속성이 둘씩 짝을 지어 조합하는 324가지 방법을 담은 인상적인 도표도 나온다.

데자르그

Desargues

앞서 우리는 원근법이라는 주제는 초기 르네상스 그림에서 시작되었으며 이탈리아의 피에로 델라 프란체스카와 레오나르도 다 빈치, 독일의 알브레히트 뒤러 등 미술가들에 의해 발전되었다는 사실을 살폈다. 16세기에는 제라르 데자르그(1591~1661)**와 같은 수학자들뿐 아니라** (건축가와 공병 등) **작업이 원근법과 관련이 있는 장인**(匠人)**들도 원근법에 관심을 가지게 되었다. 제라르 데자르그는 원근기하학을 자세히 연구했다.**

데자르그는 프랑스 남부의 리옹에서 태어나고 죽었다. 데자르그는 해시계의 고안, 정확한 석재 절단, 군사공학에의 원근법 적용 등의 활동에 참여한 실용적인 기하학자였다.

파리의 자선병원, 원근법을 보여주는 아브라함 보세의 동판화, 1635

파스칼의 육각형 정리

우리는 앞서 두 개의 선분 위에 6개의 점을 찍고 특정한 방법으로 그것들을 연결하면 항상 동일한 직선에 놓이는 새로운 점이 3개 생긴다는 파포스의 정리를 살펴보았다. 조숙한 블레즈 파스칼은 16세에 만약 원뿔 (타원, 포물선 혹은 쌍곡선) 위의 6점에서 시작해도 비슷한 결과를 얻게 될 것임을 발견했다. 아래의 그림은 원뿔이 타원일 때의 파스칼 정리를 보여준다.

타원 위에 6점 A, B, C 와 P, Q, R을 선택하라.

이제 선을 그으면

AQ와 BP는 점 X에서 만나고

AR과 CP는 점 Y에서 만나고

BR과 CQ는 점 Z에서 만난다.

파스칼의 정리는 다음과 같다. 어떤 6점을 선택해도 교점 X, Y, Z는 항상 동일한 직선상에 위치한다.

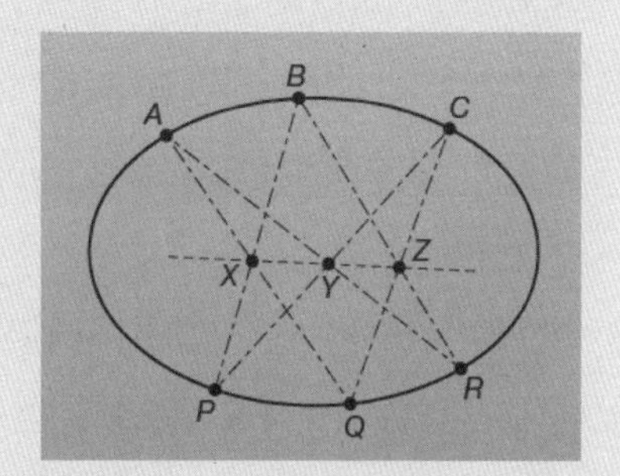

사영기하학의 성과

이제 사영기하학의 유명한 정리 2가지를 살피게 된다. 데자르그 정리는 아브라함 보세[Abraham Bosse]에 의해 원근법에 대한 설명서로 1648년 처음으로 출판되었다.

원근법상 데자르그의 정리

아래의 그림에서 삼각형 ABC와 PQR은 점 O에서 투시할 수 있다. 만약 O점에서 두 삼각형을 본다면 A와 P, B와 Q, C와 R이 정확하게 교차하기 때문이다.

이제 선을 그으면

AB와 PQ는 점 X에서 만난다.

AC와 PR은 점 Y에서 만난다.

BC와 QR은 점 Z에서 만난다.

데자르그의 정리는 다음과 같다.

어떠한 삼각형을 선택해도 교점 X, Y, Z는 항상 동일한 직선상에 위치한다.

이 정리가 사실인 이유를 확인하기 위해 앞의 그림을 3차원 입체로 상상해보라. 삼각형 ABC를 포함하는 평면과 삼각형 PQR을 포함하는 평면은 점 X, Y, Z를 통과하는 직선과 만난다.

위의 이러한 결과가 특별한 것은 유클리드 《원론》의 명제와 달리 전부 투사에 관한 것이고-선 위에 위치한 점들, 점에서 만나는 선들-길이나 각도에 관해서는 전혀 언급이 없는 것이다. 이후의 수학자들은 이를 투사(projective)로 여겼다. 어떤 물건에 광원으로부터 빛을 비추는것을 여전히 투사라 한다. 대부분의 기하학 이론은 이러

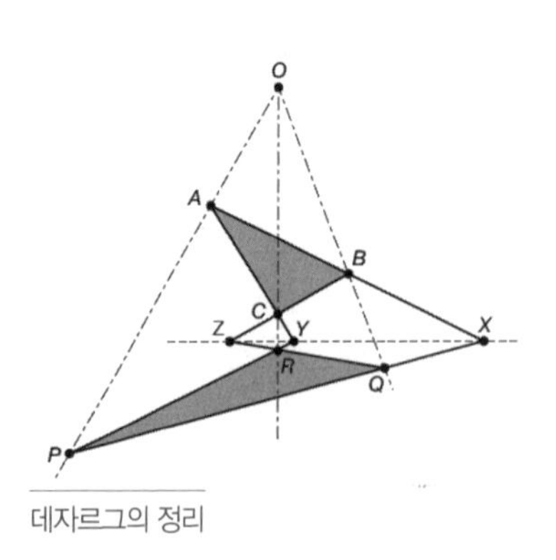

데자르그의 정리

사영기하학이란 무엇인가?

유리조각에 정삼각형을 그리고 광점에서 벽을 향해 빛을 비춘다고 가정하라. 생겨난 그림자는 삼각형이겠지만 보통 정삼각형은 아니다. 사실 유리를 기울여 만들기 원하는 형상으로 그림자 삼각형을 만들 수 있다.

사영기하학은 기하학적 형상이 그림자와 공유하는 속성을 연구하는 것이라 생각할 수 있다. 그림자 삼각형은 동일하게 직선으로 이루어진 삼각형이지만 더 이상 정삼각형이 아니고 길이와 각도도 유지되지 않는다.

데자르그는 투영을 해도 변하지 않고 항상 동일한 흥미로운 특성을 발견했다. 직선 위에 네 점 A, B, C, D를 선택해 AC, AD, BC, BD의 길이를 측정하고 AC÷AD를 BC÷BD로 나눈 '선분비' 값을 계산하라. 이제 하나의 광원에서 이 네 점을 다른 선분 위로 투사하면 새로운 4점 A′, B′, C′, D′가 생기는데 이때 A′C′÷A′D′를 B′C′÷B′D′로 나눈 값을 계산하라. 그러면 이 '선분비' 값은 앞서 계산했던 '선분비' 값과 동일하다.

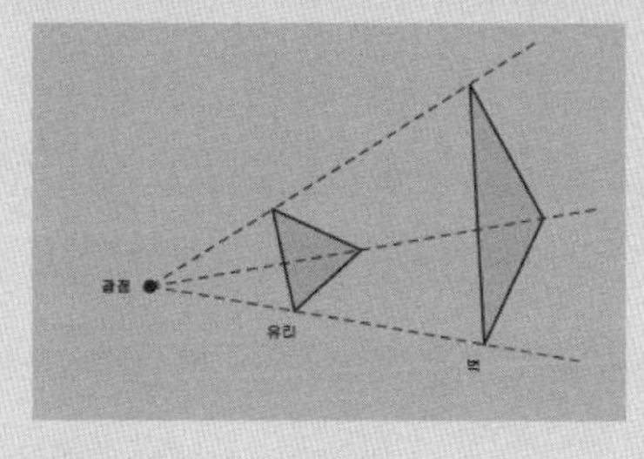

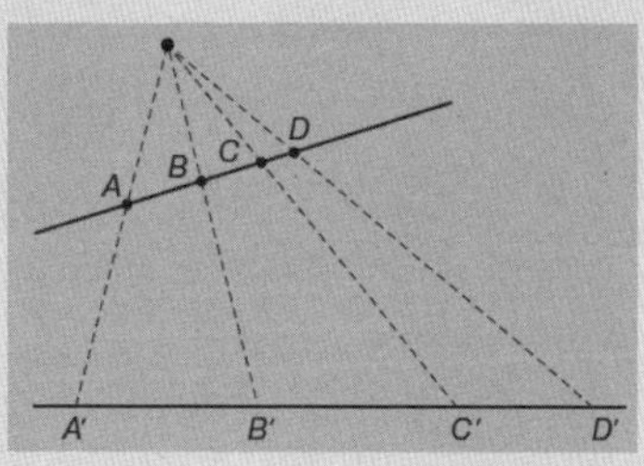

한 투사보다 오래가지 못했다. 예를 들어서 직각을 투사해도 보통은 직각을 얻지 못했기에 피타고라스 정리는 사라졌다.

3장

수학의 자각과 계몽기

Awakening and Enlightenment Mathematics

수학의 자각과 계몽기

17, 18세기에는 근대수학이 시작되었다. 정수론 등은 재탄생하거나 수명이 연장되는 반면에 새로운 분야, 특히 해석기하학과 미적분이 생겼다. 천체의 궤도를 결정하는 등의 근본적인 문제는 해결되거나 새로운 기술을 이용해 탐구되었다.

영국의 뉴턴, 프랑스의 데카르트와 파스칼, 독일의 라이프니츠 시대였고 베르누이형제, 오일러, 라그랑주, 라플라스 등 대륙의 '위대한 수학자' 들이 그 뒤를 이었다.

이는 모임의 시대이기도 했다. 런던왕립학회와 프랑스과학아카데미 등의 국립과학협회가 만들어지고 상트페테르부르크아카데미와 베를린과학아카데미 등의 학회가 형성됐다.

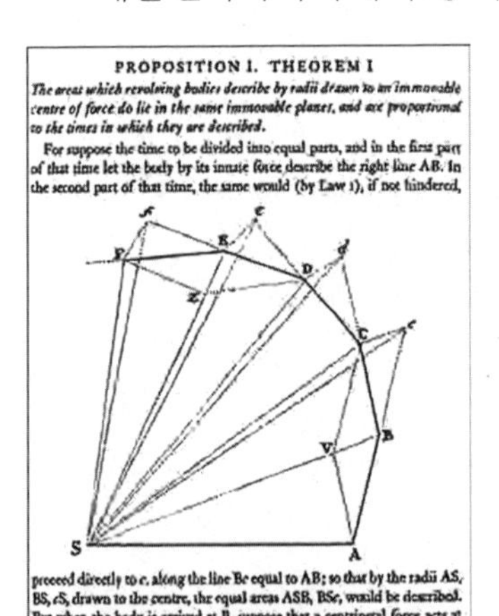
PROPOSITION I. THEOREM I

The areas which revolving bodies describe by radii drawn to an immovable centre of force do lie in the same immovable planes, and are proportional to the times in which they are described.

For suppose the time to be divided into equal parts, and in the first part of that time let the body by its innate force describe the right line AB. In the second part of that time, the same would (by Law 1), if not hindered, proceed directly to c, along the line Bc equal to AB; so that by the radii AS, BS, cS, drawn to the centre, the equal areas ASB, BSc, would be described. But when the body is arrived at B, suppose that a centripetal force acts at once with a great impulse, and, turning aside the body from the right line Bc, compels it afterwards to continue its motion along the right line BC.

대조되는 뉴턴의 기하학 활용, 회전체로 면적을 계산

미적분의 발견

처음 수학자들은 기하학 문제를 기하학적으로 해결해야 했지만 그들이 이용했던 기술은 기하학 문제를 기하학적으로 답하는 과정을 보여주기에 충분하지 않았다. 이후 18세기에 수학의 새로운 개념이 나왔는데 그중 가장 눈에 띄는 특징은 대수학에 있었다.

이제 수학의 대상은 변수와 상수를 나타내는 기호를 통한 공식으로 표현되었다. 이렇게 하는 큰 이유는 미적분의 방식이 공식과 실제풀이에 모두 적용되었기 때문이었다. 이는 미분방정식의 새로운 영역에서처럼 새로운 수학 표현과 기법의 발달을 재촉했다.

대수학적인 방식으로 기술하는 변화는 새로운 대상을 발견하는 좋은 방법이었다. 책은 대수학 형식으로 쓰였고 수학자들은 대수학적으로 표현하고 생각하고 문제를 풀었다. 대수학은 점점 더 모든 과학을 탐구하는데 적합한 논리적인 언어로 여겨지게 되었다.

역학과 천문학은 실용적인 연구의 영역이었다. 둘 다 다음과 같이 미적분을 하나 이상의 변수를 가지는 함수에 응용했다.

$u(x, y) = x^6 + x^2y^2 + y^4$

여기서 $u(x, y)$는 평면의 (x, y) 좌표 위쪽의 평면 높이로 생각할 수 있다.

결과로 나온 방정식에 '편미분'이 포함되기 때문에 편미분 방정식이라 불렀다. 편도함수 $\partial u/\partial x$는 x축에서 u의 변화율이고, 편도함수 $\partial u/\partial y$는 y축에서 u의 변화율이다.

프랑스과학아카데미를 방문한 루이 X IV. 1671

미적분이란 무엇인가?

미적분은 관계가 없어 보이는 듯한 영역, 즉 현재 미분과 적분이라 불리는 영역으로 이루어진다. 미분은 얼마나 빨리 움직이거나 변화하는지와 관련되고 곡선의 속도나 접선을 찾을 때 이용한다. 적분은 2차원 평면이나 3차원 부피에서 형태의 면적을 구하기 위해 이용한다.

17세기가 지나면 두 영역이 밀접하게 관련되었음이 점차 밝혀졌다. 뉴턴과 라이프니츠 모두 설명했듯이 미분과 적분은 역연산 관계이다. 둘 중 하나를 다른 하나에 적용하면 결국엔 처음의 것으로 되돌아간다.

하지만 뉴턴과 라이프니츠의 생각은 달랐다. 뉴턴은 운동에 집중했고 라이프니츠는 접선과 면적에 관심을 가졌다.

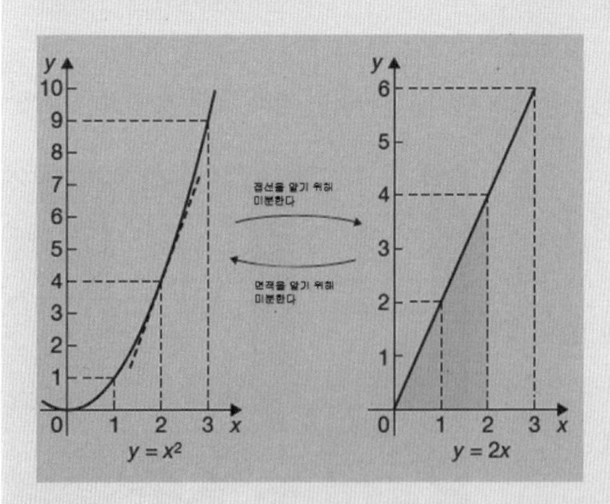

네이피어와 브리그스

Napier and Briggs

머키스턴 (에든버러 근처)**의 8대 지주인 네이피어(1550~1617)는 1614년 수학계산에 도움을 주고자 로그를 도입했다. 이는 곱셈과 나눗셈이 포함되는 긴 계산식을 덧셈과 뺄셈을 사용한 좀 더 간단한 계산식으로 대체할 수 있도록 고안한 것이다. 처음에는 사용이 낯설었지만 헨리 브리그스(1561~1630) 덕분에 다른 영역에 대체되었고 이로 인해 항해사들과 천문학자들은 큰 혜택을 입었다.**

로그에 대한 초기의 아이디어는 1500년 즈음에 나왔다. 니콜라스 쉬케[Nicolas Chuquet]와 미하엘 슈티펠[Michael Stifel]은 2의 거듭제곱 목록을 만들고 2의 거듭제곱 2개의 곱은 단순히 지수를 더하면 된다는 사실에 주목했다. 예컨대 16과 128의 곱을 이렇게 계산하고 표기한다.

$$16 \times 128 = 2^4 \times 2^7 = 2^{4+7} = 2^{11} = 2048$$

$$\log_2 2048 = 11$$

존 네이피어

네이피어의 로그

이러한 개념은 네이피어가 《경이로운 로그법칙의 기술(Mirifici Logarithmorum Canonis

MIRIFICI
Logarithmorum
Canonis deſcriptio,
Ejuſque uſus, in utraque *Trigonometria; ut etiam in* omni Logiſtica Mathematica, *Ampliſsimi, Facillimi, & expeditiſsimi explicatio.*
Authore ac Inventore,
IOANNE NEPERO,
Barone Merchiſtonii,
&c. Scoto.
EDINBURGI,
Ex officinâ ANDREÆ HART
Bibliopôlæ, CIↃ. DC. XIV.

네이피어의 로그 속표지

Descriptio)》에 쓰기까지 발달하지 않았다. 이 책에는 0°부터 90°까지 1° 간격으로 사인과 탄젠트의 로그표가 나온다. 네이피어는 항해사들과 천문학자들의 계산에 도움이 되도록 사용되기를 바랐기에 책에 로그에 대한 내용을 실었다.

네이피어의 로그는 지금 우리가 사용하는 것이 아니다. 네이피어는 지선을 따라 움직이는 두 점을 생각했다. 한 점은 일정한 속도로 움직이는 반면 로그를 의미하는 다른 한 점은 한정된 선분 PQ를 따라 점 P에서 이동하는데 각 점에서의 속력은 움직인 거리에 비례한다. 분수의 사용을 피하고자 네이피어는 모든 수에 천만을 곱했다.

네이피어의 정의에 따르면 10,000,000의 로그값은 0이다. 그의 정의에 따라 이렇게도 표현될 수 있다.

$\log ab = \log a + \log b - \log 1$

a와 b는 어떤 수도 될 수 있지만 log 1은 161,180,956이라는 엄청난 값을 가지며 모든 계산에서 빼져야 한다.

네이피어는 상아에 숫자를 새겨 일련의 막대를 만들었는데 이는 기계적으로 곱셈을 하기 위해 사용되었다.

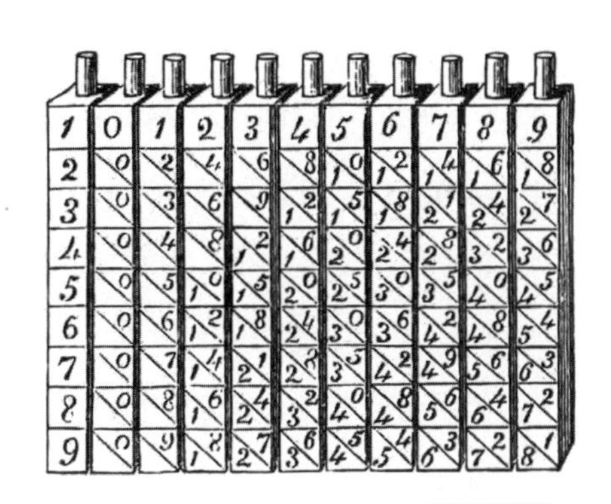

네이피어의 막대

헨리 브리그스

로그가 발명되고 얼마 되지 않아 런던 그레셤 대학 최초의 기하학 교수인 헨리 브리그스가 이에 대해 듣고 열광했다.

> 존 네이피어가 내 머리와 손을 그의 새롭고 주목할 만한 로그로 고정시켰다. 이보다 더 나를 기쁘게 하거나 감탄하게 만든 책은 결코 없었다.

브리그스는 네이피어의 로그가 복잡함을 알고 log 1을 빼야 하는 것을 피하도록 수정할 수 있다고 생각했다.

> 나는 이 이론을 그레셤 칼리지의 내 수강생들에게 설명하며 사인 전체의 로그값이 0이 된다면 훨씬 더 계산이 편리할 것이라 말했다.

다른 어려움은 10을 곱하면 log 10=23,025,842이 더해진다는 것이었다.

브리그스는 네이피어와 함께 지내며 로그의 어려움을 해결하기 위해 두 차례 에든버러를 방문했다. 런던으로 돌아온 브리그스는 밑수를 10으로 하여 log 10이라 표기하고 $\log_{10}1=0$이고 $\log_{10}10=1$인 새로운 형태의 로그를 고안했다. 그러면 두 수를 곱할 때 단순히 로그의 지수를 더하면 된다.

$\log_{10}ab=\log_{10}a+\log_{10}b$

일반적으로 $y=10x$는 $\log_{10}y=x$ 이다. 1617년 브리그스는 소책자 처음 1000의 로그(Logarithmorun Chilias Prima)에 이를 발표했다.

1624년 옥스퍼드 대학교의 최초 새빌리언 석좌 기하학교수가 되고자 런던을 떠난 후 브리그스는 10을 밑수로 하여 1부터 20,000까지 또 90,000부터 100,000까지 방대한 양의 로그를 구했는데 모두 소수점 10자리까지 직접 계산한 것이었다. 그가 남겨둔 것(20,000부터 90,000까지)은 네덜란드의 수학자 아드리안 블락(Adriaan Vlacq)에 의해 1628년에 계산되었다.

로그의 발명은 로그계산자를 바탕으로 하는 수학도구의 발전을 가져왔다. 그중에 가장 눈에 띄는 것은 1630년경 처음 나와서 1970년대 휴대용계산기가 나오기까지 널리 사용된 계산자(slide rule)이다.

2	Logarithmi.		Logarithmi.
1	00000,00000,00000	34	15314,78917,04226
2	03010,29995,66398	35	15440,68044,35028
3	04771,21254,71966	36	15563,02500,76729
4	06020,59991,32796	37	15682,01724,06700
5	06989,70004,33602	38	15797,83596,61681
6	07781,51250,38364	39	15910,64607,02650
7	08450,98040,01426	40	16020,59991,32796
8	09030,89986,99194	41	16127,83856,71974
9	09542,42509,43932	2	16232,49290,39790
10	10000,00000,00000	43	16334,68455,57959

헨리 브리그스의 로그

페르마

Fermat

피에르 드 페르마(1601~1665)는 툴루즈에서 변호사로서 인생의 대부분을 보냈다. 그에게 수학은 취미였고 거의 출판은 하지 않았으며 다른 과학자들과 편지로 의견을 주고받았다. 페르마는 그리스 시대 이래 유럽의 가장 중요한 정수론자로 깜짝 놀랄 결과물로 다시 정수론에 관심이 쏠리도록 만들었다. 관심을 가졌던 다른 주요 영역은 해석기하학으로 페르마가 이를 도입했다.

페르마는 프랑스 남부 보몽드로마뉴에서 태어났고 툴루즈 대학교에 다녔다. 1631년 오를레앙에서 민법학사 학위를 받은 후 툴루즈에서 전임 변호사로 평생을 일했다.

피에르 드 페르마

해석기하학

기하학 문제를 해결하기 위해 대수를 활용하는 해석기하학은 1637년에 생겼는데 창시자는 르네 데카르트와 피에르 드 페르마다. 페르마는 특히 곡선의 접선을 찾는 새로운 발견을 했는데 프랑스에서 출판된 지 얼마 되지 않은 디오판토스의 《산수론》에서 나온 근사값 아이디어와 기술을 이용했다.

정수론

해석기하학의 발달에 큰 기여를 했지만 페르마는 주로 정수론에의 업적으로 기억된다. 종종 증명 없이 성과를 진술했고 그가 발견한 것들을 출판하지 않았는데도 말이다.

페르마 소수

페르마는 n이 2의 지수이면, 2^n+1은 소수라 추측했다. 이러한 최초의 수는 소수였다. $2^1+1=3$, $2^2+1=5$, $2^4+1=17$, $2^8+1=257$, $2^{16}+1=65,537$ 하지만 오일러는 $2^{32}+1$은 641로 나눠짐을 증명했고, 페르마의 소수는 더 이상 발견되지 않았다.

$4n+1$ 정리

$4n+1$ 형태의 모든 소수 (즉, 모든 수는 4의 곱셈 값보다 1크다)는

5, 13, 17, 29, 37, 41, 53, 61, ⋯.

페르마는 모든 소수는 두 완전제곱수의 합으로 쓸 수 있다는 사실을 알아냈다. 예컨대 $13=4+9=2^2+3^2$이고 $41=16+25=4^2+5^2$

이다.

페르마는 증명없이 이러한 사실을 진술했다. 이를 증명하는 것은 후대의 수학자들에게 넘겨졌다.

펠의 방정식

앞에서 우리는 브라마굽타가 $Cx^2+1=y^2$이고 C는 여러 개의 특정한 값을 갖는 펠의 방정식의 정수해를 찾았음을 보았다. 페르마는 이 작업을 계속하여 $C=109$인 복잡한 경우의 해를 찾았고 당대의 수학자들에게 그와 같이 하도록 과제를 주었다. 가장 간단한 해는

$x=15,140,424,455,100$,

$y=158,070,671,986,249$,

이러한 답을 구하기 위해 페르마는 분명 일반적인 방법을 사용했을 것이지만 누구에게도 그 방법을 알리지 않았다.

페르마의 '소정리'

페르마의 다른 업적은 소수로 나눠지는 매우 큰 수에 관한 것이다. 이를 설명하기 위해 소수 39와 양의 정수 14를 선택한다. 페르마의 정리에 따르면 만약 $14^{37}-14$를 계산할 수 있다면 그 값은 37로 나눠떨어진다. 페르마의 '소정리'는 개괄적으로 말한다.

어떤 소수 p와 어떤 정수 n이 주어진다면, n^p-n은 p로 나눠떨어진다. 이는 단순히 이론적 사실이 아니다. 이는 현재 중요한 암호와 인터넷 보안의 기반이 된다.

페르마의 '마지막 정리'

정수 방정식 $x^2+y^2=z^2$를 만족하는 정수 x, y, z(피타고라스의 세 수)가 있다. 예컨대 $3^2+4^2=5^2$이기 때문에 $x=3$, $y=4$, $z=5$이 될 수 있다. 하지만 $x^3+y^3=z^3$, $x^4+y^4=z^4$ 혹은 (일반적으로) $x^n+y^n=z^n$인 정수 x, y, z를 찾을 수 있을까?

디오판토스의 《산수론》에서 페르마는 다음의 진술에 관해 '공간이 너무 좁아서 기록할 수 없는 놀라운 증명' 이 있다고 주장했다.

(2보다 큰) 모든 정수 n의 경우, $x^n+y^n=z^n$을 만족시키는 양의 정수 x, y, z는 존재하지 않는다.

'무한강하법'이라는 그가 고안한 방법을 사용해 페르마는 $n=4$인 경우를 증명했지만 이로 인해 모든 n에 대한 일반론을 주장한 것은 다소 적절하지 않았던 것 같다.

뒤에서 살펴보겠지만 페르마의 마지막 정리는 오랜 노력과 고심 끝에 결국 1995년 앤드루 와일즈에 의해 증명되었다.

페르마의 접근방식 설명

페르마는 특정한 경우에 최대값과 최소값을 알기 위해 근사치를 활용했다. 페르마는 AE×EC가 최대값을 갖도록 하는 선분 AC 위의 점 E를 찾으려 했다.

AC$=b$이고 AE$=a$라 하면,

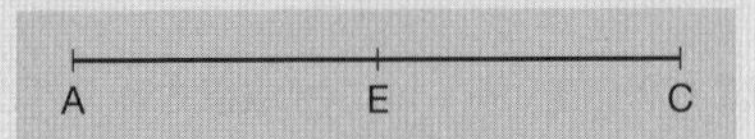

EC$=b-a$이고

AE×EC$=a\times(b-a)$이다.

페르마는 최대값이 되는 위치에 E가 있다면, E를 e만큼 약간 이동해도 곱셈 값이 얼마 변하지 않으리라 생각했다.

따라서 $a\times(b-a)$는 $(a+e)\times(b-a-e)$의 근사값이다. 이 경우 be는 $2ae+e^2$의 근사값이며, 이를 e로 나누면 b는 $2a+e$의 근사값이다.

페르마는 기록했다.

e를 제거하면 $b=2e$이다. 문제를 해결하기 위해 b의 절반을 취해야 한다.

따라서 E가 선분 AC의 중앙에 있을 때 곱의 최대값이 나온다.

데카르트

Descartes

르네 데카르트(1596~1650)**는 프랑스의 투렌라에에서 태어났고 푸아티에에서 법학을 공부했으며 스웨덴의 크리스티나 여왕의 가정교사로 있는 통안 스톡홀름에서 죽었다. 17세기의 많은 사상가들처럼 데카르트는 세상의 진리를 드러낼 상징을 찾았다. 데카르트는 대수학을 더욱 광범위하게 적용할 수 있는 앞선 것으로 생각했다. 데카르트의 좌표는 그의 이름을 딴 것이다.**

르네 데카르트는 1637년의 우주과학에 관한 철학서《방법서설Discours de la Méthode》에서 수학의 신기원을 이뤘다. 이 책에는 부록이 3개로 (최굴절 법칙에 관한 내용이 최초로 등장하는) 광학에 관한 것, (1차 무지개와 2차 무지개에 대한 설명이 포함되는) 기상학에 관한 것, 기하학에 관한 100쪽 가량의 해석기하학에 관한 기본적인 내용을 담은 것이다.

기하학(La Geometrie)에서 큰 반향을 일으켰고 기하학문제 해결에 대수학적 방법을 사용하도록 상당한 영향을 끼쳤다. 이로 인해 기하학에서부터 대수학으로의 점차적이고 점진적인 변화가 시작되어 100년 간 이어져 레온하르트 오일러에 이르렀다.

기하학(La Geometrie)

이전의 기하학자들은 길이를 다루고 두 길이의 곱을 면적이라 여겼던 반면에 데카르트는 최초로 수량을 입체가 아닌 것으로 단순화시켰다.

데카르트는 기하학 문제를 대수학으로 해결할 수 있다고 주장했고, 대수 방정식의 해, 또한 기하학 형태를 통해 구할 수 있다고 믿었다. 그러한 기하학 형태의 예로써 데카르트는 이차방적인의 해를 구하기 위해 선분과 원을 어떻게 활용하는지를 보였다.

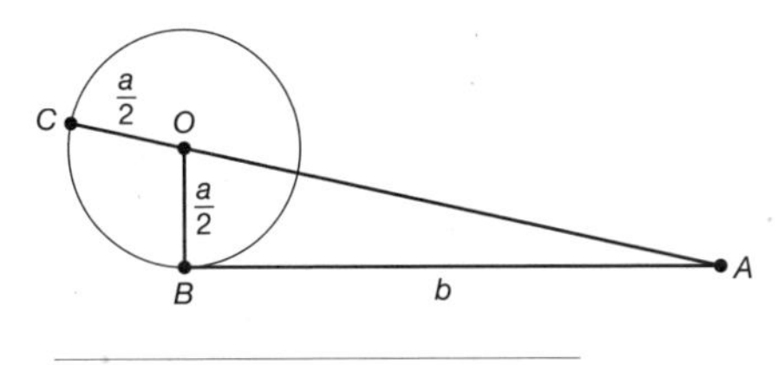

AC의 길이는 이차방정식 $x^2=ax+b^2$

데카르트는 고대 파포스의 기하학 문제를 푸는데 대수적 접근법을 이용했다. 파포스는 여러 개의 고정된 선분들과 관련해 특정한 방식으로 움직이는 한 점의 자취를 그리도록 요구했다. 데카르트는 특별한 선분을 x와 y라 이름 짓고 x와 y로 다른 모든 길이를 계산하

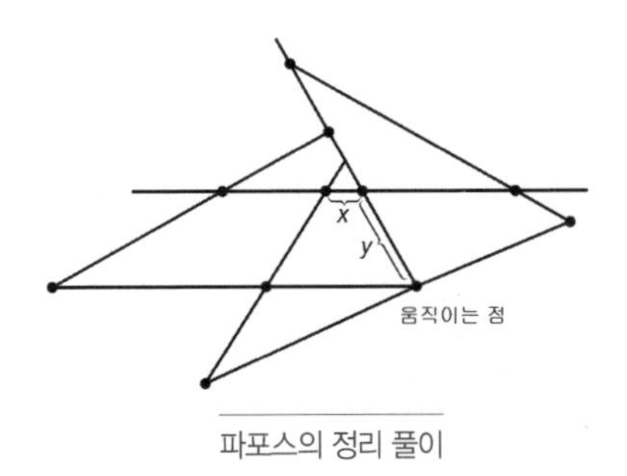

파포스의 정리 풀이

르네 데카르트

여 x^2, xy, y^2이 포함되는 방정식을 얻었다. 이것이 2차 방정식으로 점의 자취는 아래의 그림처럼 원뿔형이다.

데카르트는 특정 유형의 대수 방정식 해를 구하기 위해 곡선의 접선을 찾는 방법을 찾아냈다. 하지만 여기서 그의 이름이 붙은 (직각의 축을 가지는) '데카르트의 좌표'를 소개하지는 않았다. 데카르트의 좌표는 점을 한 쌍의 숫자로 표현하고 $y=mx+c$의 선형 방정식 형태로 선을 표현하였다.

2가지 수학에의 공로

데카르트는 다항 방정식의 해를 구하기 위해 '부호 규칙(rule of signs)'을 개발했다. 방정식 $x^4-x^3-19x^2+49x-30=0$은 왼쪽에서 오른쪽으로 이동하며 (−에서+, +에서 −) 부호가 3번 바뀌고 동일한 부호는 (−) 한 켤레가 나온다. 데카르트의 규칙에 따르면 이런 경우 방정식은 최대 3개의 양의 정수와 최대 1개의 음의 정수를 해로 갖는다.

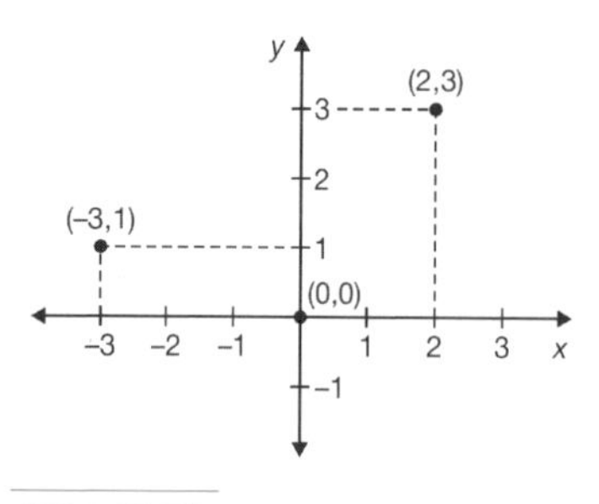

데카르트의 좌표

데카르트는 다양한 기하학 곡선을 분석했다. 이 그림은 방정식 $x^3+y^3=3xy$의 데카르트 엽선

(folium of descartes)이다.

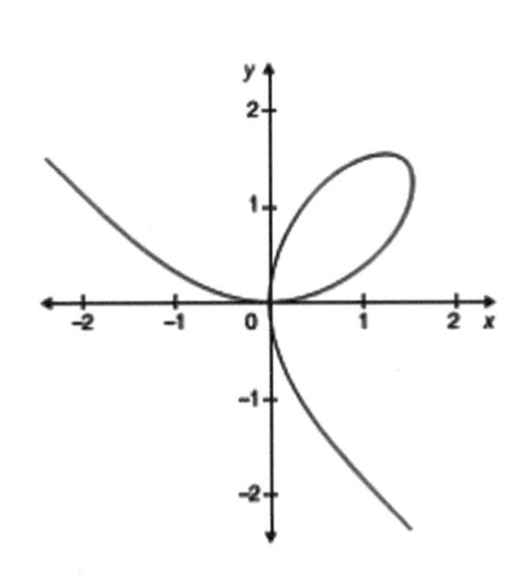

데카르트의 소용돌이 이론

데카르트는 (아래 그림과 같이) 우주물질의 소용돌이가 우주를 채우고 행성들이 궤도를 돌도록 밀어낸다는 행성 운동에 관한 유명한 이론도 펼쳤다. 이후 아이작 뉴턴은 그의 책《자연철학의 수학적 원리(Philosophiae Naturalis Principia Mathematica)》에서 이 이론을 일축했다.

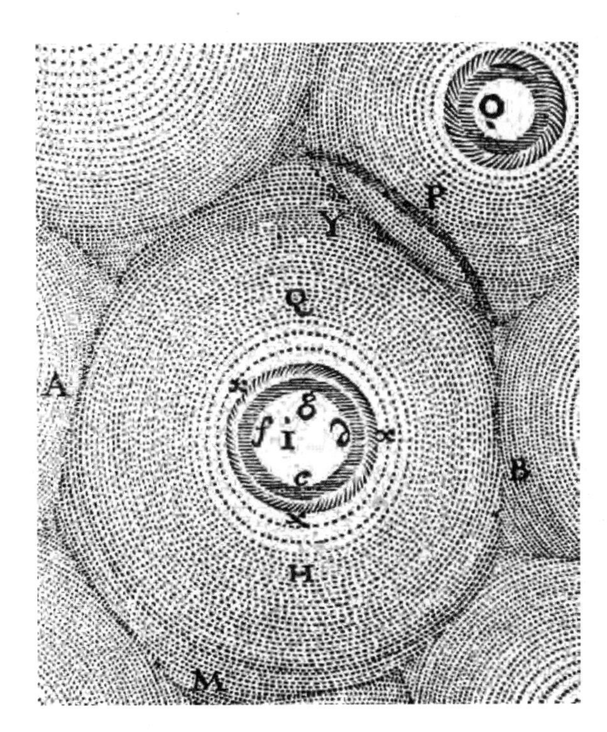

파스칼

Pascal

블레즈 파스칼(1623~1662)**은 과학과 종교철학 뿐 아니라 수학의 여러 영역에도 기여했다. 파스칼은 확률이론의 기초를 놓았고 기압에 관하여 글을 썼으며, 사영기하학의 '육각정리**(hexagon theorem)**'를 발견했고, 계산기를 만들었다. 파스칼은 '파스칼의 삼각형'으로 알려진 수열에 관한 유명한 논문을 썼다.**

블레즈 파스칼은 프랑스 오베르뉴 지역의 클레르몽페랑에서 태어났으며 어려서 수학적 재능을 보였다. 세관에, 변호사에, 아마추어 수학자였던 파스칼의 아버지 에티엔(Étienne)은 아들의 교육에 대한 책임감을 느끼고 마랭 메르센이 주관한 파리의 과학모임에 그를 데려갔다.

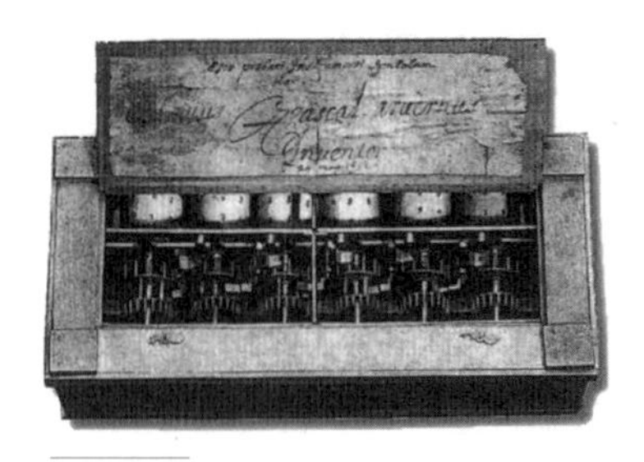

파스칼라인

파스칼의 계산기

1642년 파스칼은 아버지의 일에 도움을 주고자 ('파스칼라인'으로 알려진) 계산기를 만들었다. 비록 톱니바퀴를 이어 만든 허술한 것이었고 덧셈과 뺄셈만 가능한 것이었지만 오랜 시간이 지난 후에 만들어진 기기들도 파스칼의 계산기를 약간 수정한 것에 지나지 않음을 분명히 알 수 있다.

블레즈 파스칼

확률

근대 확률이론은 1654년에 파스칼과 페르마가 도박문제에 관해 주고받은 서신에서 시작되었다고 여겨진다. 슈발리에 드 메레(Chevalier de Mere)가 제기한 문제는 도박이 끝나기 전에 중단되었을 경우에 도박에 건 돈을 어떻게 분배해야 공평하겠느냐는 것이었다.

두 명의 참가자가 어떤 도박을 반복하기로 동의했다고 가정하자. 먼저 6번을 이긴 사람이 승자로 £100를 받게 된다. 한 참가자가 5번을 이겼고 다른 참가자는 4번을 이긴 상황에서 도박이 중단되었다면 어떻게 £100를 두 참가자가 공평하게 나눠가질 수 있을까? (5번 이긴 사람은 £75를 받고 나머지 사람은 £25를 받으면 된다.) 파스칼은 1654년 《수삼각형론(Traite du Triangle Arithmetique)》에 일반적 풀잇법을 더욱 자세히 썼다.

정수 삼각형

현재 파스칼의 삼각형이라 불리는 정수 삼각형에 관해 이슬람, 인도, 중국의 수학자들은 수백 년 전에 이미 알고 있었다. 하지만 이의 속성을 세계적으로 연구한 사람은 그가 처음이기 때문에 파스칼

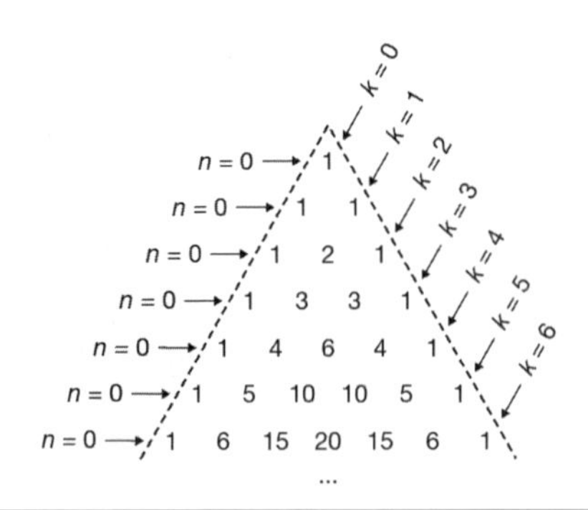

파스칼의 삼각형 일부, 파스칼의 삼각형에 대한 파스칼의 그림 (그의 사후인 1666년에 출판된 책에서)

의 업적이라 해도 정당하다.

수백 년 동안 이러한 다양한 수열이 있었다.

수의 패턴

정수 삼각형은 숫자상 여러 흥미로운 특징을 갖는다. 예를 들어서 첫 번째 대각선 항($k=0$)은 1의 열이며 둘째, 셋째 대각선 항($k=1, 2$)은 자연수 1, 2, 3, …과 삼각수 1, 2, 6, 10, …이 포함된다.

게다가 (바깥쪽 1을 제외하고) 각 수는 위의 두 수의 합이다. 예를 들어 7째줄($n=6$)의 20은 위의 두 10의 합이다.

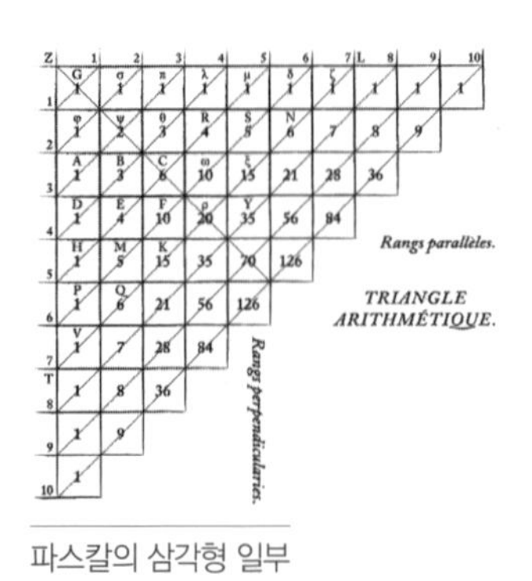

파스칼의 삼각형 일부

다른 흥미로운 특징은 각 줄의 수를 모두 합하면 2의 거듭제곱이 된다는 것이다. 예를 들어서 6째줄($n=5$)에서

$1+5+10+10+5+1=32=2^5$

파스칼은 지금 수학적 귀납법이라 불리는 방식으로 이런 결과를 증명했다. 파스칼은 수학적 귀납법을 명쾌하게 보여준 최초의 사람이었다.

이항 계수

파스칼의 삼각형에 나오는 수는 모두 이항 계수다. 이러한 수는 $1+x$의 거듭제곱으로 얻을 수 있다.

$$(1+x)^0 = 1$$
$$(1+x)^1 = 1 + 1x$$
$$(1+x)^2 = 1 + 2x + 1x^2$$
$$(1+x)^3 = 1 + 3x + 3x^2 + 1x^3$$
$$(1+x)^4 = 1 + 4x + 6x^2 + 4x^3 + 1x^4$$
$$(1+x)^5 = 1 + 5x + 10x^2 + 10x^3 + 5x^4 + 1x^5$$
$$(1+x)^6 = 1 + 6x + 15x^2 + 20x^3 + 15x^4 + 6x^5 + 1x^6$$

조합

삼각형의 수는 다른 선택의 가짓수를 계산할 수 있다. 예를 들어서 다른 6사람 중에 4명으로 이루어진 팀을 구성할 가짓수를 $c(6, 4)$라 쓸 수 있으며 계산하면 15이다. 보통 $c(n, k)$는 n열의 숫자와 대각선의 k이고, $n!/k!\,(n-k)!$와 같다.

카발리에리와 로베르발

Cavalieri and Roberval

17세기 동안, 현재 미분과 적분이라 불리는 미적분학의 두 분야에 큰 발전이 있었다. 보나벤투라 카발리에리(1598~1647)**는 특정 면적을 계산할 때 구조적 도움을 주기 위해 '불가분 이론'을 전개했다. 질 페르손 드 로베르발**(1602~1675)**도 계산면적을 구하는 유력한 테크닉을 발견했다.**

갈릴레이는 이탈리아의 수학자 카발리에리를 높이 평가했다.

> 아르키메데스 이래로 기하학을 심도 있게 깊이 탐구한 사람은 거의 없다.

1629년 갈릴레오는 볼로냐에서 교수직을 얻도록 카발리에리를 도왔고 이후 3년마다 죽을 때까지 반복되었다.

카발리에리 원리

카발리에리는 수학과 과학에 관해 10권의 책을 썼고 로그표를 발표했다. 그의 가장 중요한 책은《연속되는 불가분량의 신(新)기하학(Geometria Indivisibilibus Continuorum Nova Quadam Ratione Promota)》으로 1635년에 출판되었다.

카발리에리는 기하학적 물체는 한 단계 아래의 대상, 불가분량

(Indivisibles)으로 만들어진다고 생각했다. 이에 따르면 면은 선으로 이루어지고 입체는 면으로 이루어졌다. 그러면 문제는 기하학 물체의 불가분량을 다른 것의 불가분량과 어떻게 비교할 것인가가 되었다.

프랑스과학아카데미의 로베르발, 1666

카발리에의 원리는 비교가 가능하다고 설명한다. 면적의 경우 이렇게 말한다.

> 만약 두 평행선 사이에 놓여있고 두 평행선 사이에 어떤 선을 그리더라도 평면이 잘리는 길이비가 같으면 두 개 평면의 면적은 같다.

카발리에는 이 원리를 $y=x^n$곡선 아래 부분의 면적을 구하는데 활용했다. 여기서 n은 특정한 양의 정수이다.

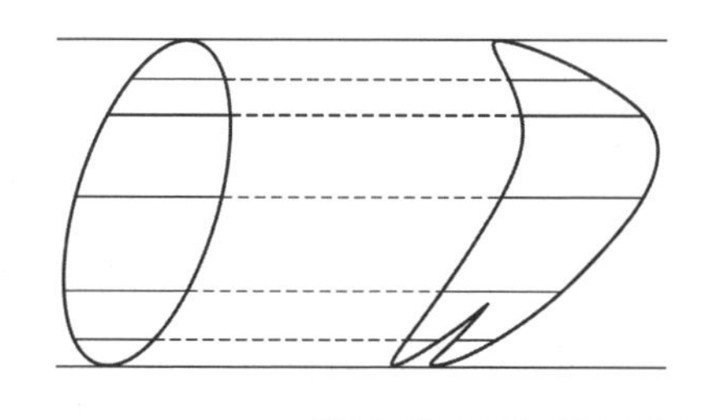
평면도형에서의 카발리에 원리

미적분의 경로

케플러, 페르마, 데카르트, 파스칼 등 17세기의 많은 수학자들이 곡선의 접선과 곡선 아래의 면적을 연구했다. 아래 사람들의 공로도 있었다.

- 세인트 빈센트의 그레고리[Gregory], 벨기에의 수학자로 쌍곡선 $y=x^{-1}$의 밑면적을 구했다.
- 존 월리스, k가 양의 정수인 경우 곡선 $y=x^k$의 밑면적을 구했다.
- 에반겔리스타 토리첼리[Evangelista Torricelli], 갈릴레오의 제자이고 기압계 발명가로 면적과 접선을 알아냈고 발사체의 포물선 경로를 연구했다. '시간으로 환산한 거리' 등식을 '거리로 환산한 시간' 등식으로 바꾸고 반대로도 바꾸는 과정에서 접선과 면적이 역연산 관계임을 알게 되었다.
- 아이작 배로[Isaac Barrow], 캠브리지의 루카스 석좌 교수로 뉴턴을 계승했고 역시 접선과 면적 사이의 역연산 관계를 연구했다.

하지만 이전의 모든 사람을 능가했던 사람은 뉴턴과 라이프니츠로 독자적으로 오늘날 우리가 미적분학이라 부르는 것을 창조했다.

- 미분—곡선에 대한 접선의 기울기를 구하는 체계적 방법
- 적분—곡선의 밑면적을 구하는 체계적 방법
- 접선과 면적 사이의 역연산 관계—다시 말해서, 미분과 적분은 반대 과정이다. 어떤 식을 적분한 다음 그 결과를 미분하면 다시 최초의 식이 나온다.

로베르발과 사이클로이드

카발리에의 원리는 널리 유용하고 효과적이라 여겨졌다. 로베르발은 인상적이게도 이를 원형 아치의 밑면적을 (독자적으로 구할 수 있다고 주장하며) 구하는데 활용했다. 사이클로이드는 한 원이 일직선 위를 굴러갈

때, 원 위의 한 점이 그리는 곡선이다. 자전거가 길을 따라 달릴 때 자전거 타이어 위의 진흙 한 덩이가 그리는 곡선이라 생각할 수도 있다.

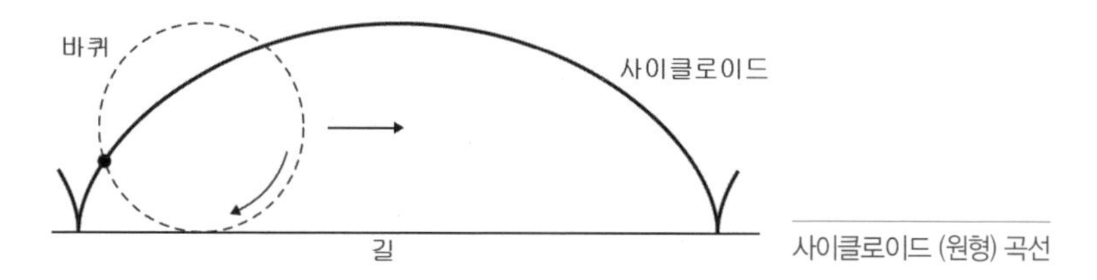

사이클로이드 (원형) 곡선

로베르발은 원형 아치의 밑면적이 원의 정확히 3배라는 사실을 증명했다. 이를 위해 로베르발은 수평의 빗금이 그려진 두 부분의 면적이 같고, 수직의 빗금이 그려진 부분은 사각형 OABC 면적의 절반임을 보였다. 로베르발은 원형 면적의 절반은 $\frac{1}{2}\pi r^2+\frac{1}{2}(2r\times\pi r)=\frac{3}{2}\pi r^2$이라 추론했다.

원형 아치의 전체 밑면적은 $3\pi r^2$이고 이는 원의 면적의 3배이다.

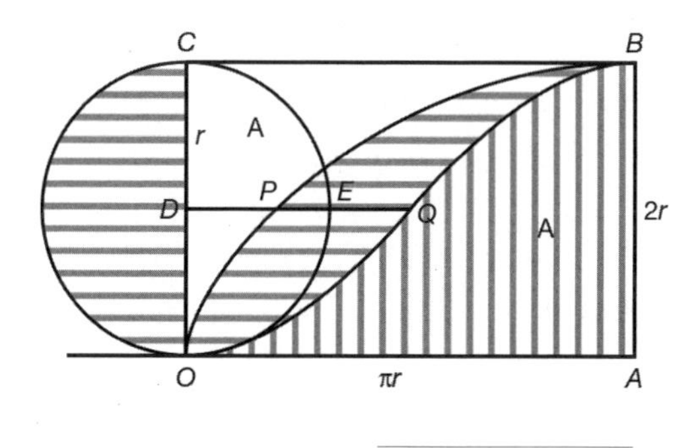

로베르발의 사이클로이드

호이겐스

Huygens

1650년대에 수학연구의 중심지가 프랑스로부터 멀리 이동했다. 이제 네덜란드와 영국이 선두 국가였고 그중에서도 가장 으뜸가는 사람은 네덜란드의 크리스티안 호이겐스(1629~1695)였다. 호이겐스가 최초로 만든 추시계로 시간 측정의 정확성이 상당히 진전되었다. 호이겐스는 기하학, 역학, 천문학, 확률에도 기여했다.

호이겐스는 네덜란드의 유력하고 문벌 좋은 가문 출신이었다. 그는 처음에는 레이덴 대학교에서 다음에는 브레다의 오렌지 칼리지에서 법학과 수학을 공부했다. 1650년대 호이겐스의 첫 책은 수학에 관한 것으로 시소이드(질주선)와 (그리스의 학자들이 연구했던 곡선인) 콘코이드(나사선)를 연구한 책이었다.

크리스티안 호이겐스

추시계

천문학과 항해를 위해 시간을 정확히 측정할 필요가 있었다. 이러한 시계를 개발하는 일에 호이겐스는 지속적인 관심을 가졌고 이 분야에서 그의 가장 유명한 발견을 이뤘다.

진폭이 작은 경우 부정확성이 무시되기도 했지만 추의 진동주기는 진자의 진폭과 거의 무관하다는 것을 호이겐스는 알았다.

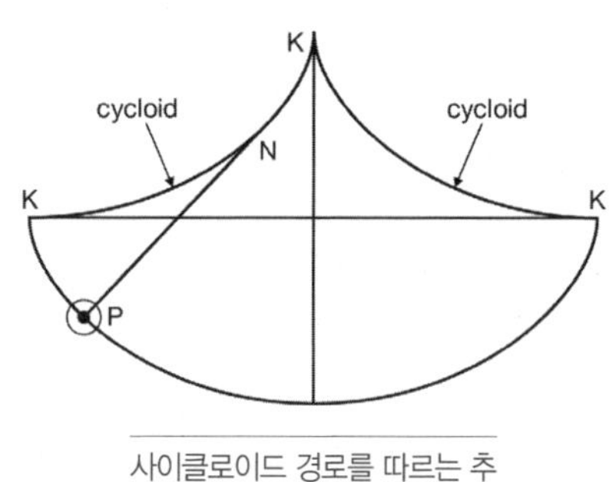

사이클로이드 경로를 따르는 추

> 축이 수직이고 결절점이 바닥인 사이클로이드의 경우, 사이클로이드 위의 어떤 점을 지나 추의 위치가 가장 낮아지는 결절점까지 내려가는 시간은 동일하다.

만약 추가 사이클로이드 경로를 따른다면 진동주기는 진폭과 무관하다는 의미일 것이다.

호이겐스는 추가 흔들릴 때 "양측" 정점에서 끈이 말리는 것으로 이를 입증해 보였다. 양측 정점에서의 형태 역시 사이클로이드이다. 정확한 형태는 추의 길이에 따라 다르다.

확률

1655년 파리를 방문한 호이겐스는 확률에 관심을 가지게 되었고 파스칼의 격려로 《도박의 확률 값에 관하여(De Ratiociniis in Ludo Aleae)》를 써서 1657년 출판했다. 이 책은 처음으로 확률이론을 체계적으로 다룬 것으로 유일하게 18세기까지 통용되었다. 호이겐스는 기록했다.

> 도박의 가능한 결과를 확실히 알 수는 없지만 참가자가 이기거나 질 가능성은 결정된 값에 따라 결정된다.

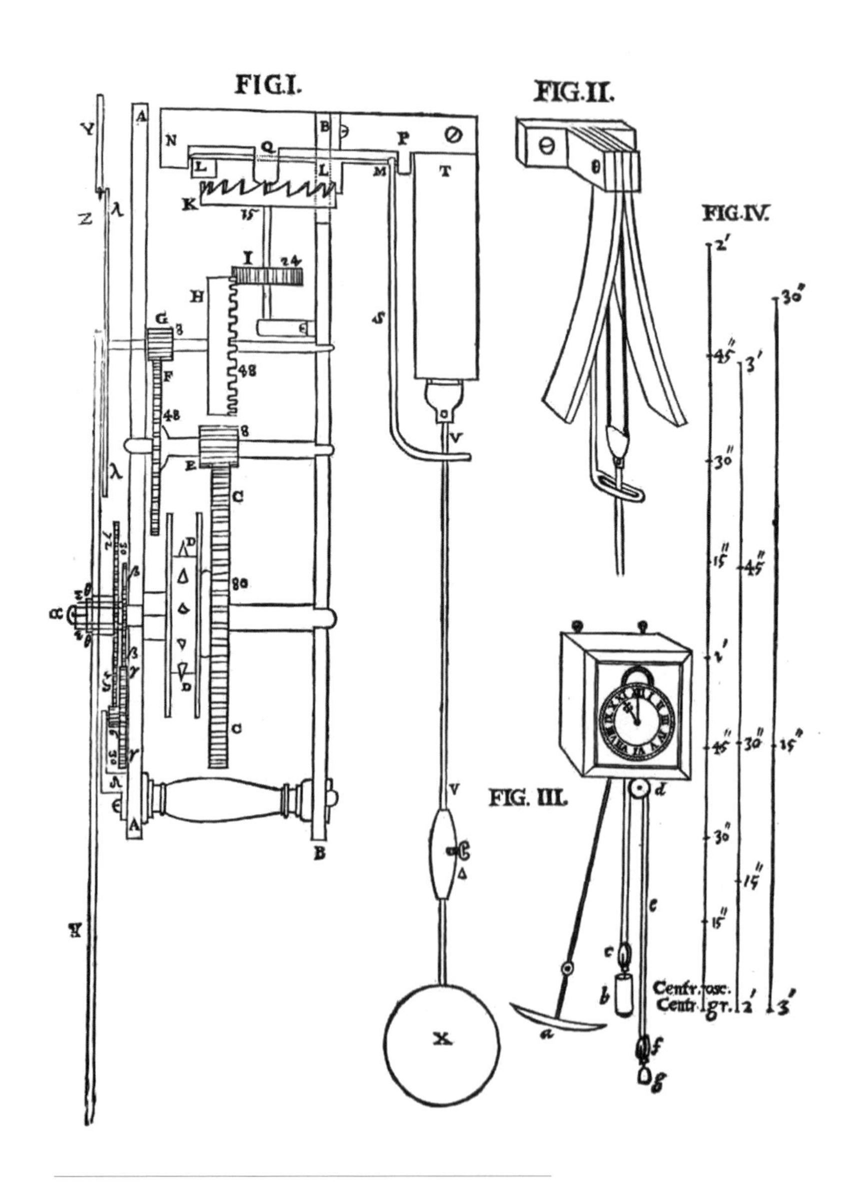

시계의 메커니즘에 관한 호이겐스의 그림, 1673년 그의 책 추시계(Horologium Oscillatorium)

호이겐스가 말하는 '결정된 값'은 현재 기대값이라 부르는 것으로 수차례 도박을 했을 때의 평균기대소득이다.

호이겐스의 첫 원리에 따르면 만약 도박에서 한 사람이 £x와 £y를 소득으로 얻을 가능성이 동일하다면 기대소득은 £$\frac{1}{2}(x+y)$가 된다. 참여자는 이만큼의 돈을 걸고 도박에 참여해야 한다.

호이겐스는 파스칼과 페르마가 주고받은 편지에서 제기된 문제 또한 논의했다.

> 두 개의 주사위를 몇 번 던지면 둘 다 6이 나올 동일한 가능성이 최소한 반반이 되는가?

답은 24번과 25번 사이이다. 주사위를 24번 던지면 더블식스를 얻을 확률은 $\frac{1}{2}$보다 조금 부족하다. 25번 던지면 그 가능성은 $\frac{1}{2}$을 조금 넘는다.

천문학과 운동

형과 협력하여 호이겐스는 렌즈를 갈고닦는데 전문적 지식을 갖췄다. 호이겐스 형제는 당시 최고의 망원경을 제작했고 이로 인해 1655년 호이겐스는 현재 타이탄이라 불리는 토성의 위성을 발견할 수 있었다. 호이겐스는 그 다음 해 토성의 고리에 관해 설명했다.

토성은 얇고 편편한 고리로 둘러싸여있는데 이는 어디에도 닿지 않고 황도로 기울어져 있다.

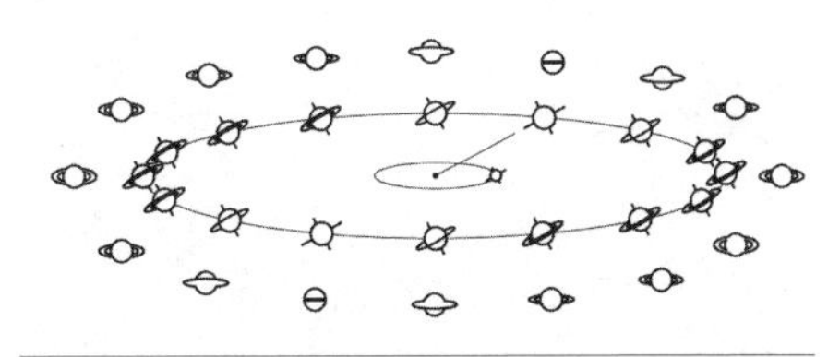

호이겐스 토성의 구조(Systema Saturnalia, 1659)의 삽화, 토성의 궤도를 보여준다

월리스

Wallis

존 월리스(1616~1703)**는 뉴턴이 등장하기 이전 영국에서 가장 영향력 있는 수학자였다. 그의 최고 업적은** 1650**년대 출간된 《무한소수론**Arithmetic of Infinites**》과 원뿔곡선에 관한 논문이었다. 둘 다 새로운 발견과 통찰력이 가득한 책으로 그 분야의 발전에 중요한 시기에 나왔다. 뉴턴이 이항정리를 발견하게 된 것은 이전의 연구를 통해서였다.**

존 월리스는 영국의 켄트에서 태어났고 캠브리지 대학교에 입학했는데 그곳에서 수학은 거의 공부하지 않았다. 그의 목표는 성직자가 되는 것이었고, 옥스퍼드 대학교의 기하학과 새빌리언 석좌교수로 지명된 1649년까지 성직자로 일했다. 이전에 월리스에게는 수학적 경력이 별로 없었지만 영국내전(English Cicvil War) 기간에 크롬웰의 정보국을 위해 암호를 해독했던 두드러진 활동 때문에

존 월리스

옥스퍼드의 교수로 지명되었을 것이다. 빈약한 증거이지만 수학적 선견지명으로 그를 지명했다고 생각하는 것보다는 낫다.

수학부호

월리스는 수학기호를 사용하는데 대체로 보수적이었는데도 2개의 새로운 부호, '무한대'를 의미하는 ∞와 '크거나 같다'를 의미하는 ≥를 도입했고 그것들은 현재도 여전히 쓰인다.

1655년 원뿔곡선에 관한 논문에서 월리스는 원뿔을 절단면이 아닌 방정식으로 정의된 곡선으로 다뤘고 데카르트에 의해 도입된 대수학적 분석기법을 통해 특성을 밝혔다.

1676년 분수와 음수의 지수를 당시 부호로는 최초로 표현한 사람은 뉴턴이지만 월리스는 그에 토대를 놓는 큰 기여를 하였다. 예컨대 월리스는 무한소수론에 이렇게 썼다.

$\frac{1}{x}$의 지수는 -1이고, $\sqrt{x}$의 지수는 $\frac{1}{2}$이다.

무한소수론

교수로 지명된 후 월리스는 옥스퍼드 대학교 도서관에서 주요한 수학책들을 모두 공부했다. 특히 불가분량을 이용한 카발리에리의 방법이 기록된 토리첼리의 책들을 접한

PARS PRIMA.

PROP. I.

De Figuris planis juxta Indivisibilium methodum considerandis.

SUppono in limine (juxta Bonaventuræ Cavallerii *Geometriam Indivisibilium*) Planum quodlibet quasi ex infinitis lineis parallelis conflari : Vel potius (quod ego mallem) ex infinitis Parallelogrammis æque altis; quorum quidem singulorum altitudo sit totius altitudinis $\frac{1}{\infty}$, sive aliquota pars infinite parva; (esto enim ∞ nota numeri infiniti;) adeoque omnium simul altitudo æqualis altitudini figuræ.

Est item (propter tangentem) DT ⋝ DO (hoc est, DT æqualis vel major quam DO; illud quidem si D, P, coincidant; hoc, si secus) & DTq ⋝ DOq, hoc est $\frac{f^2 \pm 2fa + a^2}{f^2} p^2 ⋝ \frac{d \pm a}{d} p^2$; & (utrumque multiplicando in $df2$ &

원뿔곡선에 관한 월리스의 논문에 ∞와 ≥가 최초로 등장

월리스는 원의 면적을 구하는데 이 방법을 활용할 수 있으리라 생각했다. 월리스는 3년 간 이 작업에 매달려 《무한소수론(Arithmetica Infinitorum)》을 썼는데 이 책은 1655년에 출판되었다. 월리스는 이 책에서 삽입이라는 단어를 처음으로 썼다.

카발리에리는 $y=x^n$ 형태인 곡선(여기서 n은 양수)의 밑면적을 구하고자 기하학적 불가분량 방법을 썼다. 월리스는 비슷한 테크닉을 $y=x$ k(여기서 k는 분수) 곡선에도 적용했다.

월리스는 독자를 이해시키려하기 보다 명성을 얻으려 애를 썼기에 '거칠고 어려운 글을 써서 감히 공부해보려 접근하는 사람들이 거의 없게 만들던' 선조들의 방식을 따르지 않고 그의 말처럼 독자들에게 원천을 열어주고자 차근차근 그가 사용한 방법 전부를 설명해 주었다.

월리스는 이때 그의 유명한 공식인 사각형과 내접한 원의 면적비를 구했는데 현재 우리는 $\frac{4}{\pi}$라 기록한다.

$$\frac{4}{\pi}=\frac{3\times3\times5\times5\times7\times7\times\cdots}{2\times4\times4\times6\times6\times8\ \cdots}$$

뉴턴은 월리스 발견의 기본방법과 부호의 탐구와 사용에 매료되었다. 월리스의 경력은 암호해독능력에서 시작되었고 암호해독능력은 수학표기법으로도 또한 표현되었다.

Johannis Wallisii, SS. Th. D.
GEOMETRIÆ PROFESSORIS
SAVILIANI in Celeberrimâ
Academia OXONIENSI,
ARITHMETICA
INFINITORVM,
SIVE
Nova Methodus Inquirendi in Curvilineorum Quadraturam, aliaq; difficiliora Matheseos Problemata.

OXONII,
Typis LEON: LICHFIELD Academiæ Typographi,
Impensis THO. ROBINSON. *Anno* 1656.

포물선의 밑면적

당시 포물선의 밑면적을 알고 있었지만 윌리스는 알려지지 않은 경우에 답하기 위해 그의 방법을 계속해서 사용했다.

월리스의 접근법은 다른 연속체들의 합을 이용한다. 그의 방법을 설명하기 위해 동일한 간격의 사각형의 면적과 비교해 $y=x^2$의 밑면적을 구한다. 우리는 두 면적 모두 무한히 많은 수직선으로 이루어진다고 생각한다.

포물선의 밑면적의 근사값은 점 $0, \frac{1}{n}, \frac{2}{n}, \frac{3}{n}, \cdots, \frac{n}{n}$ 위의 선분 길이의 합이다. 이 합은

$$\frac{0^2}{n^2}+\frac{1^2}{n^2}+\frac{2^2}{n^2}+\frac{3^2}{n^2}+\cdots+\frac{n^2}{n^2}$$

사각형에서 동일한 점 위의 선분길이 합은 선분의 길이가 1이기 때문에

$1+1+1+\cdots+1$ ($n+1$항)

두 합의 비를 계산하면 $\frac{1}{3}+\frac{1}{6}n$이다. n이 커지면 답은 $\frac{1}{3}$이 된다.

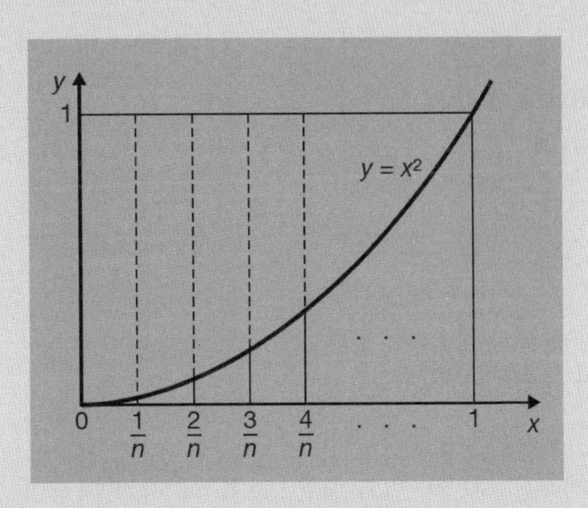

뉴턴

Newton

아이작 뉴턴 경(1642~1727)은 수학과 과학에 타의추종을 불허할 깊이와 넓이의 업적을 남겼다. 그는 이항정리의 일반형을 구했고, 미분과 적분의 관계를 설명했으며, 멱급수를 연구했고, 삼차곡선을 분석했다. 뉴턴은 물체를 땅으로 떨어지게 만드는 힘이 행성이 태양주위를 돌게 만드는 힘과 동일하다는 만유인력과 우주의 행성은 역제곱 법칙의 적용을 받는다는 주장을 했다.

아이작 뉴턴은 1642년 크리스마스에 링컨셔주 그랜섬 인근 울스트로프의 작은 마을에서 태어났다. 그는 캠브리지 대학에 진학했고 이후 26살에 루카스 석좌교수로 임명받았으며 1969년에 영국조폐국의 이사가 되기 위해 런던으로 옮겨가기까지 그 자리에 머물렀다. 이후 그는 영국조폐국의 국장이 되었고 1703년에는 왕립학회의 회장이 되었다.

수학에서의 뉴턴의 업적

미적분

뉴턴의 미적분은 시간의 변화 혹은 '흐름'에 따라 대상이 변하는 움직임이 포함되었다. 접선은 속도와 관련되는데 (친구들에게는 보냈지만 생전에 출판하지는 않았던) 〈미분계수에 관한 논문(Treatise on Fluxions)〉에서 뉴턴은 속도를 계산하는 규칙을 알려주었다. 면적 문제에 있어서 뉴턴은 직접적인 방법을 사용하지 않고 이를 역문제(inverse problem)로 여겼다.

아이작 뉴턴

무한급수

무한급수는 무한히 계속된다는 점을 제외하고는 다항식과 비슷하다. 예컨대

$$1-2x+3x^2-4x^3+5x^4-6x^5+\cdots$$

뉴턴이 무한급수의 중요성과 활용을 이해하였기에 수학의 발전에 큰 도움이 되었다. 특히 유용한 것은 n이 양수가 아닌 경우 무한급수 $(1+x)^n$의 전개식을 알려주는 일반 이항정리였다. 예컨대 위의 무한급수는 $(1+x)^{-2}$의 이항 전개식이다.

삼차곡선

이차곡선은 원뿔곡선이라는 분류는 유명했지만 삼차곡선의 분류는 훨씬 더 어려웠다. 뉴턴은 78개의 다른 삼차곡선을 5가

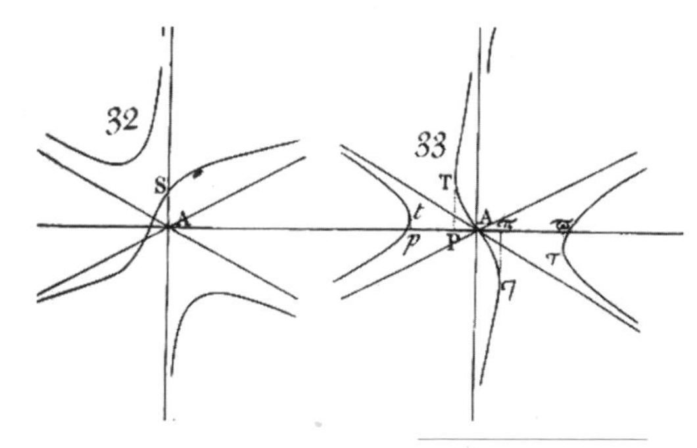

뉴턴의 삼차곡선 2가지

지 유형 중 하나의 투영으로 얻을 수 있음을 보이는 것으로 삼차곡선을 분류했다.

프린키피아

나이 들어서 뉴턴이 자세히 들려준 유명한 사과 이야기는 과학의 전설이다. 사과가 떨어지는 것을 보고 뉴턴은 사과를 바닥으로 당기는 중력이 달이 지구 둘레를 돌고, 지구가 태양 둘레를 돌도록 하는 힘과 동일하다고 주장했다. 또한 이런 행성운동은 만유인력과 역제곱 법칙에 따른다고 주장했다.

> 두 물체 사이의 인력은 두 질량의 곱에 따라 변하고 두 물체 사이의 거리의 제곱에 반비례한다.

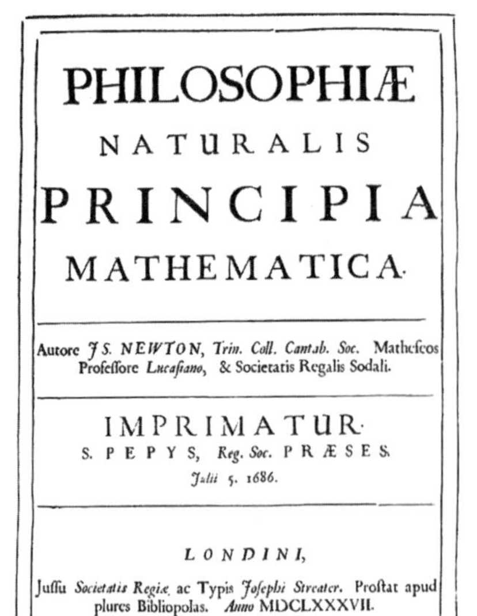

PHILOSOPHIÆ
NATURALIS
PRINCIPIA
MATHEMATICA.

Autore *JS. NEWTON*, *Trin. Coll. Cantab. Soc.* Matheſeos Profeſſore *Lucaſiano*, & Societatis Regalis Sodali.

IMPRIMATUR.
S. PEPYS, *Reg. Soc.* PRÆSES.
Julii 5. 1686.

LONDINI,

Juſſu *Societatis Regiæ* ac Typis *Joſephi Streater*. Proſtat apud plures Bibliopolas. *Anno* MDCLXXXVII.

따라서 만약 두 물체의 질량이 각각 3배가 되면 인력은 9배 증가하고, 두 물체 사이의 거리가 10배 증가하면 인력은 100배 감소한다.

아마도 전시대를 통틀어 가장 위대한 과학책인 《자연철학의 수학적 원리Philosophiae Naturalis Principia Mathematica, 프린키피아, 1687》에서 뉴턴은 케플러의 타원 행성운동의 3가지 법칙을 해석하고 혜성의 궤

뉴턴의 3가지 운동법칙

- 모든 물체는 외부에서 힘이 가해지지 않는 한 고정된 상태 혹은 직선상 동일한 운동 상태를 그대로 유지하려 한다.
- 운동변화는 가해지는 힘에 비례하고 힘이 가해지는 방향으로 이루어진다.
- 모든 작용에는 동일한 반작용이 있다.

도, 조수간만의 차, 지구가 회전하기 때문에 지구의 극지방이 평평함을 설명하기 위해 중력법칙과 자신의 3가지 운동법칙을 활용했다.

뉴턴은 《프린키피아》에서 저항매체가 있을 때 물체의 운동도 논했다. 또 어떤 물체가 지구궤도를 돌도록 하려면 특정속도로 물체가 발사되어야 한다는 내용도 포함되어 있다.

뉴턴은 살아생전에 명예를 얻고 존경을 받았다. 알렉산더 포프의 유명한 비문은 동시대 사람들이 뉴턴을 어떻게 보았는지 알려준다.

> 자연, 자연법칙은 어둠에 숨겨져 있었다.
> 하나님께서 말씀하셨다.
> 뉴턴이 있으라!
> 그리고 모든 것이 밝혀졌다.

런던 웨스트민스터 사원의 뉴턴 기념비

렌, 훅 그리고 핼리

Wren, Hooke and Halley

크리스토퍼 렌(1632~1723), **로버트 훅**(1635~1703), **에드먼드 핼리**(1656~1742)**는 모두 런던런 왕립학회의 초기 역사에 기여했다. 셋 모두 원래 수학자는 아니지만 셋 모두 17세기 후반 영국의 수학사에서 중요한 역할을 했다.**

크리스토퍼 렌

렌은 주로 건축가로 기억되지만 초기에 그는 유명한 천문학자였다. 반면에 아이작 뉴턴은 (월리스와 호이겐스와 함께) 그를 그 시대의 가장 뛰어난 기하학자라 평가했다.

크리스토퍼 렌의 흉상

렌은 1646년 옥스퍼드 와드햄 칼리지에 입학했고 젊은이다운 능력으로 사람들에게 강한 인상을 주었다. 렌은 1650년대에 올 소울즈 칼리지의 선임연구원으로 선출되었다. 렌이 디자인한 훌륭한 해시계는 아직도 올 소울즈 칼리지에 있다. 렌은 (월리스, 훅, 보일을 포함하여) 뛰어난 학자들이 정기적으로 만나 흥미로운 과학주제를 토론하고 실험을 행하는 모임인 옥스퍼드 철학협회의 정식회원이 되었다.

1657년, 렌은 런던 그레샴 칼리지의 천문학과 교수로 임명됐다. 취임연설에서 렌은 런던의 수학계에 대하여 열변을 토하고 결론지었다.

> 기하와 산술의 확고한 토대 위에 세워진 수학적 설명은 사람의 마음에 새겨지고 모든 불확실함을 제거할 수 있다. 그리고 다른 모든 이야기가 얼마나 진실일 수 있느냐는 주제에 대한 수학적 설명이 얼마나 가능한지에 달려 있다.

1660년 11월 28일, 그레샴 칼리지에서 렌의 강의가 끝나고 기하학 교수의 방에서 사람들이 모여 실험과학을 장려하는 새로운 협회의 설립을 제안했다. 이것이 2년 후 왕립협회가 되었다.

기하학에 대한 렌의 관심은 건축에도 영향을 미쳤다. 옥스퍼드 셸도니안 극장의 평평한 지붕 구조는 몇 년 전에 존 월리스가 고안했던 형태를 염두에 두고 렌이 만든 것이었다. 들보가 서로 맞물린 디자인에는 27개의 연속

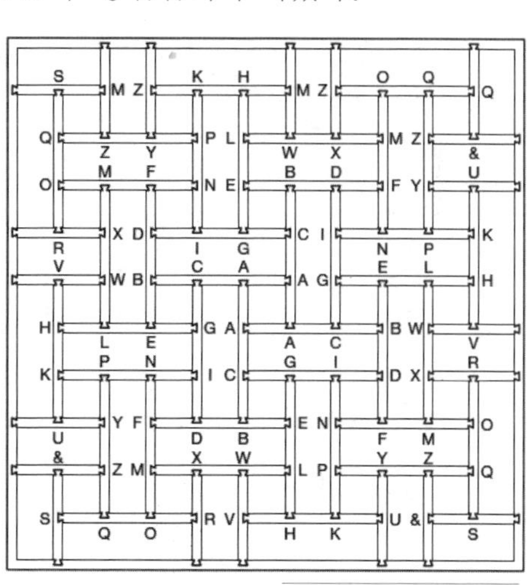

셸도니안 극장 지붕의 원형

되는 대수방정식의 식과 답이 들어있다.

로버트 훅

훅은 35년 이상을 그레샴 칼리지의 기하학과 교수로 있으면서 일반 대중에게 수학을 강의했다. 왕립협회는 그레샴 칼리지에서 모임을 가졌고 협회의 실험 큐레이터로서 훅은 정기적으로 실험을 계획하고 실행해야 했다. 이런 식으로 그레샴 칼리지는 과학 연구와 토론의 중심지가 되었다.

훅은 많은 실험의 바탕이 되는 수학 원리에 관심이 있었고 다수의 수학 도구를 만들었다. 훅은 벽시계와 휴대용 시계의 디자인에도 관심이 있었고 만약 무게가 있는 것을 스프링에 연결하면 무게에 비례하여 스프링이 늘어난다는 '훅의 스프링 법칙'도 만들었다.

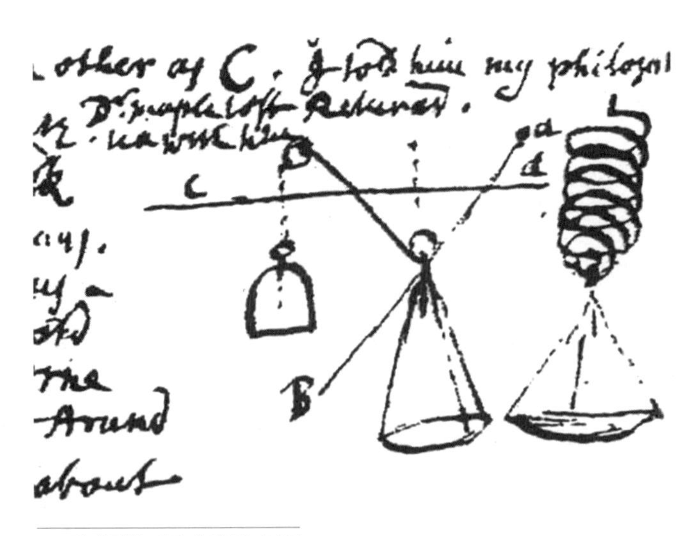

스프링에 관한 기록, 훅의 일기에서

에드먼드 핼리

1684년 왕립협회의 렌, 훅, 핼리는 역제곱 법칙을 중심으로 행성의 운동 궤도를 결정하고자 했다. 핼리는 이를 뉴턴에게 묻고자 캠브리지로 갔다.

왕립학회의 창설

아이작 경은 바로 그것은 생략되었을 것이라 대답했다. 즐거움과 감탄에 사로잡힌 핼리는 어떻게 그것을 아느냐고 물었고, 뉴턴은 전에 그것을 계산했다고 말했다. 핼리는 지체 없이 계산결과를 요청했다. 아이작 경은 그의 논문들에서 찾았지만 계산 결과를 발견하지 못했다. 그러자 아이작 경은 다시 계산을 해 핼리에게 보내주겠다고 약속했다.

이러한 만남의 결과 핼리는 이후 3년을 뉴턴이 다시 계산을 하여 그것을 출판하도록 회유하고 설득하며 보냈다. 그 결과가 뉴턴의 《프린키피아》로써 이 책은 뉴턴에게 바치는 핼리의 시로 시작된다.

지금 천상의 음료를 마시는 너희여
와서 나와 함께 뉴턴의 이름을 기념하자
친애하는 뮤즈들이여
진실의 숨겨진 보물창고를 열었으니 …

어떤 인간도 이보다 신들에게 가까이 가지 못했을 터이니.

핼리가 없었다면 뉴턴의 《프린키피아》는 결코 나오지 않았을 것이다. 뿐만 아니라 왕립협회가 《어류의 역사(History of Fishes)》에 돈을 낭비하였기에 그 출판비를 지불하지 못하자 핼리가 친히 비용을 지불했다. 왕립협회는 《어류의 역사》 50권으로 핼리에게 비용을 갚았다.

월리스가 죽은 다음해인 1704년에 핼리는 옥스퍼드 대학교의 새빌리언 석좌 기하학교수로 임명됐다. 핼리는 아폴로니우스 《원뿔곡선론》의 결정판을 준비했고, 1720년에 2대 왕실천문학자가 되었다. 뉴턴의 원리를 바탕으로 계산하여 핼리는 1758년 혜성의 귀환을 정확하게 예측했고 마침내 그 혜성은 핼리혜성이 되었다.

라이프니츠

Leibniz

고트프리트 빌헬름 라이프니츠(1646~1716)**는 아리스토텔레스 이래 가장 뛰어난 논리학자이고 언어학자였으며 또한 최고의 수학자이고 철학자였다. 그는 '발견의 논리'와 세계의 구조를 반영하는 언어에 대한 바람에 이끌렸다. 라이프니츠의 이진법 수 체계, 기호논리학, 미적분, 계산기에서 이를 알 수 있다.**

라이프니츠는 라이프치히에서 태어났고 이른 나이인 14세에 (그의 아버지가 윤리학 교수로 있는) 라이프치히 대학교에 입학했다. 이후 알트도르프 대학교에서 겨우 20세에 박사학위를 받았다. 라이프니츠는 학문의 여러 분야에 걸쳐 다양한 관심을 가지고 있었고 유난히 재능이 많았지만 대학교를 떠난 이후로 교수직을 얻지는 못했다. 그는 40년을 다소 변변찮은 자리에 머물며 유럽을 여행하고 마인츠 선제후와 하노버 공작의 이익을 대변했다.

이진법 수 체계

라몬 룰의 아이디어를 이어, 라이프니츠는 1666년 에세이에 이성의 모든 진리를 일종의 계산으로 간단하게 바꿀 수 있는 일반적 방법을 만들겠다는 의도를 기록했다.

고트프리트 라이프니츠

라이프니츠의 이진법 체계는 복잡한 아이디어를 가장 간단한 형식으로 바꾸려는 시도의 한 예이다. 1679년 즈음 라이프니츠는 십진법 대신 이진법을 썼다. 2가 되면 다음처럼 다시 1에서 시작한다.

(0)	(1)	(2)	(3)	(4)	(5)	(6)	(7)	(8)
0	1	10	11	100	101	110	111	1000

… 모든 수를 1과 0으로 표현한다니 얼마나 놀라운가!

이러한 이진법 체계는 현재 컴퓨터에 일상적으로 사용된다.

계산기

라이프니츠의 계산기는 그의 또 다른 계획을 보여준다. 라이프니츠는 기계적 계산을 통해 오류 없는 진리를 발견하고자 했다. 이 계산기의 가장 새로운 특징은 둘레에 여러 톱니를 가지는 스텝기어로 이 때문에 핸들을 돌리면 곱셈이 가능했다. 라이프니츠의 스텝기어는 전자식 계산기로 대체되기까지 기계식 계산기의 중요한 요소였다.

라이프니츠의 계산기

미적분학

미적분은 단연코 라이프니츠의 최고의 야심작이며 업적이었다. 이 역시 진리를 드러내는 보편적 상징법을 발견하고자 하는 바람에서 만들어졌다. 라이프니츠의 미적분은 속도와 운동을 바탕으로 하는 뉴턴의 미적분과는 달리 합과 차를 바탕으로 했다.

1675년 라이프니츠는 적분에서 영원토록 사용될 2개의 기호를 만들었다. 하나는 미분에서 지수를 작게 만드는 의미로 쓰이는 기호 d(혹은 $\frac{dy}{dx}$)이다. 예컨대 면적 (x^2) 은 길이 (x)가 된다. 다른 하나는 선분들의 합으로 곡선 아래 면적을 구하려는 적분기호이다. 처음에는 Omnia I라 썼다가 이후 합(sum)을 의미하는 S를 늘인 $\int$가 되었다.

합을 의미하는 $\int$로 기록하면 유용할 것이다 …

라이프니츠는 미분에서의 대수법칙도 제시했는데 이후 접선을 구하고, 극대값과 극소값을 찾는데 이용된다. 라이프니츠는 법칙을 제시할 뿐 아니라 x의 거듭제곱도 미분했다.

$d(x^3)=ax^{a-1}dx$, a는 모든 분수로

따라서 $d(x^2)=2x\,dx$이고 $d(x^{\frac{1}{2}})=\frac{1}{2}x^{-\frac{1}{2}}dx$이다.

라이프니츠의 미분법칙

- 모든 상수 a 에 있어 $d(a)=0$, $d(ax)=adx$
- $d(v+y)=dv+dy$
- $d(vy)=vdy+ydv$
- $d(v\div y)=(ydv-vdy)\div y^2$

이러한 규칙은 이용하기 쉽다. 예를 들어서 $w=x^{\frac{1}{2}}/(x^2+4)$의 미분에 이용할 수 있다.

마지막 규칙에 따라, $v=x^{\frac{1}{2}}$ 그리고 $y=x^2+4$라 하자.

그러면 $dw=\{(x^2+4)\ d(x^{\frac{1}{2}}-x^{\frac{1}{2}}d(x^2+4)\}-(x^2+4)^2$이다.

두 번째 규칙에 따라 $d(x^2+4)=d(x^2)+d(4)=d(x^2)+d(4)=d(x^2)$, 첫 번째 규칙에 의하면 $d(4)=0$이다.

마지막으로 $d(x^2)=2x\ \ dx$그리고 $d(x^{\frac{1}{2}})=\frac{1}{2}x^{-\frac{1}{2}}dx$로 바꾸면

$dw=((x^2+4)\frac{1}{2}x^{-\frac{1}{2}}dx-x^{-\frac{1}{2}}\ 2x\ \ dx)/(x^2+4)^2$이고,

이는 $dw=\{(2-\frac{3}{2}x^2)-x\frac{1}{2}(x^2+4)^2\}dx$라 바꿔 쓸 수 있다.

우선권 논쟁

최초로 미적분을 만든 사람은 누구일까?
아마도 최초로 미적분에 관한 성과를 얻었던 사람은 뉴턴일 것이다. 하지만 그는 자신의 발견성과를 사적으로 친구들에게만 알렸고 그 내용은 뉴턴의 사후에야 출판되었다.
독자적으로 연구했던 라이프니츠는 1675년에 그의 우월한 부호를 소개했고 1684년 미분에 관한 연구를, 1686년에 적분에 관한 연구를 출판했다. 그는 이후의 논문에서 미분과 적분의 역연산 관계도 설명했다.

이는 뉴턴과 라이프니츠 사이에 심각한 우선권 논쟁을 일으켰다. 뉴턴의 추종자들은 표절했다며 라이프니츠를 비난했다. 이 문제로 영국과 대륙 간 큰 반감이 일었고 (왕립협회의 회장으로서) 뉴턴은 그 문제를 조사하기 위한 '독립' 위원회를 준비했다. 이때 뉴턴은 가장 멋있지 않았다. 그는 위원회 구성원을 사적으로 선택하고, 그들이 읽고 고려할 많은 증거를 작성했으니 위원회가 뉴턴에게 유리한 판정을 내린 것은 놀랄 일이 아니다.

자코브 베르누이

Jacob Bernoulli

과학과 수학의 전체 역사에서 베르누이보다 더 유력한 가문을 찾기 어렵다. 가문의 뛰어난 첫 번째 인물이 자코브 베르누이(1654~1705)**로 그는 스위스 바젤에서 태어났고 1687년 바젤 대학교의 수학교수가 되었다. 그는 다양한 영역에 관심을 가져 무한급수, 사이클로이드, 초월곡선, 로그나선과 현수선**(실 따위의 양쪽 끝을 고정시키고 중간 부분을 자연스럽게 늘어뜨렸을 때 만들어지는 곡선)**을 연구하고 적분이라는 용어를 도입했다. 그의 사후에 출판된 확률에 관한 책은 유명한 대수의 법칙**(law of large number)**을 담고 있다.**

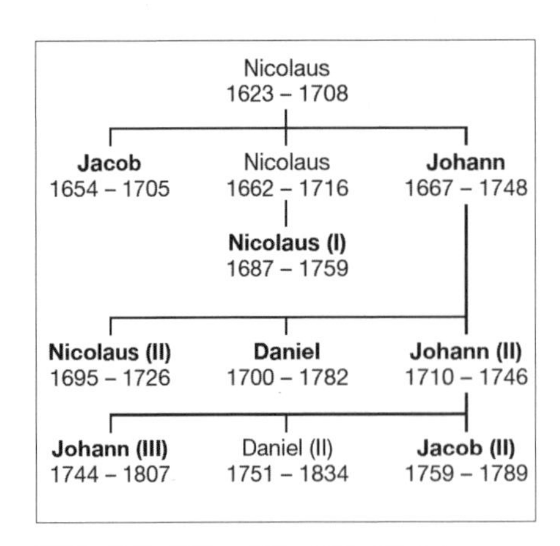

베르누이 수학 명가, 진한 글씨 8명이 수학자

자코브 베르누이는 죽기까지 바젤 대학교의 수학교수였고, 그의 뒤를 동생 요한이 이었다. 베르누이 형제는 라이프니츠 적분의 가장 유명한 옹호자로 이를 공포하고, 관련 내용을 출판하고, 새로운 문제 해결에 적용했다.

자코브는 조화급수

$$1+\frac{1}{2}+\frac{1}{3}+\frac{1}{4}+\frac{1}{5}+\frac{1}{6}+\cdots$$

가 유한수로 수렴하지 않는 반면 조화급수

$$1+\left(\frac{1}{2}\right)^2+\left(\frac{1}{3}\right)^2+\left(\frac{1}{4}\right)^2+\left(\frac{1}{5}\right)^2+\left(\frac{1}{6}\right)^2+\cdots$$

은 수렴한다는 사실을 확인했지만 그 합이 얼마인지는 구하지 못했다.

자코브와 요한 형제는 공개적으로 맹렬히 경쟁했다. 한 예로 자코브는 두 점 사이에 늘어진 무거운 쇠사슬의 형태를 구하라는 문제를 냈다. 갈릴레오는 그 형태가 포물선이라고 잘못 생각했다. 요한은 정확한 답으로 형을 이길 수 있음을 기뻐했는데 그 답은 우리가 현수선이라 부르는 곡선이다.

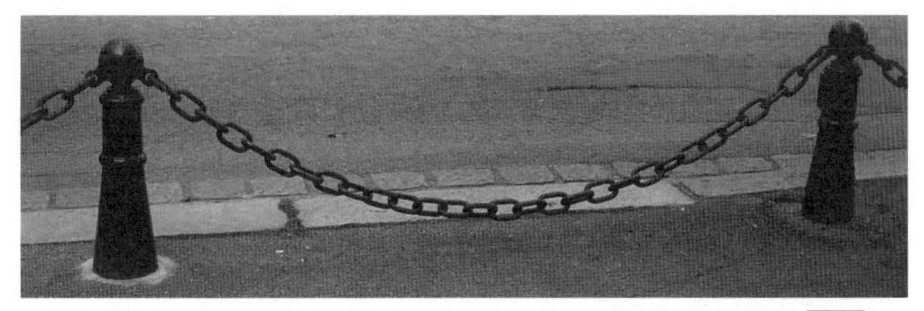

현수선

추론의 예술(Ars Conjectandi)

확률에 관한 자코브 베르누이의 《추론의 예술(Ars Conjectandi)》은 그의 가장 중요하고 영력력 있는 책이다. 이 책은 20년 간 연구의 역작으로 그가 사망하고 8년이 지나 출판되었다.

이 책 앞의 세 부분은 이전 수학자들의 업적을 토대로 한다. 첫 부분은 호이겐스의 초기 업적에 관한 주석이다. 여기서 베르누이는 정수 거듭제곱(제곱, 세제곱, …)의 합을 계산하여 현재 베르누이 수(數)라 부르는 것을 포함한 일반적 결과를 얻었다.

마지막 부분은 매우 새로웠다. 베르누이는 모든 가능성을 나열하거나 셀 수 없는 상황에서 확률을 수량화하는 방법에 큰 관심을 가졌다. 베르누이의 접근방법은 비슷한 상황에서 어떤 일이 일어나는지를 보는 것이었다.

예컨대 티티우스와 나이와 체격이 같은 300명을 관찰하였는데 10년 이내에 200명이 사망하고 나머지는 생존했다면 티티우스가 이후 십년이내에 죽을 가능성이 그 이상 살 가능성의 두 배라고 이성적으로 분명히 결론지을 수 있다.

베르누이는 더 많은 사례를 관측한다면 미래 결과를 더욱 잘 예측할 수 있다고 믿었고 이를 대수의 법칙(law of large number)에서 수량화했다. 베르누이는 관측의 수가 증가하면 어느 정도 정확하게 확률을 추정할 수

있게 됨을 보였고 미리 정의된 정확함의 정도를 충족시키기 위해 어느 정도의 관측이 필요한지를 계산했다.

로그나선

베르누이는 로그나선에 흥미를 가졌고 그것을 마법의 나선(spira mirabilis)이라 불렀다. 이는 선위의 각 점에서 그은 접선과 중심점과 그 점을 이은 선분이 동일한 각을 이루는 특성이 있다. 로그나선은 대칭성이 있으며 변형된 형태가 반복된다. 예를 들어서 각각의 나선팔은 앞의 것과 동일한 형태를 갖지만 더욱 길다.

베르누이는 '비록 변하지만 나는 동일할 것이다.(EADEM MUTATA RESURGO)'라는 글과 함께 로그나선을 자신의 묘비에 새겨 달라고 요구했다. 이를 묘비의 아랫부분에서 볼 수 있다.

요한 베르누이

Johann Bernoulli

자코브의 동생 요한 베르누이(1667~1748)**는 마르케스 드 로피탈**[Marquis de l'Hôpital] **과 레온하르트 오일러를 가르쳐 결실을 맺은 수학자였다. 요한 베르누이는 뉴턴과 라이프니츠 사이의 우선권 논쟁과 관련해 많은 문제를 제기했다. 이보다 수학 발전에 가장 중요했던 것은 가장 빠른 곡선을 구하는 최단시간의 경로**(brachistochrone)**였다. 요한 베르누이는 '그 시대의 아르키메데스'라 불렸으며 이는 그의 묘비에도 새겨져 있다.**

요한 베르누이

요한 베르누이는 바젤에서 태어나고 죽었다. 그는 1960년대에 라이프니츠의 기술을 발전시켰고 호이겐스의 지원으로 1695년부터 1705년까지 (네덜란드) 그로닝겐 대학교의 수학교수 자리를 역임했다. 1705년 그는 형의 뒤를 이어 바젤 대학교 교수가 되었다.

미적분

그로닝겐으로 가기 전 베르누이는 프랑스에 고용되어 마르케스 드 로피탈에게 라이프니츠의 미적분을 가르쳤다. 그 결과 로피탈은 곡선을 이해하기 위한 《무한소 해석(Analyse des Infiniment Petits, pour l'Intelligence des Lignes Courbes, 1696)》을 썼는데 이는 미분에 관한 최초 인쇄본이었다. 책에는 극값의 계산을 포함하여 요한의 연구 결과가 많이 포함되었는데 극값의 계산은 현재 '로피탈의 법칙'이라는 명칭으로 불린다. 마르케스는 책의 서문에서 베르누이에게 공을 돌렸다.

> 베르누이 형제의 노력에 크게 감사한다. 라이프니츠의 연구결과뿐 아니라 그들의 발견을 자유로이 쓰도록 허락해준 현재 그로닝겐 대학교의 교수로 있는 베르누이에게 특별히 감사한다. 그러므로 그들이 어떤 내용이든 자신들의 발견이라 주장하면 나는 숨김없이 그들에게 반환할 것이다.

하지만 요한은 이 일에 대해 다소 석연치 않게 생각했다.

비록 대부분은 1700년 즈음에 쓰였지만, 포괄적으로 적분을 다루는 베르누이의 책은 1742년에 출판되었다. 그는 적분을 미분의 역연산이라 정의했고 적분을 하는 여려 기술을 알려주었다. 그는 적분의 주된 용도는 면적을 구하는 것이라 설명했다.

이후 베르누이는 접선의 역연산 문제에 적분을 사용했는데 여기서는 곡선 각 점에서의 접선을 주고 그 곡선을 찾도록 한다. 베르누이가 기하학 혹은 역학에서의 미적분 용어를 고쳐보였다는 것이 가장 중요하다. 예컨대 역연산 접선 문제는 미분을 포함하는 방정식으로 고쳐졌기에 미분 방정식으로 알려지게 되었다.

최단시간의 경로 문제

1696년 6월, 베르누이는 다음과 같은 '수학자들에게 풀기를 청하는 새로운 문제'를 냈는데 이는 중력 아래서 A점에서 B점까지 곡선을 따라 내려가는 물체에 관한 것이다.

> 수직면에 점 A, B가 주어진 경우, 점 M이 중력에만 의존해 가장 짧은 시간에 점 A에서 B까지 내려가도록 AMB의 경로를 정하라.

처음에는 점 A에서 B까지의 '가장 빠른 하강 곡선'을 두 점을 잇는 직선이라 생각할 수 있다. 하지만 여기서는 그렇지 않다. 곡선의 시작이 너무 가파르고 끝이 너무 평평해도 마찬가지로 최단시간이 될 수 없다. 구하려는 곡선, 둘 사이의 절충된 곡선은 최단시간의 경로(brachistochrone)라 알려지는데 이는 그리스어로 '최단시간'이라는 단어이다.

시각적 유추를 통해 베르누이는 구하려는 곡선 위의 각 점에서 접선과 수직축으로 이뤄진 각도의 사인값은 떨어진 거리의 제곱근에 비례하리라 유추했다. 여기서 미분 방정식 $\frac{dy}{dx}=\frac{\sqrt{x}}{(1-x)}$이 나왔다. 다음으로 베르누이는 구하려는 곡선이 사이클로이드임을 보였는데 이는 앞서 로베르발이 연구했고 호이겐

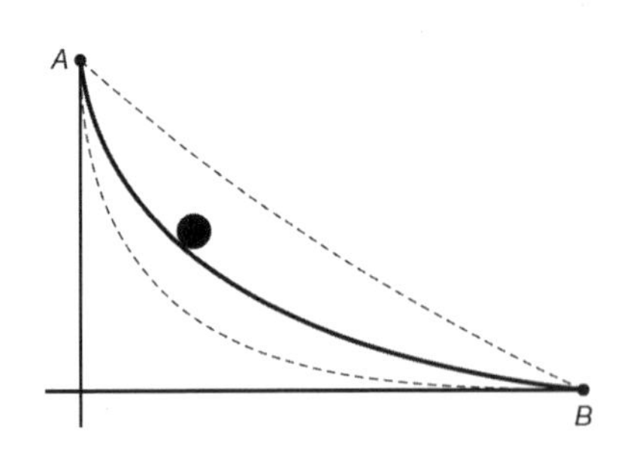

스가 추시계를 만드는데 사용했던 곡선이었다.

자코브 베르누이, 라이프니츠, 뉴턴이 최단시간의 경로 문제에 답했다. 자코브 베르누이는 미적분을 활용해 물체가 곡선의 어느 부분에서 떨어지기 시작해도 동일한 시간이 지나 바닥에 도달함을 보였다. 뉴턴은 이 문제를 하룻밤 만에 풀어 익명으로 답을 제출했지만 요한 베르누이는 그것을 보자마자 뉴턴의 스타일임을 알아채고 '발톱으로 사자를 알아볼 수 있다' 고 말했다.

최단시간의 문제는 수학의 새로운 기준을 만들었다. 자코브 베르누이가 문제를 풀기 위해 접근한 방법에서 전혀 새로운 변분법(calculus of variations)이 시작되었는데 이는 주어진 최대값 혹은 최소값에 맞는 곡선을 찾는 것이다. 여기서는 사이클로이드가 하강시간을 최소한으로 줄였다.

가장 빠른 하강 곡선을 탐구하는 동안 요한은 그로부터 다른 문제를 냈다. 첫 번째 집단의 각 곡선이 두 번째 집단의 각 곡선과 수직으로 만나는 특성을 지닌 두 집단의 곡선을 찾는 문제였다. 이를 직교하는 곡선의 집단(orthogonal families of curves)이라 부르는데 이는 변수가 하나 이상인 경우를 표현하려는 새로운 생각을 하도록 만들었다.

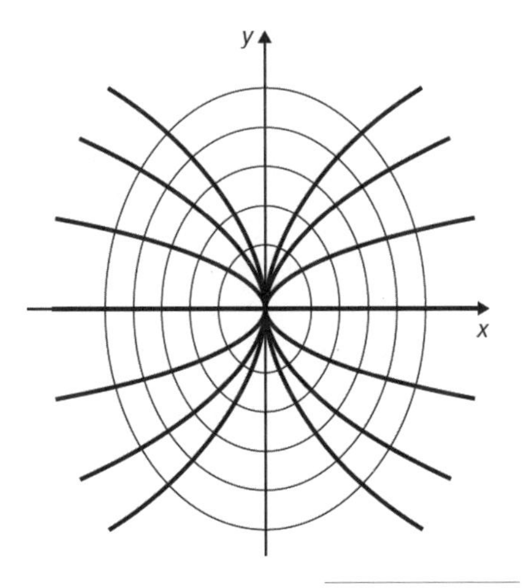

직교하는 곡선의 집단

뉴턴의 후계자들

Newton's successors

1687년 뉴턴의 책 《프린키피아》의 등장은 큰 반향을 일으켰지만 과학자들은 중력의 인력이 어마어마한 거리 너머로 영향을 미칠 수 있다는 사실에 혼란스러워했다. 특히 호이겐스에게 이는 아무것도 설명하지 못하는 '어설픈' 아이디어였다. 그들은 소용돌이 속 나뭇잎처럼 행성이 정신없이 움직인다는 데카르트의 역학이론과 같은 종류를 선호했다. 뉴턴의 이론이 문제가 되는 주된 이유는 첫째 지구의 형태였고, 둘째 달의 이동이었다. 둘 다 항해에 중요했고 결국엔 둘 다 뉴턴의 견해가 옳음이 증명되었다.

뉴턴의 죽은 다음 해인 1728년, 프랑스의 위대한 작가이자 역사가이자 철학자인 볼테르가 프랑스와 영국의 다른 세계관에 관해 썼다.

> 파리에서는 우주가 미세한 물질의 소용돌이로 구성되었다고 보지만 영국에서는 그렇게 보지 않는다. 우리는 달의 인력이 조수간만의 차를 일으킨다고 생각하지만 영국은 바다가 달을 끌어당긴다고 생각한다. (…) 파리는 지구가 레몬처럼 생겼다고 생각하는데 런던은 양 끝이 평평하다고 생각한다.

샤틀레가 그에게 전문지식을 알려주었기에 볼테르는 제대로 논평했다. 샤틀레는 뉴턴의 《프린키피아》를 프랑스어로 번역한 뛰어난 여인이었다.

지구의 형태

에밀리 드 브르테이유, 마르케스 뒤 샤틀레

뉴턴의 가설에 의하면 지구의 회전으로 양극이 편편해지기 때문에 지구는 메론 모양이다. 반면 데카르트의 소용돌이와 물질 가설에 의하면 양극은 늘어나기 때문에 지구는 레몬 모양이다.

지구의 실제 모양을 결정짓고자 1735년 프랑스국립아카데미는 위도의 크기를 측정하도록 두 탐험대를 파견했다.

찰스-마리 드 라 콩다민[Charles i Marie de La Condamine]이 이끄는 탐험대는 페루로, 피에르 드 모페르튀[Pierre de Maupertuis]가 대장인 탐험대는 라플랜드로 떠났다. 1739년이 돼서야 두 탐험대는 결과를 보고했고 모페르튀는 양극이 평평하다는 뉴턴의 주장이 옳음을 확

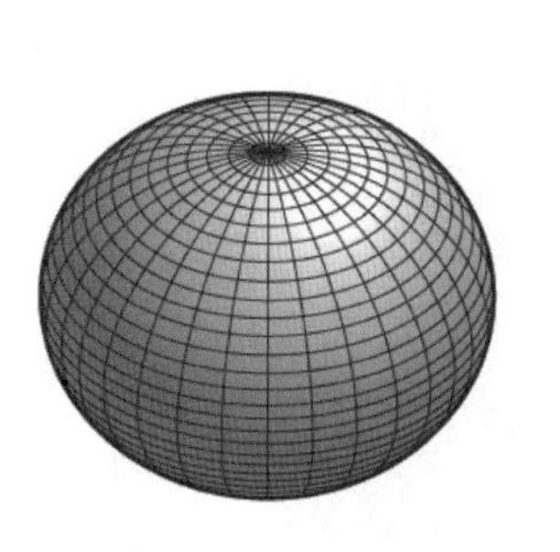
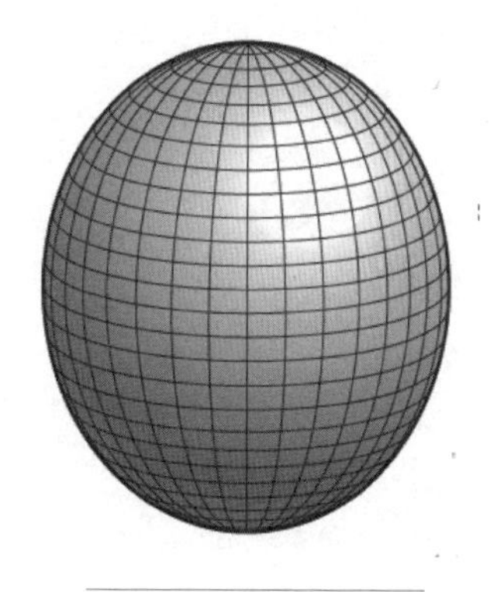
메론(편구면)과 레몬 (장구면)

정할 수 있었다. 이 때문에 모페르튀에게 '위대한 심판자(the great flattener)' 라는 별명이 붙었다.

달의 운동

뉴턴은 서로 인력이 미치는 두 물체의 운동을 잘 설명했다. 하지만 달의 운동은 지구뿐 아니라 태양의 영향도 받았다. 심지어 오늘날에도 상호 인력을 미치는 3개 물체의 위치와 속도를 정확하게 예측하지 못한다.

태양의 영향이 없다면 달의 운동은 타원형일 것이다. 뉴턴은 태양의 영향으로 달이 타원궤도를 도는 속도가 느려진다는 가정으로 문제를 단순화시켰다. 뉴턴은 달이 궤도를 돌아 원래의 자리로 돌아오기까지 18년이 걸린다고 계산했지만 관측 결과 9년이 걸렸다.

알렉시 클로드 클레로[Alexis Claude Clairaut]

뉴턴은 이후 《프린키피아》 개정판에 이렇게 썼다.

달의 원일점(태양의 둘레를 도는 행성이나 혜성이 태양에서 가장 멀리 떨어지는 점)은 대략 두 배나 빠르다.

1740년대 말, 뉴턴의 중력이론을 가장 잘 이해한 수학자들, 달랑베르, 클레로, 오일러가 힘을 합쳐 뉴턴의 이론을 연구했다. 모페르튀의 라플란드 탐사에 참여했던 클레로는 1747년에 뉴턴의 역제곱 법칙에 조건을 추가하는 수정안을 제안했다. 반면에 달랑베르와 오일러는 다른 접근법을 내놓았다. 뉴턴의 중력법칙이 틀릴 수도 있을 듯했다!

1749년 5월 17일, 클레로는 제안을 극적으로 철회했다.

> 나는 거리의 제곱에 반비례하는 것 외에 다른 힘이 작용하지 않는 인력이론에 따른 달의 운동에 대한 의견을 받아들이게 되었다.

클레로는 달의 운동을 표현하는 미분 방정식과 달리 접근했고 앞선 이론과 관측 사이의 차이가 이러한 방정식이 근사값을 구하기 때문임을 알아냈다.

이는 오일러가 1753년 달에 관한 그의 이론을 출판하도록 이끌었고, 오일러의 책으로 천문학자 토비어스 마이어[Tobias Mayer]는 달의 운동을 묘사하는 일련의 표를 구할 수 있었고, 마이어의 표는 달을 '천상의 시계'로 활용할 수 있게 만들었다. 이들은 결국 바다에서 경도를 아는 실용적인 방법을 발견한 것으로 영국 바다 경도 발견 위원회(British Board of Longitude)가 주는 상금을 받았다.

달랑베르

d'Alembert

장 르 롱 달랑베르(1717~1783)**는 계몽주의 시대의 선구적 인물이었다. 말년에 달랑베르는 많은 수학, 과학 글을 드니 디드로**[Denis Diderot]**의 《백과사전**Encyclopédie**》에 실었다. 디드로는 이를 통해 그 시대의 지식을 정리하려 했다. 이보다 앞서 달랑베르는 진동선의 파동 방정식을 최초로 구했다. 그는 또한 미적분을 확실한 토대에 세우고자 한계에 관한 아이디어를 공식으로 만들려 노력했고 무한급수의 수렴을 연구해서 현재 무한급수의 비에 의한 판정법이라 알려진 결과를 얻었다.**

장 르 롱 달랑베르

달랑베르의 어머니는 아기였을 때 그를 파리 노트르담 근처의 생 장 르 롱 교회 밖에 버려 그의 이름은 장 르 롱이고 유리공의 아내가 그를 키웠다. 1738년 법률가로서 자격을 갖추었지만 그는 수학에 관심이 있었다. 그는 눈에 띄게 화술에 능했고 천부적으로 기억력이 좋았다. 그는 클레로, 오일러, 다니엘 베르누이, 그 외 다른 사람들과의 언쟁에도 뛰어났다.

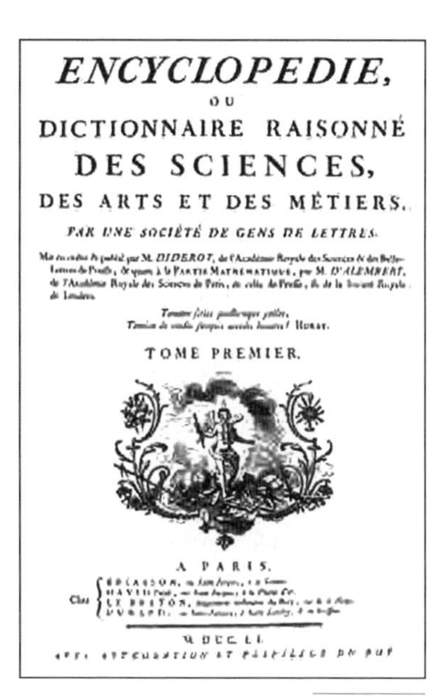
ENCYCLOPEDIE,
OU
DICTIONNAIRE RAISONNÉ
DES SCIENCES,
DES ARTS ET DES MÉTIERS,
PAR UNE SOCIÉTÉ DE GENS DE LETTRES.
TOME PREMIER.
A PARIS,
M DCC LI.

백과사전 1권

백과사전

백과사전은 1751년에서 1777년 사이에 출판되었는데 기고자는 140명 이상이었고, 기고문은 70,000개 이상이었다. 디드로의 말에 의하면 이는 프랑스 계몽주의 시대의 주요한 성과로 그 목적은 '일상적 사고방식의 변화'를 일으키는 것이었다. 달랑베르는 계몽주의 시대의 경전을 쓴 철학자들, 표제지가 보여주는 바에 의하면 저술인들의 협회(Society of People of Letters) 사람들 가운데 가장 뛰어났다.

진동선

달랑베르는 진동선의 움직임 분석연구에 크게 기여했다. 달랑베르가 1747년의 한 논문에 기록했듯이 한 선이 고정된 두 점 사이의 수평으로 뻗어있다면 선의 수직이동 $u(x, t)$는 수평거리 x와 시간 t에 달려 있다.

달랑베르의 공로는 선의 운동을 표시하는 미분 방정식을 구한 것이다. 이는 변수가 하나 이상인 문제에 최초로 미적분 테크닉이 유

진동선

용하게 사용된 것으로 x와 t가 각각 미분된다. 그가 발견한 미분 방정식 $c^2 \partial^2 u(x, t)/\partial x^2 = \partial^2 u(x, t)/\partial t^2$을 현재 우리는 파동 방정식(*wave equation*)이라 부른다. 여기서 c는 선에 따른 상수이다.

달랑베르는 선의 운동을 알고자 '편미분 방정식'을 풀었다. 그의 풀이는 매우 임의적이지만 별로 놀랍지 않다. 왜냐하면 선은 처음 속도에 따른 처음 형태로 움직이기 때문이다. 달랑베르의 풀이는 $u(x, t)=f(x+ct)+g(x-ct)$로 여기서 f와 g는 임의 함수이다. 달랑베르는 말했다.

이 방정식은 무한히 많은 곡선을 포함한다.

풀이곡선이 그토록 임의적일 수 있는가는 18세기 가장 왕성하게 논의된 문제이었다.

1752년에 달랑베르는 (시간의 함수 거리의 함수) – 즉, $u(x,$

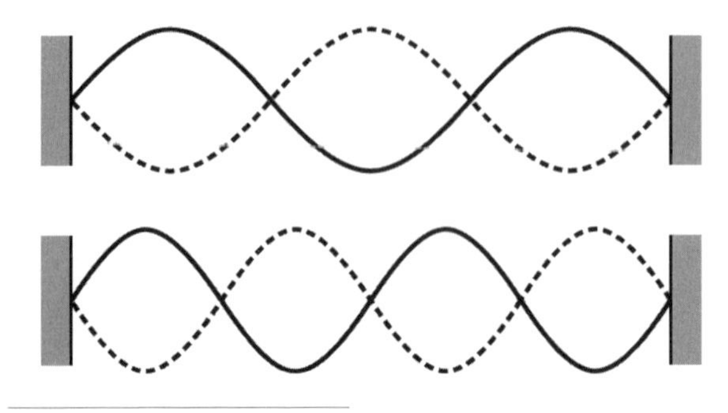

진동의 2가지 형태 (k=3, k=4일 때)

달랑베르와 극한

(아일랜드) 클로인의 버클리[Berkeley] 주교는 1734년의 책《해석학자(The Analyst)》에서 뉴턴과 라이프니츠의 미적분의 불안한 기반을 신랄하게 비판했다. 달랑베르는 이러한 비판을 염두에 두고 '극한'이라는 개념 위에 미적분을 세워 상황을 바꿔보려 노력했다. 달랑베르는 백과사전에의 한 기고문에 이렇게 썼다.

어떤 양에 근접하지 않고, 아무리 적더라도 그 양을 넘지 않고, 어떤 양에 최대한 근접할 때 이를 극한이라 한다. 따라서 어떤 양과 그 극한 사이의 차이는 절대 양보될 수 없다.

달랑베르의 이 탐색은 부분적으로만 성공적이었으며 1821년이 되어서야 오귀스탱 루이 코시가 이를 완성키셨다.

$t)=\mathrm{F}(t)\ x\ \mathrm{G}(t)$ 이때 F는 t에 G는 v에 따라 달라진다 - 형태를 풀고자 노력했다. 이는 독립 변수가 2개인 파동 방정식을 각각 변수가 하나인 2개의 미분 방정식으로 변형한 것이다. 이는 풀이가 더욱 쉽다. 달랑베르는 풀이를 구했다.

$u(x,\ t)=\cos\left(\frac{k\pi c}{L}\right)t\ x\ \sin\left(\frac{v\pi}{L}\right)x$, 이때 L은 선의 길이고 k는 임의의 양수이다. k는 진동수와 진동형태에 따라 다르다.

서로 겹쳐지는 무한히 많은 진동형태를 진동선으로 표현할 수 있으리란 아이디어를 낸 사람은 바로 요한 베르누이의 아들 다니엘 베르누이였다. 여기서 해는 무한급수의 합이다.

$$u(x,\ t)=\cos\left(\frac{\pi c}{L}\right)t\ \sin\left(\frac{\pi}{L}\right)x+\cos\left(\frac{2\pi c}{L}\right)t\ \sin\left(\frac{2\pi}{L}\right)x+\cos\left(\frac{3\pi c}{L}\right)t\ \sin\left(\frac{3\pi}{L}\right)x+\cdots$$

오일러

Euler

레온하르트 오일러(1707~1783)는 역사상 가장 많은 성과를 남긴 수학자였다. 그는 정수론과 원의 기하학 등 '이론적' 주제부터 역학, 로그, 무한급수, 미적분을 거쳐 광학, 천문학, 배의 복원력 등 실용적 사안까지 8백 권이 넘는 책을 썼다. 뿐만 아니라 오일러는 지수에 e를, 함수에 f를, $\sqrt{-1}$에 i를 도입했다. 라플라스의 말을 빌자면, '오일러의 글을 읽어라, 오일러의 글을 읽어라, 오일러는 우리 모두의 스승이다.'

오일러의 일생은 4시기로 구분할 수 있다. 초년기는 스위스 바젤에서 보냈고 14살에 바젤 대학교에 입학했고 요한 베르누이로부터 개인교습을 받았다. 그는 20세에 표트르대제가 새로 설립한 상트페테르부르크아카데미로 옮겨 수학과의 지도자가 되었다. 1741년부터 1766년까지 오일러는 프리드리히대왕의 베를린 과학아카데미에 있었고 이후 상트페테르부르크로 돌아가 말년을 보냈다.

레온하르트 오일러

오일러의 업적

여기서 우리는 오일러가 수학에 기여

오일러의 책

레온하르트 오일러는 획기적인 여러 책을 썼다. 1748년 《무한소해석 입문 [Introductio in Analysin Infinitorum]》에서 오일러는 무한급수, 지수함수, 원뿔의 특성, 수의 분할 외 많은 것들을 자세히 설명했다.
1755년, 오일러는 미분에 관한 두꺼운 책을 출판했다. 오일러는 이 책에서 미분을 함수개념으로 표현하였다. 책에는 최신 연구결과도 실었는데 많은 부분이 그의 공로였다. 이에 이어서 1768년에는 적분에 관한 영향력 있는 3권의 책을, 1772년에는 달의 운동에 관한 775페이지 책을 냈다.
그의 가장 유명한 책은 독일공주에게 보내는 편지로 지금도 여전히 출판 되고 있다. 안할트-데사우 공주에게 보내려고 한 과학주제를 다룬 이 책은 베를린에서 쓰였다.

한 수많은 업적 가운데 몇 가지만 살펴 보기로 하자.

무한급수

상트페테르부르크에서 지내는 동안, 오일러는 무한급수에 관심을 갖게 되었다. 우리는 '조화급수'가 유한한 값을 가지지 않음을 보았다. 하지만 오일러는 ($\frac{1}{n}$까지의) 이 급수를 보고 처음 n까지의 합이 $\log en$값에 매우 가까움을 알았다. 그가 보였듯 둘 사이의 차이는

$$\left(1+\frac{1}{2}+\frac{1}{3}+\frac{1}{4}+\frac{1}{5}+\cdots+\frac{1}{n}\right)-\log_e n,$$

극한값은 0.577로 향하는데 이는 지금 '오일러의 상수'라 불린다.

바젤의 문제로 알려진 그 시대의 난제는

$1+\frac{1}{4}+\frac{1}{9}+\frac{1}{16}+\frac{1}{25}+\cdots$, 제곱의 역수 합을 구하는 것이었다.

답은 약 1.645로 알려졌지만 누구도 정확한 값을 구하지는 못했다. 오일러는 그 합이 $\frac{\pi^2}{6}$임을 증명해 보여 명성을 얻었다. 이후 그는 범위를 확장해 4제곱의 역수 합 $\left(\frac{\pi^4}{90}\right)$, 6제곱의 역수 합 $\left(\frac{\pi^6}{945}\right)$ 등등 하여 26제곱의 역수 합까지 계산했다.

역학

오일러는 평생 역학에 관심이 있었다. 1736년 오일러는 입자 운동에 관한 500페이지짜리 논문, 〈역학Mechanica〉을 출판했다. 나중에 강체(힘을 가해도 모양과 부피가 변하지 않는 이상적인 물체)의 운동에 관한 연구에서 오일러는 우리가 지금 오일러의 운동 방정식이라 부르는 것을 구했고 관성모멘트(moment of inertia)라는 용어를 만들었다. 역학에서의 더 많은 결과는 1770년대에 나왔다. 많은 경우 미분 방정식을 활용했는데 이는 오일러가 크게 기여한 영역이었다.

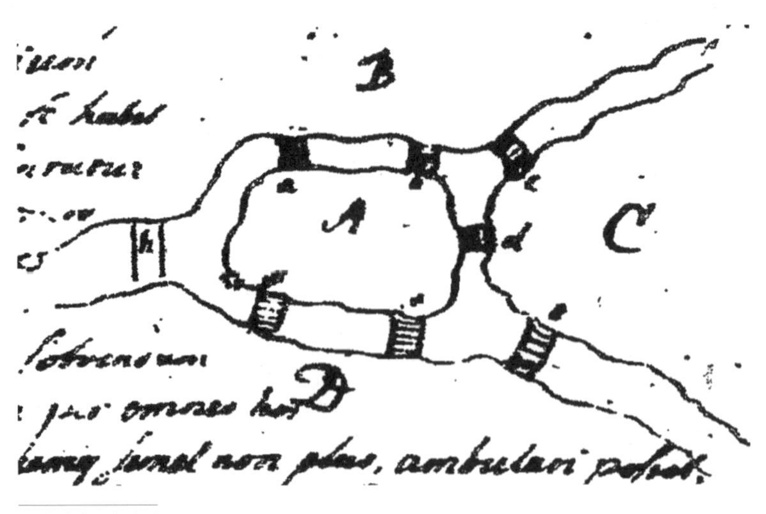

오일러의 7개 다리

쾨니히스베르크의 다리

1735년 오일러는 유명한 오락문제를 풀었다. 동프로이센의 도시 쾨니히스베르크는 7개의 다리로 연결된 4지역으로 나뉘어져 있었는데 시민들이 각 다리를 한 번씩만 건널 수 있을까?

조합적인 증명과 각 지역에서의 다리 수를 이용해 오일러는 이렇게 할 수 없음을 증명했다. 이후 그는 그의 증명을 지역과 다리의 모든 배열로 확장했다.

지수함수

무언가가 매우 빠르게 증가한다는 의미의 기하급수적(exponential growth, exponential의 뜻은 '지수의, 기하급수적인' 이다) 성장이란 말을 우리 모두 들어봤다. 이러한 성장은 복리 혹은 인구증가와 관련된다. 반면에 라듐 혹은 컵에 담긴 차가 식는 것과 관련된 '지수형 감소(exponential decay)' 도 있다.

2^n 혹은 3^n 등등은 n^2 혹은 n^3보다 n이 커지면 훨씬 빨리 커진다. 예를 들어서 $n=50$이라면, 초당 백만을 계산할 수 있는 컴퓨터는 1/8초 이내에 $n^3=125,000$을 구하지만 3^n을 계산하기 위해서는 230억년이 걸릴 것이다.

사실 수학자들은 보통 2^n 혹은 3^n이 아니라 e^n을 생각한다. 이때 $e=2.6182818\cdots$이다. 이렇게 낯선 수 e를 선택하는 이유는 만약 $y=e^x$ 곡선을 그래프에 그릴 수 있다면, 이 곡선의 임의의 점에서의 기울기 x 또한 e^x이다. 즉, 곡선의 각 점에서 $\frac{dy}{dx}=y$이다.

이러한 단순한 미분 방정식은 $y=e^x$와 그 배수에만 유효할 뿐 다른 곡선에는 유효하지 않다.

지수함수 e^x는 수학에 두루 나타난다. 예컨대 오일러는 이를 극한으로 썼다. x가 커지면 $(1+\frac{x}{n})^n$의 극한값은 e^x이다. 오일러는 이를 무한급수에도 썼다.

$e^x=1+\frac{x}{1!}+\frac{x^2}{2!}+\frac{x^3}{3!}+\cdots$,

특별히 $x=1$일 때, $e=1+\frac{1}{1!}+\frac{1}{2!}+\frac{1}{3!}+\cdots$

지수함수는 로그함수의 역함수이다. 만약 $y=e^x$이면, $x=\log e^x\ y$이다.

오일러의 가장 유명한 성과는 무한급수를 복소수까지 연장시켜 $e^{ix}=\cos x+i\sin x$라는 결과를 구한 것인데 이는 흥미롭게도 지수함수를 삼각함수와 연결시킨다. 관련된 한 특별한 경우로 수학에서 가장 중요한 상수는 $e^{i\pi}+1=-1$ 혹은 $e^{i\pi}+1=0$이다.

라그랑주

Lagrange

조제프-루이 라그랑주(1736~1813)는 분석, 정수론, 분석 역학과 우주 역학의 모든 분야에서 뛰어났다. 그는 미적분을 더 정확하게 하려 멱급수에 대한 아이디어를 활용해 최초로 '함수이론'을 썼다. 역학에 관한 그의 책 역시 대단히 영향력이 있었다. 라그랑주는 정수론에서 모든 양의 정수는 최대 4개의 제곱수로 쓸 수 있음을 증명했다.

라그랑주는 이탈리아 토리노의 프랑스혈통 가문에서 태어났다. 1755년, 그는 19세에 왕립포병학교의 수학교수가 되었다. 1766년, 프리드리히대왕의 초청으로 베를린에서 오일러의 뒤를 이었고 1786년까지 머물렀다. 이후 그는 파리에 머물렀다.

라그랑주는 미터법을 프랑스에 도입하기 위해 조직된 위원회의 대표였다. 그는 대학교육의 개혁에 주도적인 역할을 담당했고 1795년에 에꼴 노르말, 1797년에 에꼴 폴리테크니크의 교수가 되었다.

그의 초기 연구는 변분법에 기여했다. 라그랑주는 역학에 변분법을 적용했다. 그는 달의 칭동(libration)에 관한 연구도 했다. 칭동으로 지구에서 보이는 달 표면은 약간 진동하며 따라서 시간의 흐름에 따라 지구에서 절반이 넘는 달 표면을 볼 수 있다.

조제프-루이 라그랑주

함수이론

함수에 관한 라그랑주의 책 2권, 《해석 함수론(Théorie des fonctions analytiques, 1797)》과 《함수의 미적분 강의(Leçon sur le calcul des fonctions, 1801)》는 극한을 토대로 하기보다 대수적 접근을 취함으로서 미적분의 기반을 더욱 공고히 하려는 시도였다. 라그랑주는 접선의 언급 혹은 그림의 사용을 피하고 함수를 무한 '멱급수'로 정의했다. 특별히 $f(x)=a+bx+cx^2+dx^3+\cdots$ 형태로 쓰는 함수에서 시작해 도함수 $f'(x)=b+2cx+3dx^2+\cdots$를 정의했다.

예를 들어서 함수 $\sin x=x-\frac{1}{6}x^3+\frac{1}{120}x^5-\cdots$를 미분하면 $\cos x=1-\frac{1}{2}x^2+\frac{1}{24}x^4-\cdots$를 얻는다.

비록 미적분의 토대가 되기에는 불충분한 것으로 밝혀졌지만 함수를 이론적으로 다룬 것은 큰 발전이었다. 본질적으로 이는 기하학과 대수학의 광범위한 문제에 적용된 최초의 실변수 함수이론이었다.

해석 역학(Mécanique analytique)

라그랑주의 가장 중요한 책은 《해석 역학Mécanique analytique》이었다. 뉴턴의 《프린키피아》로부터 1세기가 지난 1788년에 출판된 이 책은 역학에 관하여 전혀 다르게 접근했다. 뉴턴, 베르누이, 오일러의 연구를 확대했고, 상미분 방정식과 편미분 방정식 문제로 바꾸어 점의 운동, 강체의 운동에 답하는 방식을 설명했다. 목차 페이지에서 낙관적으로 단언했다.

미분 방정식, 역학은 모든 문제의 해결책이다.

해석 역학에서 라그랑주는 역학의 분야를 수학적 분석으로 바꿨고 뉴턴이 《프린키피아》에서 사용했던 기하학적 접근법을 완전히 폐기시켰다. 사실 라그랑주는 그 책의 서문에서 다음과 같이 강조했다.

이 책에는 도형이 나오지 않는다. 내가 자세히 설명하는 방식에는 작도도, 기하학이나 역학적 논거도 필요 없으며, 단지 규칙적이고 동일한 과정에 따르는 대수적 연산만 필요하다.

가스파르 몽주[Gaspard Monge] 무덤을 찾은 에꼴 폴리테크니크 학생들

다항식 풀기

앞서 보았듯 메소포타미아 시대 이래로 사람들은 (덧셈, 뺄셈, 곱셈, 나눗셈) 산술연산과 근에 의한 해법만으로 2차 방정식을 풀어왔다. 16세기에 이탈리아의 수학자들은 3차, 4차 방정식에도 비슷한 풀이법을 전개했다. 우리는 이러한 모든 3차, 4차 방정식을 산술연산과 근에 의한 해법만 포함되는 공식으로 풀 수 있다.

하지만 5차 방정식은 어떤가? 데카르트, 오일러 등 최고의 수학자들은 비슷하게 5차 방정식의 일반 풀이와 공식을 찾으려 했지만 라그랑주가 최종 해법을 위한 토대를 놓기까지는 발전이 별로 없었다.

라그랑주는 (해의 합 혹은 곱 등) 방정식의 해가 포함된 특정한 표현형들을 생각했고 해의 순서를 바꿨을 때 몇 개의 다른 값을 얻을 수 있는지 조사했다. 예컨대 어떤 방정식의 해가 a, b, c이고 표현형이 $ab+c$라면, 해의 순서를 바꿔 $ab+c$, $ac+b$, $bc+a$ 이렇게 3개의 다른 값을 얻는다. 이러한 탐구로부터 이후 더욱 일반적인 상황에서 '라그랑주의 정리'로 알려지는 결과가 나왔다.

1820년대가 되어서야 5차 방정식은 산술연산과 근에 의한 해법만으로 구하는 것이 불가능함이 증명되었다. 이러한 증명은 앞서 라그랑주가 내세웠던 아이디어에 크게 의존했다.

라플라스

Laplace

피에르-시몽 라플라스(1749~1827)**는 18세기의 중요한 마지막 수학자였다. 라플라스는 획기적인 확률분석이론 책을 썼다. 그는 함수의 '라플라스 변환'과 라플라스 방정식으로도 유명하다. 천체 역학에 관한 기념비적인 5권짜리 책으로 그는 '프랑스의 뉴턴'이라는 호칭을 얻었다.**

라플라스는 프랑스 노르망디에서 태어났다. 달랑베르 덕분에 파리에서 사관학교의 교수자리를 얻었다. 전해지는 바에 의하면 사관학교에서 그가 나폴레옹을 테스트하고 합격시켰다고 한다. 프랑스 혁명기인 1790년에 그는 도량형의 표준화를 위해 구성된 과학아카데미 위원회의 회원으로 지목되었고 이후 에꼴 노르말과 에꼴 폴리테크니크의 설립에 관여했다.

피에르-시몽 라플라스

라플라스와 나폴레옹

사실이 아닐 테지만 유명한 이 이야기는 천체 역학과 관련이 있다. 새로 출판된 태양계에 관한 책을 두고 나폴레옹이 라플라스를 호출해 아이작 뉴턴과 달리 책에서 신을 언급하지 않은 이유가 무엇인지를 물었다. 라플라스는 '전하, 저는 그러한 가정이 필요치 않기 때문입니다.' 라고 답했다.

천체 역학

5권으로 출판된(1799년 첫 2권이 나왔다) 라플라스의 《천체 역학(Traité de mécanique céleste)》은 뉴턴, 클레로, 달랑베르, 오일러, 라그랑주, 그리고 자신의 연구를 통합 정리한 것이었다. 책에는 그의 과학론을 적은 에세이 〈우주체계 발생론(Exposition du Systeme du Monde)〉도 실렸다.

> 만약 사실을 수집하는 것이 전부라면 과학은 단지 무익한 이름일 뿐이고 위대한 자연법칙을 결코 알 수도 없을 것이다. 사실을 서로 비교하고 사실들 간의 관계를 알고자 추구하면 이러한 법칙을 발견하게 된다 …

282 ATTRACTIONS OF SPHEROIDS. [Méc. Cél.

therefore we shall have

[4590] Important Equation for computing the attractions of Spheroids and the figures of the Heavenly Bodies.

$$0 = \left(\frac{ddV}{dx^2}\right) + \left(\frac{ddV}{dy^2}\right) + \left(\frac{ddV}{dz^2}\right). \qquad (A)$$

This remarkable equation will be of the greatest use to us, in the theory of the figures of the heavenly bodies. We may put it under other forms which are more convenient on several occasions.

[4597]

라플라스의 방정식, 천체 역학 영어번역본에서 발췌

라플라스의 연구는

- 회전타원체의 외부입자에 대한 만유인력(gravitational attraction), 그리고 현재 중력퍼텐셜에 관한 라플라스의 방정식이라 알려진 것
- 달의 운동
- 상호 만유인력하의 세 개 물체의 운동
- 행성의 섭동과 태양계의 안정성
- 뜨겁고 자전하는 거대한 가스덩어리가 냉각되고 수축되어 태양계가 형성되었다는 성운설

확률이론

1812년 《확률의 해석적 분석Théorie analytique des probabilités》에는 라플라스의 확률에 대한 정의가 나온다.

가능성의 이론은 같은 유형의 모든 사건을 그 존재가 아직 결정되지 않은 동일하게 일어남직한 사례로 환산하고, 사건의 개연성에 적합한 사례의 수를 찾아 규정하는 것이다. 확률의 표현은 모든 가능한 사례들에 대한 그것의 비율, 즉 분자는 특정 사례에 적합한 수이고 분모는 가능한 모든 사례의

보몽따노즈 생가의 라플라스 동상

수인 분수이다.

라플라스는 계차 방정식 풀이를 위해 모함수를 도입했고 이항분포에 가까운 것을 구했다. 그는 현재 '베이즈 정리'라 불리는 바를 연구했는데 이는 한 사건이 다른 원인에 의해 발생하는 경우, 바꿔 말해서 만약 어떤 사건이 발생한다면, 어떤 특정한 원인에 의해 그 사건이 발생할 확률은 얼마인가와 극도로 높은 확률이 관련이 있다. 라플라스는 해석의 한 사례로서 질문했다.

Q. 1745년부터 1770년까지의 기간 동안, 파리에서 251,527명의 소년과 241,945명의 소녀가 태어났다. 이는 남아의 출생 확률이 0.5 이상이라는 증거가 되는가?

라플라스는 지극히 큰 확률로 이것이 실제 그러함을 보였다.

결정론

라플라스는 결정론을 믿었다. 다음의 인용구절은 전문서가 아닌 확률에 대한 철학적 시론(Essai Philosophique Sur Les Probabilit?s)에 나온 라플라스의 설명이다.

우리는 현재 우주의 상태를 과거의 결과요, 미래의 원인이라 여긴다. 지성이 뛰어난 사람은 특정 시점에 운동에 관여하는 모든 힘, 자연을 구성하는 모든 항목의 위치를 안다. 만약 지성이 이러한 자료를 해석할 만큼 대단하다면 우주의 가장 큰 천체들의 운동과 가장 작은 원자들의 운동을 하나의 공식으로 표현할 것이다. 그러한 지성에게 불확실한 것은 아무것도 없으며 과거처럼 미래 역시 눈앞에 펼쳐질 것이다.

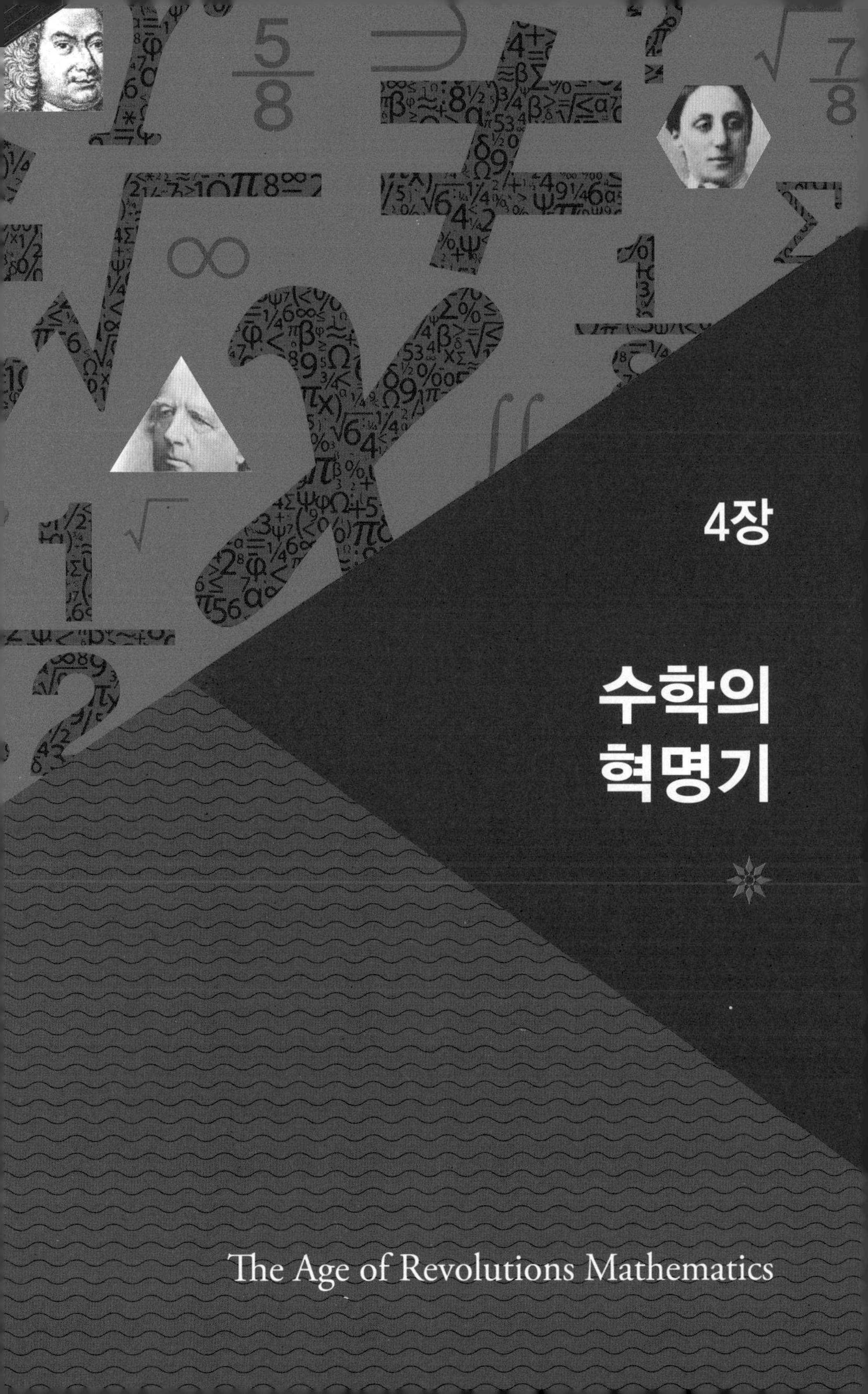

4장

수학의 혁명기

The Age of Revolutions Mathematics

수학의 혁명기

19세기에는 수학과 관련된 직업이 발달하여 사람들이 수학을 가르치고 연구하고 조사하는 것으로 돈을 벌었다. 수학의 중심은 프랑스에서 독일로 옮겨갔으며 수학책 출판에 있어 라틴어가 모국어들에 자리를 내어줬다. 교과서와 학술지의 수가 비약적으로 증가하기도 했다.

수학활동의 증가로 수학자들은 전문화되기 시작했다. 물론 그래야만 했다. 18세기에 수학자라는 용어를 썼다면 이때는 분석가, 대수학자, 기하학자, 정수론자, 논리학자, 응용수학자라는 용어를 썼다. 가우스, 해밀턴, 리만, 클라인 등 가장 위대한 수학자들만이 이러한 특화를 거부했다.

각 분야의 깊이, 넓이, 심지어 존재 자체에 (발전뿐 아니라) 혁명이 있

가우스, 리만, 클라인이 공부했던 괴팅겐 대학교

었다. 뿐만 아니라 각 분야는 타당하고 엄밀한 토대를 바탕으로 하고 또 그 기반을 검토할 것이 더욱 강조되는 추상적인 형태로 이동해 갔다. 이제 분석, 대수, 기하 3가지 영역에서의 혁명으로 이를 설명하겠다.

미적분에서 분석으로

1820년대에 가장 많은 성과를 냈던 오귀스탱 루이 코시는 극한의 개념에 미적분을 엄밀히 적용시켰다. 이후 그는 실수 분석(real analysis)과 복소수 분석(complex analysis)을 전개하고자 이 개념을 활용했다. 엄밀함의 증가로 실수의 가장 간단한 정의가 내려졌고 이로 인해 게오르크 칸토어와 다른 학자들이 무한집합을 연구하게 됐다.

요셉 푸리에의 열전도에 관한 연구는 무한급수의 원인이 되었고 베른하르트 리만의 적분 연구는 이에 자극을 받았다. 분석기법은 다양한 분야의 문제에 적용되었다. 윌리엄 톰슨 (켈빈 경)과 조지 가브리엘 스토크스은 전기와 자기에, 파프누티 체비쇼프는 확률과 정수론에 분석기법을 적용했다.

방정식에서 수학적 구조로

19세기를 지나며 대수학 역시 극적으로 변했다. 1800년에 대수학은 방정식 풀이에 관한 것이었지만 1900년 즈음에는 수학적 구조, 공리(원리)라고 부르는 특정 규칙에 따라 결합된 요소들에 대한 연구가 되었다.

18세기가 시작될 때, 가우스가 정수론의 기초를 놓고, 현재 군(群)

이라 불리는 새로운 대수적 구조의 초기 모형인 모듈러 연산(합동식)을 도입했다.

오랜 문제 하나는 산술연산과 근(根)만으로 5차 이상의 방정식을 푸는 일반적 해법을 찾는 것에 관련되었다. 닐스 아벨은 그와 같은 일반적 해법은 존재하지 않음을 보였고, 에바리스트 갈루아는 치환군(群)으로 방정식 근을 조사하는 방법으로 닐스 아벨의 아이디어를 발전시켰다.

복소수에 관련한 비밀은 윌리엄 로언 해밀턴이 마침내 밝혔는데 그는 복소수를 일정한 연산을 동반한 실수의 쌍이라 정의했다. 다른 대수적 구조도 밝혀졌다. 해밀턴은 대수에 사원수(quaternion)를 도입했고, 조지 불은 대수를 논리와 확률에 쓰일 대수를 만들었고, 케일리는 행렬이라 불리는, 기호를 사각형으로 배열하는 대수를 연구했다.

혁명은 수학에서만 일어나지 않았다. 1686년 벨기에에서 일어난 광부들의 폭동

하나의 기하학에서 여러 기하학으로

100년이 넘는 시간을 지나며 기하학은 완전히 바뀌었다. 구면기하학과 사영기하학에 관한 산발적 연구결과가 있었지만 1800년에 '진짜' 기하학은 오로지 유클리드의 기하학이었다. 18세기 말 무렵에는 기하학이 군론(group theory)과 밀접히 연관되고 더욱 정밀한 기반이 놓아지는 동시에 대단히 많은 기하학이 알려졌다.

가우스는 평면과 곡률을 연구해 곡률과 평면상 삼각형 내각의 합 사이의 관계를 발견했는데 이는 유클리드기하학의 평행선 공준 연구와 관련된 것으로 판명되었다. 니콜라이 로바체프스키와 야노시 보여이는 각각 평행선 공준을 포함하지 않는 비유클리드기하학을 발달시켰다.

하지만 비유클리드기하학에 대한 생각이 주목받기까지는 시간이 걸렸다. 중엽 새로운 생각의 중요성을 보이고 가우스의 업적을 이은 것은 18세기 중엽 리만의 연구였다. 비록 매우 추상적인 테크닉이지만 기하학은 또한 2차원, 3차원에서 더욱 높은 차원으로 옮겨갔다. 이후 펠릭스 클라인은 다른 유형의 기하학을 연구하고 분류하는데 군(群)을 활용했다.

가우스

Gauss

카를 프리드리히 가우스(1777~1855)는 전시대를 통틀어 가장 위대한 수학자 중 하나였다. 그는 천문학, 측지학, 광학, 통계학, 미분기하학, 자기학을 포함해 다양한 영역에 기여했다. 가우스는 최초로 대수학의 기본정리에 관한 만족스런 증명을 했고 최초로 급수의 수렴을 체계적으로 연구했다. 그는 정수론에서 합동을 도입했고 눈금 없는 자와 컴퍼스로 정다각형을 작도할 수 있음을 발견했다. 가우스는 '비유클리드기하학'을 알아냈다고 주장했지만 그에 관한 책은 한 권도 출판하지 않았다.

가우스는 지금은 독일인 브런즈윅의 선제후령에서 태어났다. 소문에 의하면 그는 신동으로 1부터 100까지 모든 정수를 각 쌍의 합이 101인 50쌍으로 더해 합을 구했다.

101=1+100=2+99=⋯ 50+51

가우스는 1795년 괴팅겐 대학교에 들어갔고 이후 브런즈윅으로 되돌아와 1807년 괴팅겐 천문대의 관리자로 임명되기까지 머물렀다. 그는 남은 생애를 그곳에서 보냈다.

수학은 과학의 여왕이고, 정수론은 수학의 여왕이다.

가우스의 《산술연구(Disquisitiones Arithmeticae)》는 그가 겨우 24세이던 1801년 출판됐다. 이는 그의 대표적인 책으로 이 때문에 '수학의 왕자'라는 별명을 얻었다. 그의 것이라 여겨지는 유명한 인용문에서 정수론에 관한 그의 견해를 알 수 있다.

괴팅겐의 천문대의 가우스

다각형의 작도

십대 때 가우스는 눈금 없는 자와 컴퍼스만 사용하는 정다각형의 작도에 관심을 갖게 됐다. 우리는 유클리드 《원론》의 제 1 정리에서 등변삼각형 작도법을 배웠다. 《원론》에는 정사각형과 정오각형의 작도법도 나온다.

또한 우리는 정n다각형으로 시작해 정2n다각형을 작도할 수 있다. 예를 들어 등변삼각형으로부터 정6각형, 정12각형, 정24각형을 작도할 수 있다. 반면 정사각형에서 정8각형, 정16각형, 정32각형을 작도하고 정5각형으로부터 정10각형, 정20각형, 정40각형을 작도할 수 있다. 하지만 누구도 정7각형 혹은 정9각형을 작도할 수 없다. 그러면 어떤 정다각형이 작도 가능할까?

먼저 가우스는 정17각형을 작도하는 복잡한 기하학적 방법을 설명하는 것으로 이 질문에 접근했다. 다음으로 그는 보통의 경우를 분석하고 페르마 소수가 포함되는 놀라운 답을 내놓았다. 알려진 페르마 소수는 3, 5, 17, 257, 65537이다. 가우스는 다음의 사실을 발견했다.

대수학의 기본정리

대수학의 기본정리는 가우스의 박사논문 주제이다.

모든 다항식은 1차함수와 2차함수로 완전히 인수분해된다.

따라서 모든 n차 다항 방정식은 n개의 복소수 해를 갖는다.

정n다각형을 작도할 수 있는 필요충분조건은 n이 서로 다른 페르마소수의 곱이거나 거기에 2의 2배수를 곱한 수인 것이다.

모듈러 연산(합동식)

《산술연구》 도입부에서 가우스는 고유한 테크닉과 방식을 가진 분야로 정수론의 기초를 놓았다. 가우스는 모듈러 연산(합동식)을 도입했는데 이는 19세기 수학에서 늘어난 추상적 개념화의 좋은 예가 된다.

$a-b$가 임의의 양수 n으로 나누어 떨어지면 두 수 a, b를 n을 계수로 하는 합동이라 하고, $a \equiv b \bmod n$이라 적는다. 예컨대 $37-7$은 10으로 나누어 떨어지기 때문에 $37 \equiv 7 \bmod 10$이라 쓴다. 따라서 $n=10$인 경우, 10으로 나눈 나머지는 0, 1, 2, ⋯ , 9이다. 왜냐하면 모든 정수는 이 범위 내에서 10을 법으로 하는 합동이기 때문이다.

가우스는 합동식을 활용해 이차잉여의 상호법칙(quadratic reciprocity theorem)으로 알려진 오일러의 유명한 결과를 증명했다.

만약 p와 q가 홀소수면

$x^2 \equiv p \bmod q$가 해를 갖는다.

$p \equiv 3 \bmod 4$이고 $q \equiv 3 \bmod 4$인 경우를 제외하고

반드시 $x^2 \equiv q \bmod p$가 된다.

천문학과 통계학

《산술연구》를 출판한 1801년에 가우스는 유럽의 선구적인 천문학자 중 하나로도 입지를 굳혔다. 주세페 피아치[Giuseppe Piazzi]는 19세기의 첫날 소행성 케레스를 발견했는데 그것은 20세기 이전에 윌리엄 허셜[William Herschel]이 천왕성을 발견한 이래 태양계에서의 새로운 첫 발견이었다. 피아치는 태양 뒤로 사라지기 전까지 42일 동안만 케레스를 관측할 수 있었다. 하지만 케레스가 어디서 다시 나타날 것인가? 많은 천문학자들이 예측을 내놓았지만 오로지 가우스만이 옳았고 그 때문에 큰 흥분을 일으켰다.

케레스의 궤도를 탐구하며 가우스는 이후 중요한 수치적, 통계적 테크닉을 개발했다. 특히 최소제곱법이 그러한데 이는 측정오차의 영향을 다룬다. 가우스는 측정에서의 오차가 현재 가우스분포 혹은 정규분포로 알려진 식으로 분포하리라 가정했다.

케레스

제르맹

Germain

18세기 후반, 남성이 지배적인 대학교 수학 세계에 재능 있는 여성이 받아들여지기는 어려웠다. 수학 공부에 방해를 받고 대학교나 아카데미의 구성원으로 가입을 거절당했다. 이러한 편견에 대항해야 했던 한 수학자는 소피 제르맹(1776~1831)**이었다.**

제르맹은 이후 프랑스 은행의 이사가 된 부유한 상인의 딸로 파리에서 태어났다. 수학에 대한 제르맹의 관심은 프랑스 혁명 초기 동안 시작된 것으로 여겨진다.

소피 제르맹, 14세

도시에서의 폭동 때문에 집에 갇혀 있어야 했기에 제르맹은 아버지의 서재에서 아주 많은 시간을 보냈다. 이때 로마군인의 손에 죽은 아르키메데스의 이야기를 읽고 그의 마음을 그토록 빼앗았던 수학을 공부해보기로 결심했다.

하지만 그녀의 부모는 젊은 여성에게 해로울 것이라 믿었기 때문에 제르맹이 수학을 공부하는 것을 완강히 반대했다. 그들은 딸을 단념시키고자 밤에 난방과 등불을 끄고 옷을 숨기기까지 했지만 제르맹은 완고했고 결국은 허락했다.

무슈 르 블랑

프랑스의 공포정치 기간에 소피 제르맹은 집에 머물며 스스로 미분을 공부했다. 제르맹이 18세였던 1794년, 많이 필요했던 수학자와 과학자를 교육하기 위해 에콜 폴리테크니크가 설립됐다. 이는 제르맹이 공부할 수 있는 이상적인 장소였지만 여성에게는 개방되지 않았다.

제르맹은 좌절했지만 단념하지 않고 은밀히 공부하기로 결심했다. 제르맹은 해석에 관한 라그랑주의 흥미진진한 강의록을 구할 수 있었고 학기말에는 에콜의 동문 학생이었던 M. 앙투안 르 블랑이라는 가명으로 페이퍼를 제출했다.

라그랑주는 이 페이퍼의 독창성에 깊은 인상을 받고서 작성자와의 만남을 추진했다. 제르맹이 불안해하며 모습을 보였을 때 라그랑주는 어리둥절했지만 즐거웠다. 그는 계속해서 제르맹을 돕고 격려했다. 제르맹을 프랑스의 다른 수학자들에 소개하고 수학적 관심을 이어가도록 도왔다.

이러한 일들 중 가장 중요했던 것은 정수론에 관련됐다. 제르맹은 유명한 수학책 작가인 아드리앵 마리 르장드르[Adrien i Marie Legendre]에게 책의 어려운 내용에 관해 편지를 썼다. 이후 오랜 기간 동안 유익한 서신 교환이 이뤄졌다.

위대한 가우스와도 활발한 서신교환이 이뤄졌다. 정수론에 관한 《산술연구》에 깊은 인상을 받은 소피 제르맹은 다시 한 번 에꼴 폴리테크니크의 무슈 르 블랑이라는 이름으로 자신의 발견을 그에게 보내는 용기를 냈다.

페르마의 마지막 정리

소피 제르맹이 가우스와 교환한 편지에 포함됐던 주제 하나는 페르마의 마지막 정리였다. 즉, 임의의 정수 n (>2)에 대하여 $x^n+y^n=z^n$인 양의 정수 x, y, z는 존재하지 않는다. 페르마는 이의 일반적 증명을 하려 하였으나 $n=4$인 경우만 제시했다. 이어서 오일러가 $n=3$인 경우를 증명했지만 그때까지 다른 결과는 없었다.

이후 몇 년 동안 제르맹은 페르마의 마지막 정리에 관한 여러 새로운 결과를 얻었고, 특별히 n이 100보다 작은 임의의 소수일 때 x, y, z 상호간 공약수가 없고 n과도 공약수가 없으면 양수 해는 존재하지 않는다는 것을 증명했다.

가우스는 제르맹의 발견에 깊은 인상을 받았고 계속해서 그녀와 서신을 교환했다. 가우스는 프랑스 군대가 그녀가 거주하던 하노버를 점령했던 1807년까지 진짜 제르맹을 알지 못했다. 아르키메데스와 같은 죽음을 맞이할까 염려한 제르맹은 프랑스 사령관, 페르네티 장군에게 연락했고 그는 가우스의 안전을 보장하기로 약속했고 그런 요청을 한 사람이 누구인지를 가우스에게 알렸다. 가우스는 놀람과 즐거움으로 제르맹에게 그녀의 “가장 고귀한 용기, 매우 특별한 재능, 우월한 천재성”을 칭송하는 편지를 보냈다.

탄성

1808년 가우스가 괴팅겐으로 떠나자 소피 제르맹은 정수론에 대한 흥미를 잃고, 물리학자 에른스트 클라드니[Ernst Chladni]의 강의에 고무되어 탄성과 음향에 관여하게 됐다. 클라드니는 유리판 위에 모래를 뿌리고 판의 가장자리를 따라 바이올린 활을 그을 때 나타나는 패턴을 관찰했다.

이러한 관찰에 관해 알려진 이론적 토대는 없었기에 프랑스 과학아카데미는 탄성표면에 관한 수학이론을 확립하고 그것이 어떻게 관찰과 부합하는지를 설명하면 상을 주겠다고 제안했다. 소피 제르맹의 몇몇 연구결과를 활용해 라그랑주는 평평한 판의 진동을 나타내는 편미분 방정식을 구했다. 제르맹은 이로부터 곡면의 진동 일반이론을 전개했다. 이에 심사위원은 깊은 인상을 받았고 제르맹은 아카데미가 주는 권위 있는 메달과 상금을 받았다. 이 영역에서 제르맹의 연구는 현대 탄성이론의 기초가 되었다.

곡면에 관한 연구로부터 제르맹은 다른 위치에서 면이 어떻게 '휘어졌는지'를 무수히 묘사하는 곡률을 연구하게 됐다. 제르맹의 마지막 큰 업적은 평균곡률을 정의한 것으로 이는 그때부터 평면기하학에서 중요한 개념이 되었다.

클라드니 패턴

몽주와 퐁슬레

Monge and Poncelet

프랑스 혁명과 나폴레옹 보나파르트의 등장으로 혼란스런 시간에 수학에 중요한 진전이 있었다. 나폴레옹을 매우 지지했던 한 사람은 가스파르 몽주(1746~1818)**로 그는 1798년 이집트 원정 때 나폴레옹에게 방어시설에 관해 조언했다. 몽주의 가장 유능한 학생은 '현대 사영기하학의 아버지' 인 장 빅토르 퐁슬레**(1788~1867)**였다.**

나폴레옹은 수학과 그 가르침의 열렬한 지지자였고 기하학에서 그가 냈다고 여겨지는 성과도 있다.

> 주어진 임의의 삼각형 ABC의 각 변에 등변삼각형을 작도하고 세 등변삼각형의 무게중심을 이으면 결과로 만들어진 삼각형은 항상 등변삼각형이다.

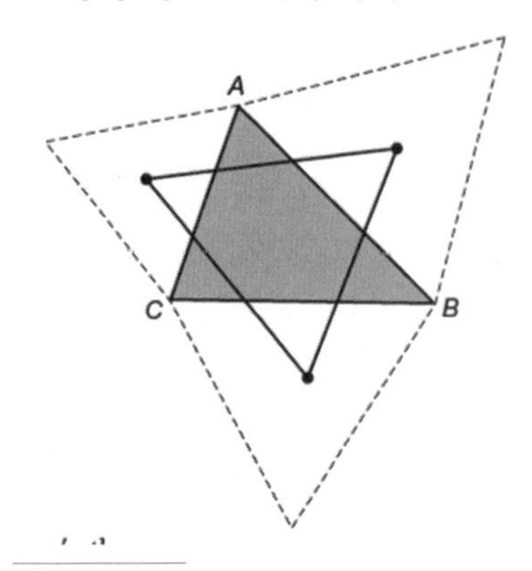

나폴레옹의 정리

프랑스 혁명의 중요한 결과는 나폴레옹이 파리에 에꼴 노르말과 에꼴 폴리테크니크를 설립한 것이다. 이러한 기관에서 몽주, 라그랑주, 라플라스, 코시를 포함한 프랑스 최고의 수학자들이 문무관으로 일하기로 예정된 학생들을 가르쳤다. 에꼴의 선생들이 교과서를 만들었고 이러한 교과서는 이후 프랑스와 미국에서 널리 사용되었다.

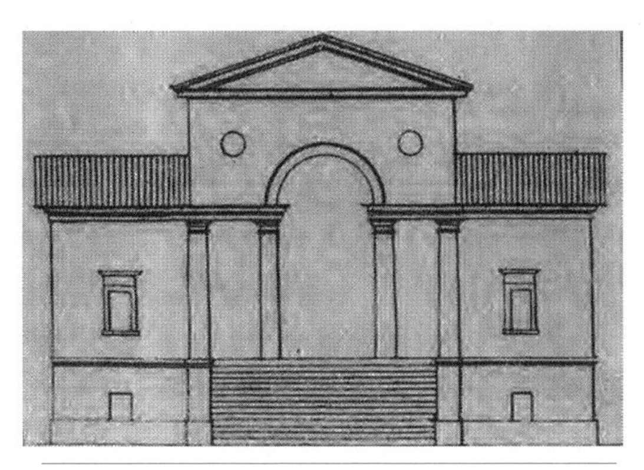

뒤랑[J. Durand]의 도형기하학 책에서 발췌한 그림(1802~1805)

몽주

나폴레옹의 친한 친구, 가스파르 몽주는 메지에르의 군사학교에서 수학을 가르쳤다. 그는 그곳에서 3차원 데카르트기하학(해석기하학)의 선과 면의 특성을 연구했다. 요새에서 포 사격을 하기 위한 진지로 가능한 위치를 조사하는 동안 몽주는 평면에서 3차원 물체를 투영하는 방법을 크게 개선시켰다. 이 분야는 곧 '화법기하학'이라 알려지게 되었다.

몽주는 '미분기하학'에도 참여했고 그 분야에서 중요한 최초의 책을 썼다. 몽주의 미분 테크닉은 현재도 곡면 연구에 쓰인다.

가스파르 몽주는 에꼴 폴리테크니크의 선생으로서 화법기하학을 확립하고 유능한 학생들을 격려하는데 도움을 주었다. 몽주의 접근은 대부분 실용적이었지만 다용도로 쓰이는 과목이 되도록 하기 위해 필요한 대수적 체계 또한 발전시켰다. 1815년 나폴레옹의 유배 이후 몽주는 폴리테크니크에서의 자리를 잃었고 얼마 지나지 않아 사망했다.

퐁슬레

나폴레옹의 실패로 끝난 1812년 러시아 침략 이후, 몽주의 학생인 장 빅토르 퐁슬레는 러시아의 감옥에 갇혔다. 그곳에서 지내는 동안 퐁슬레는 (빛의 근원에서 도형을 비춰 스크린에 투영하는 것과 같은) '사영변환'에 대한 아이디어를 전개했고, 이러한 변환 이후에도 변하지 않은 도형의 기하학적 특성을 탐구했다. 퐁슬레의 연구는 데자르그와 몽주로부터 큰 영향을 받았으나 직관적이고 정밀하지 않았기에 파리의 수학 집단으로부터 그다지 인정받지 못했다.

투영한 도형의 특성에 관한 퐁슬레의 논문은 1882년에 나왔다.

> 이 책은 내가 러시아의 감옥에 있던 1813년 봄에 행했던 연구의 결과이다. 모든 책을 빼앗겼고 도움을 받을 수도 없었으며 적절한 장비도 없었다. 무엇보다도 내 조국의 불행에 마음이 심란했기에 나는 완벽한 결과를 낼 수 없었다. 하지만 그때 나는 이 연구의 기본원리를 알았다. 다시 말하자면 도형의 중심투영법의 원리로 …

장 빅토르 퐁슬레

사영기하학

앞서 우리는 르네상스의 화가들이, 이후 데자르그와 파스칼이 원근법이 어떤 특성을 갖는지 연구하고 몇몇 흥미로운 결과를 내놓았음을 보았다.

유클리드기하학에서

임의의 두 점이 특정한 선분을 결정하고, (평행이 아니라면) 임의의 두 선은 특정한 점에서 만난다.

무한히 먼 곳에서 만나는 평행선

평행선의 예외는 어색한 것 같기에 만약 위의 진술을 아래처럼 바꾼다면 어떻게 될지 보고 싶다.

임의의 두 점이 특정한 선분을 결정하고,

임의의 두 선은 특정한 점에서 만난다.

무한히 먼 곳은 다른 점과 다르게 생각되지 않지만 어쨌든 이제 우리는 '무한히 먼 곳' 에서 만나는 평행선을 생각할 수 있다.

이 진술은 사영기하학이라 알려진 전혀 다른 유형의 기하학을 만들어낸다. 특별히 퐁슬레와 파리의 동료 조셉 제르곤[Joseph Gergonne]이 알아챘던 대로 점과 선 사이에는 이중성(duality)이 있다. 선 위에 놓인 점에 관련한 모든 결과는 점을 통과해 지나는 다른 직선에도 '겹쳐질' 수 있다. 반대로 말하면 하나를 입증하면 다른 것은 거저먹기다!

이런 혁명적인 아이디어는 과거와의 실제적 공백을 가져왔다. 이는 심오한 논란을 일으켰고 프랑스 기하학자들이 풀 수 없는 난제도 제기했다.

코시

Cauchy

앞에서 살펴보았듯 미적분의 기초는 불안정했고 달랑베르와 다른 수학자들은 이를 바꾸려 시도했다. 이를 해결한 사람은 오귀스탱 루이 코시(1789~1857)**로 그는 프랑스의 뛰어난 수학자이자 19세기 초에 가장 권위 있던 해석학자였다. 코시는 1920년대 극한, 연속, 미분계수, 적분의 개념을 만들어 미적분에 변화를 가져왔다. 뿐만 아니라 그는 '군(群)'이라는 대수적 개념의 발전에 일조했고, 거의 혼자서 복소해석학**(Complex Analysis)**이라는 영역을 창조했다.**

토목기사로 훈련받은 후, 코시는 셰르부르에서 항만과 요새를 설계했다. 코시의 첫 수학논문은 다면체와 대수에 관한 것이었다. 그는 곧 과학아카데미에 선출되었고 파리로 옮겨가서 그곳의 에꼴 폴리테크니크에서 강의를 했다.

볼차노

1817년, 베르하르트 볼차노[Bernard Bolzano]라는 가톨릭사제가 고향 프라하에서 부호가 반대인

두 값 사이에는 방정식의 실수근이 적어도 하나 존재한다는《이론의 순수 해석학적 증명》이라는 딱딱한 제목이 붙은 소책자를 발표했다. 이 결과는 현재 '중간값 정리'라 불리며 우리에게 다음을 알려준다.

x축 아래의 한 지점에서 x축 위의 다른 지점까지 연속된 그래프는 반드시 x축을 가로지른다.

비록 당연한 것 같아 보이지만, 이를 엄밀하게 증명한 것은 볼차

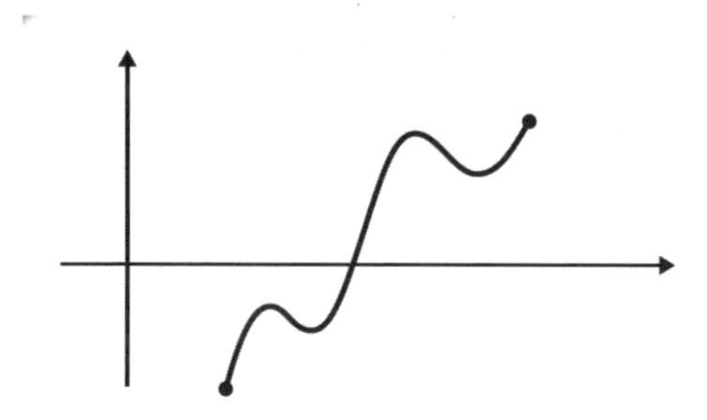

노의 소책자가 처음이었다.

끊어지지 않았다면 그래프가 '연속된'다는 것을 직관적으로 알 수 있지만 볼차노는 이러한 직관을 공식화할 필요가 있다고 생각했다.

특정 구간에서 임의의 x에 관해 충분히 작은 w를 취하는 것으로 $f(x+\omega)-f(x)$를 주어진 어떤 값보다 작게 만들 수 있다면, 함수 $f(x)$는 특정 구간의 모든 x값에 대

COURS D'ANALYSE
DE
L'ÉCOLE ROYALE POLYTECHNIQUE;
PAR M. AUGUSTIN-LOUIS CAUCHY,
Ingénieur des Ponts et Chaussées, Professeur d'Analyse à l'École polytechnique, Membre de l'Académie des sciences, Chevalier de la Légion d'honneur.
I.re PARTIE. ANALYSE ALGÉBRIQUE.
DE L'IMPRIMERIE ROYALE.
Chez DEBURE frères, Libraires du Roi et de la Bibliothèque du Roi, rue Serpente, n.° 7.
1821.

하여 연속적으로 변화한다.

예를 들어서, $f(x)=x^2$이면 0부터 1사이에서 임의의 x값에 대하여 충분히 작은 w를 취하는 것으로 $f(x+Y)-f(x)=(x+\omega)^2-x^2=\omega(2x+\omega)$를 원하는 만큼 작게 만들 수 있다. 그러면 $f(x)=x^2$은 이 구간에서 연속된다.

하지만 볼차노의 연구는 그 가치만큼 인정받지 못했다. 프라하가 수학의 중심지와 멀리 떨어져 있었기 때문이었다.

코시의 해석학 과정(Cours D'analyse)

그 사이 파리에서는 상당한 진전이 이루어지고 있었다. 1821년 코시는 《해석학 과정(Cours D'analyse)》이라는 제목의 획기적인 책에서 극한의 개념을 구체화했다.

동일한 변수에서 연속적으로 나온 값들이 고정된 값에 무한히 가까워져 고정된 값과 거의 차이가 없을 때, 그 마지막 값을 다른 모든 값의 극한이라 한다.

예컨대 $f(x)=(\sin x)\div x$는 $x=0$인 경우는 규정되지 않지만($\frac{0}{0}$은 의미가 없기 때문이다), x가 0에 가까워질 때 $f(x)$는 1에 가까워지고 따라서 여기서 극한은 1이다.

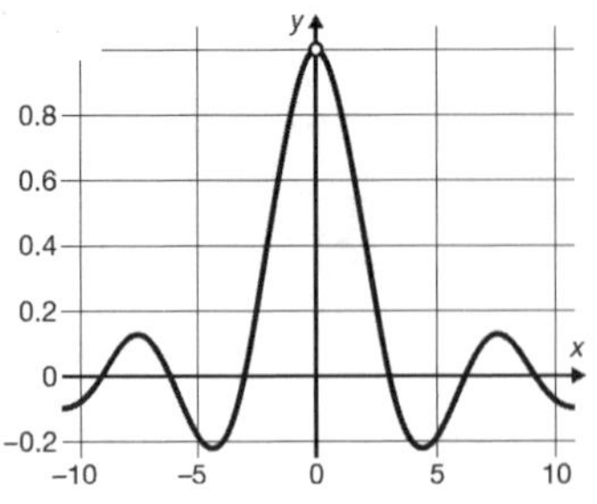

$$f(x)=(\sin x)\div x$$

이 정의를 활용해 코시는 미적분 전체 분야를 변화시킬 수 있었다. 코시는 그래프가 연속된다(끊어지지 않는다)와 매끄럽다(뾰족하지 않다)

라는 말의 의미를 정확히 설명했고 미적분의 기본적인 2가지 개념인 미분과 적분을 정확하게 보여주었다.

코시의 복소해석학

앞서 우리는 라이프니츠가 함수 f의 적분 $\int_a^b f(x)\,dx$을 '선들의 합'이라 정의 내렸음을 보았다. 이를 간단히 x가 a부터 b까지 움직일 때 '$f(x)$의 모든 값을 더한' 결과라 생각할 수 있다.

1820년대 후반, 코시는 이러한 아이디어가 어떻게 복소수로 확장될 수 있는지를 설명했다. 만약 $f(x)$가 복소수 변수 z의 함수이고 (예컨대 $f(z)=z^2$), P가 복소평면의 곡선이라면, z가 곡선 P를 따라 이동할 때 '모든 $f(z)$의 값을 더한' 결과로서 $\int_{\mathrm{P}} f(z)\,dz$라 유사하게 규정할 수 있다.

코시는 복소수 적분과 관련하여 놀라운 여러 연구결과를 보였다. 이 중 가장 놀라운 결과는 미분 가능한 폐곡선(양 끝이 만나는 곡선, 그림 참조)의 함수를 적분한 것이다.

이는 코시의 정리라 알려지는데, f가 미분가능하고 P가 폐곡선이면 $\int_{\mathrm{P}} f(z)\,dz=0$임을 알려준다.

뿐만 아니라 코시의 적분공식은 만약 a가 폐곡선 P 내부에 임의의 점이면
$f(a)=\frac{1}{2\pi i}\int_{\mathrm{P}}\frac{f(z)}{(z-a)dz}$임을 알려준다.

다시 말해서, P위 모든 점 z에 대한 $f(z)$ 값으로부터 P 내부의 임의의 점 a에 대한 $f(a)$의 값을 알 수 있다는 것이다. 이는 영국해안선을 따라 위치한 모든 지점의 온도를 듣고서 버밍햄 같은 내륙지역의 온도를 계산하는 것과 마찬가지로 놀라운 일이다.

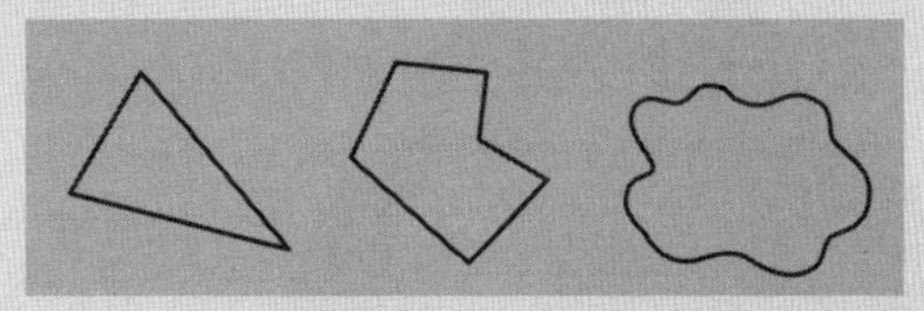

몇 가지 폐곡선

푸리에와 푸아송

Fourier and Poisson

요셉 프리에(1768~1830)는 현재 푸리에 급수라 알려진 바를 연구했다. 이는 19세기에 가장 중요하다 할 여러 수학적 발견을 이끌어냈고, 또 수리물리학에도 비중 있게 응용되었다. 시메옹 드니 푸아송(1781~1840)은 그의 이름을 딴 퍼텐셜 이론에서는 푸아송의 방정식으로, 확률이론에서는 푸아송의 분포로 남겼다.

푸리에는 버건디 오세르에서 태어났고, 1797년 라그랑주를 이어 에꼴 폴리테크니크의 해석학 및 역학과 학과장이 되었지만 이듬해에 몽주와 함께 나폴레옹의 이집트 원정에 과학자문으로 동참해 떠났다. 이집트 원정에서 돌아오자마자 나폴레옹은 푸리에를 프랑스 남동부 그르노블의 행정관으로 지명했다. 푸리에는 보르고앙 늪지의 물 빼기를 계획했고 그르노블부터 튜린까지 도로 건설을 감독했다. 여가시간

요셉 푸리에

에는 열전도에 관한 중요한 수학적 연구를 수행했다.

열전도

1822년의 《열분석 이론(Théoris Analytique de la Chaleur)》에 푸리에는 다음과 같이 적었다.

> 우리는 근본적인 원인을 모르지만 이는 자연철학을 연구하는 사람이 관찰로 발견할 수 있는 단순하고 일정한 법칙에 의한 것이다.

푸리에는 열에 관한 연구를 경계의 온도가 일정하게 유지되는 직사각형 영역에서 열의 평형분포상태를 구하는 편미분 방정식으로부터 시작했다. 여기서 푸리에는 멱급수가 아닌 무한삼각급수로 네모파라 표현된 것을 구했다.

$\cos u - \frac{1}{3}\cos 3u + \frac{1}{5}\cos 5u - \frac{1}{7}\cos 7u + \cdots,$

$u = \frac{\pi}{2}$일 때 이는 0이고, u가 $-\frac{\pi}{2}$와 $\frac{\pi}{2}$ 사이일 때는 $\frac{\pi}{4}$이고, u가 $\frac{\pi}{2}$와 $3\frac{\pi}{2}$ 사이일 때는 $-\frac{\pi}{4}$이다.

푸리에는 이 놀라운 결과에 대해 이렇게 적었다.

> 이러한 결과는 일반적 미적분의 결과와 달리 보이기 때문에, 주의하여 살피고 진정한 의미를 설명할 필요가 있다.

이후 푸리에는 '푸리에 급수'라 표현되는 함수에 관한 더욱 일반적인 질문을 살폈다. 그는 먼저 함수의 의미를 정의했다.

> 일반적으로 함수 $f(x)$는 연속된 값 혹은 임의적인 각 세로좌표를 의미한다. 가로좌표 x에는 주어진 값은 무한하고, 세로좌표 $f(x)$도 동일한 수가 존재한다. … 우리는 이러한 세로좌표가 일반적인 법칙에 종속된다고 여기지 않는다. 세로좌표는 어떠한 형식으로

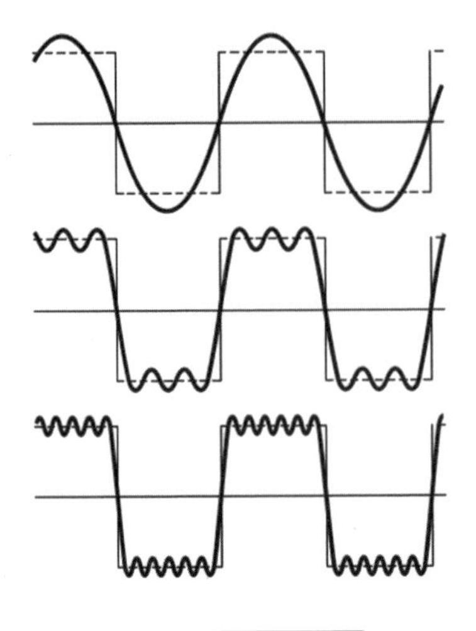
푸리에 급수로 근사치를 구한 네모파

든 서로 연속되지만 그들 각각은 단일한 수인 것처럼 주어진다.

푸리에는 자신의 정의처럼 함수를 일반화하여 생각하지 않고 오히려 정의된 각각의 영역에서 다른 규칙이 주어진 것이라 여겼다. 그는 또한 그 함수의 푸리에 급수에서 (적분을 포함하여) 계수를 구하는 공식을 도출했다.

푸리에 급수가 원래의 함수로 확실히 수렴하려면 함수에 어떤 조건이 부과되어야 하는가라는 질문에서 많은 새로운 연구가 시작되었는데 거기에 아벨과 리만의 연구도 포함된다.

푸아송

푸아송은 프랑스 중북부의 피티비에에서 태어났고, 빠른 학문적 성공을 이뤘고 여러 교육직책을 맡았다. 나폴레옹이 푸리에를 그레노블로 보낸 1806년에는 특별히 그의 뒤를 이어 에꼴 폴리테크니크의 학과장이 되었다. 푸아송은 많은 책을 출판했다. 프랑수아 아라고[François Arago]에 따르면 푸아송은 자주 이런 말을 했다고 한다.

수학을 발견하고 수학을 가르치는 두 가지 때문에 삶이 좋다.

푸아송은 전기, 자기, 탄성에 관해 주요한 연구를 수행했고 (예를 들어서) 주어진 전하의 분포가 갖는 전위를 알려주는 편미분 방정식을 구했다. 1812년에 푸아송은 다음 주제의 연구로 프랑스 아카데미로부터 대상을 받았다.

고립되거나 혹은 함께 놓인 전기체 표면에 전기가 분포하는 방식, 예컨대 함께 놓인 전기가 통하는 두 구체의 표면에 전기가 분포하는 방식을 계산으로 결정하고 실험으로 확인하기도 했다.

1838년의 《형사사건과 민사사건 재판의 확률에 대한 연구(Recherches sur la probabilité des jugements en matière criminelle et en mati?re civile)》에서 푸아송은 현재 푸아송의 분포라 알려진 바를 소개했다. 이 중요한 분포는 특정 시간이나 지역에서 얼마의 확률로 사건이 발생하는지를 알려준다. 이는 그 사건이 개별적으로 일어난다고 가정하며 짧은 시간 혹은 좁은 지역에서 얼마나 사건이 발생하는지를 추정한다. 푸아송은 대수의 법칙(law of large numbers)이라는 용어 또한 도입했다.

시메옹 드니 푸아송

아벨과 갈루아

Abel and Galois

닐스 헨리크 아벨(1802~1829)과 에바리스트 갈루아(1811~1832)의 비극적인 이야기는 우울하리만치 비슷하다. 둘 다 방정식 이론의 발전에 크게 기여했지만 둘 다 그들의 연구결과가 받아들여지기 어렵다는 것을 알았다. 아벨은 5차 이상의 다항 방정식에 일반적인 해법이 존재하지 않음을 증명했다. 반면에 갈루아는 이러한 방정식을 풀 수 있는 경우를 밝혔다. 둘 다 요절했는데 아벨은 결핵 때문에 그리고 갈루아는 결투에서 얻은 상처 때문이었다.

닐스 헨리크 아벨

앞서 우리는 2차, 3차, 4차 다항 방정식이 산술연산과 근의 획득만으로 풀리는 것을 보았다. 하지만 더욱 고차원적인 일반 방정식에는 동일한 방식을 사용할 수 없었다. 우리는 이러한 문제에 대한 라그랑주의 새로운 접근법도 보았는데 그는 주어진 방정식의 해를 치환하여 얻은 다른 표현의 가짓수를 계산했다.

아벨

노르웨이에서 성장한 아벨은 수학 중심지인 프랑스와 독일에서 공부하기를 간절히 바랐고 마침내 파리와 베를린에서 지낼 수 있는 장학금을 받게 되었다.

독일에서 아벨은 레오폴드 크렐레[Leopold Crelle]를 만났고 크렐레가 창간한 저널의 초기 호에 많은 논문을 실어 그의 저널이 19세기 독일의 선도적인 잡지가 되도록 도왔다. 이때 실은 논문 가운데 5차 이상의 방정식에 일반적인 해법이 불가능하다는 증명이 포함되었다. 또한 아벨은 (급수의 수렴, 타원함수, '아벨적분' 등) 다른 주제에서도 중요한 결과를 얻었는데 이 가운데 많은 내용이 1826년의 《파리 회고록》에 나온다.

수학계에서 인정받지 못하고 대학교수직을 얻는 데도 실패한 아벨의 이야기는 안타깝다. 얼마동안 아벨의 《파리 회고록》은 분실되었다. 이후 아벨은 노르웨이로 되돌아왔고 결핵에 걸려 26세의 이른 나이에 사망했다. 이틀 후, 그의 책을 찾았으며 그에게 명망 있는 베를린 대학의 교수직을 제안한다는 편지 한통이 아벨의 집에 도착했다.

에바리스트 갈루아

갈루아

5차 방정식의 해결 불가능성에 관한 라그

랑주와 아벨의 연구는 영특한 에바리스트 갈루아에 의해 진전되었다. 갈루아는 다항 방정식이 산술연산과 근의 획득으로 해결되는지 판단하기 위한 기준을 (현재 갈루아군(Galois Group)이라 부르는 항으로) 정했다. 갈루아의 연구는 군론(group theory)과 갈루아 이론(Galois theory)이라는 대수학의 전혀 새로운 영역이 되었다.

갈루아의 10대 시절은 상처투성이였다. 에꼴 폴리테크니크의 입학시험에 떨어졌다. 프랑스 과학아카데미에 보낸 원고 중 하나는 잘못 갔고 다른 하나는 모호하다는 이유로 받아들여지지 않았다. 뿐만 아니라 갈루아의 아버지는 자살했다.

1830년 7월 혁명 이후 정치활동에 참여하게 된 공화주의자 선동가 갈루아는 루이 필립 왕의 생명을 위협했다는 죄목으로 고소당했으나 사면되었다. 한 달 후 갈루아는 무기를 소지하고 금지된 포병대 제복을 입고 있다는 사실로 인해 감옥에 갇혔다.

갈루아는 결투 전날 밤, 친구 아우구스트 슈발리에[August Chevalier]에게 편지를 썼다. 갈루아는 편지에 그의 연구결과를 요약해 적었고 그것을 가우스와 야코비[Jacobi]에게 보여주기를 부탁했다. 하지만 몇 년이 지나서야 그것이 의미하는 바를 제대로 평가받았고, 세상이 얼마나 대단한 천재를 잃었는지 알게 되었다.

19세기 대수학을 활용

앞서 살펴보았듯 그리스인들은 기하학적 도형의 작도에 매료되었다. 그들은 눈금이 없는 자와 컴퍼스만으로 각을 이등분하고, 선분을 삼등분하고, 주어진 다각형과 면적이 같은 사각형을 작도했다.

하지만 그들이 해내지 못한 세 가지 유형의 작도가 있었다.

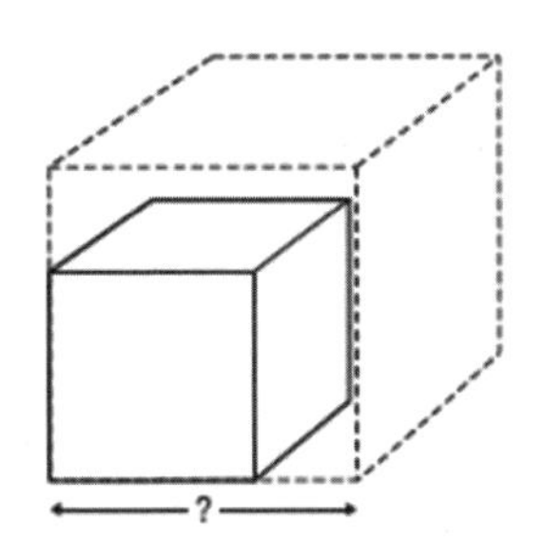

부피가 두 배인 정육면체

Q. 주어진 정육면체로 부피가 두 배인 다른 정육면체를 작도하라.

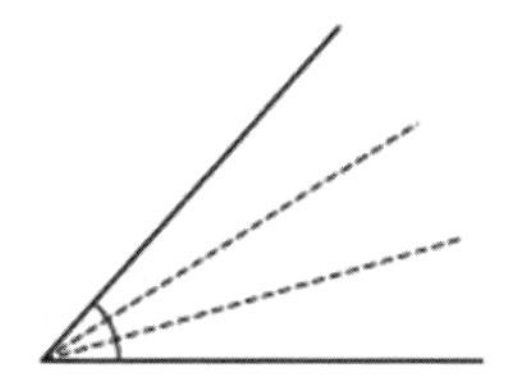

각의 삼등분

Q. 주어진 임의의 각을 삼등분하라.

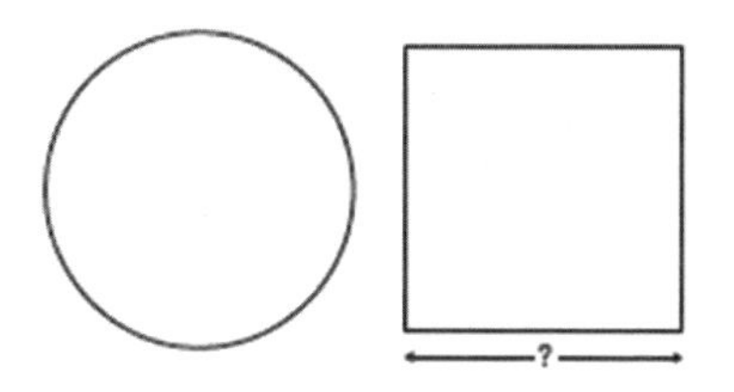

원과 면적이 같은 정사각형

Q. 주어진 임의의 원과 면적이 같은 정사각형을 작도하라.

BC 4세기부터 2천년 동안 계속해서 이를 작도하려 했으나 성공하지 못했다.

길이가 1인 선에서 시작하여 그 몇 배를 표시하고 유리수(분수)인 어떤 길이의 선이든 작도할 수 있다. 이러한 선분을 원과 교차시키고, 원과 원을 교차시켜 다음을 구한다.

기본적인 산술연산과 연속적인 제곱근이 포함되는 어떤 길이도 작도할 수 있지만 그 외의 길이는 작도할 수 없다.

부피가 두 배인 정육면체

첫 번째 정육면체의 한 길이가 1이면, 부피가 두 배가 되는 정육면체의 한 길이는 $\sqrt{2}$이다. 이는 세제곱근이기에 작도할 수 없다.

각의 삼등분

60°인 각을 삼등분하려 한다면 $x=\cos 20°$이면 방정식 $8x^3-6x-1=0$을 만족한다. 이러한 풀이는 세제곱근이 포함되기에 작도할 수 없다.

원과 면적이 같은 정사각형

π가 포함되기에 작도할 수 없다.

따라서 19세기 대수학자들은 $\sqrt[3]{2}$, $\cos 20°$, π는 작도할 수 없다고 증명했다.

세 가지 유형의 작도는 불가능하다.

뫼비우스

Möbius

1820년대와 1830년대에는 수학의 중심지가 프랑스에서 독일로 바뀌었고, 파리의 여러 에꼴들은 베를린과 괴팅겐 대학교에 무너졌다. 하지만 가우스 등의 여러 수학자들은 천문학에도 관여했고 대학이 아닌 천문대에 고용되었다. 아우구스트 뫼비우스(1790~1868)**는 라이프치히 대학교의 천문학교수와 천문대의 소장을 아울러 맡았으며 그러면서도 수학의 다양한 영역을 연구했다.**

뫼비우스는 작센주 슐포르트타에서 태어났고, 가우스와 함께 천문학을 공부하기 위해 괴팅겐으로 가기 전까지 라이프치히 대학교에서 공부했다. 뫼비우스의 박사논문 주제는 항성의 엄폐(천체의 빛이 행성이나 위성과 같은 다른 천체에 의하여 가려지는 일 또는 그런 현상)에 관한 것이었고, 라이프치히 대학교에서는 삼각 방정식으로 교수자격을 얻었다. 뫼비우스는 라이프니츠 대학교에서 천문학교수로 임용되었고 대학교의 천문대는 그의 감독 하에서 발전했다. 교수일 뿐 아니라 천문대의 관측자이기도 했던 뫼

라이프치히 천문대

> **5명의 왕자**
>
> 1840년 무렵 강의시간에 뫼비우스는 학생들에게 다음과 같은 질문을 했다.
> 옛날에 아들이 5명인 왕이 있었습니다. 왕은 자신의 죽음 이후 그의 아들들은 한 지역이 다른 네 지역과 경계를 공유하도록 왕국을 5지역으로 나눠야 한다고 유언장에 적었습니다. 왕의 유언장의 조건을 실행할 수 있을까요?
> 이는 현재 위상수학(topology)으로 알려진 수학분야의 최초 문제이다.
> 이 질문에 대한 답은 '아니오' 이다.

비우스는 1816년 관찰자로, 1848년 천문대의 소장으로 승진했다.

무게중심좌표

현대 사영기하학은 프랑스에서, 즉 퐁슬레의 연구에서 시작되었지만 곧 무대는 독일로 옮겨져 뫼비우스와 다른 학자들의 연구로 발전했다. 2세기 앞서 데카르트와 그의 후계자들이 (a, b) 숫자 쌍을 좌표로, $ax+by+c=0$ 방정식을 선분으로 표시하고자 해석기하학에 그랬던 것처럼, 1827년 뫼비우스는 대수학적 기법을 사영기하학에 도입했다.

아우구스트 뫼비우스

이를 위해 뫼비우스는 무게중심좌표를 도입했다. 탁자의 구멍 A,

B, C를 통과하는 끈이 세 개 달린 물체를 생각해보라. 무게 a, b, c가 끈에 부여된다면 이는 삼각형 ABC 내부의 점 P에서 평형이 되고 우리는 이 점에 좌표 $[a, b, c]$를 부여한다.

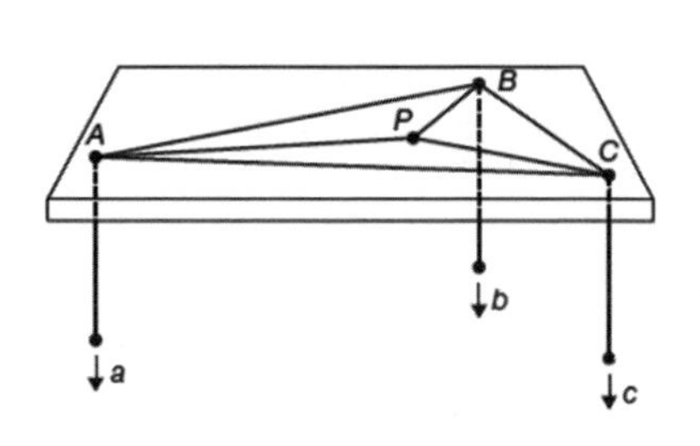

무게를 모두 2배 혹은 다른 동일한 배율로 증가시켜도 점 P는 변하지 않는다. 일반적으로 무게가 다른 세 점에서는 다른 좌표가 나온다. 무게가 [0, 0, 0]인 점과 일치하는 좌표도 없다. 뫼비우스는 음의 무게를 취하는 것으로 삼각형 ABC 외부에 좌표를 구하는 방법도 보였다.

우리는 배수를 통해 ([0, 0, 0] 이외에) 세 점 $[a, b, c]$의 좌표의 기하학적 구조를 구한다. 또한 $ax+by+cz=0$ 형태의 방정식을 이러한 기하학적 선분으로 정의할 수 있다. 그러면 좌표와 선분은 상대성을 가진다.

$$[a, b, c] \leftrightarrow ax+by+cz=0$$

뫼비우스의 띠

아마도 1858년의 뫼비우스의 띠라 알려진 물체로 뫼비우스를 가장 많이 기억할 것이다. 이를 만들기 원한다면 긴 종이 하나를 잡고 한쪽 끝을 180°비튼 다음 양끝을 풀로 붙여라.

뫼비우스의 띠는 여러 특별한 속성을 지닌다. 예컨대 펜을 가지고 띠를 따라 선을 그어 시작점까지 돌아오면 한 면에만 선이 생기는 것을 알 수 있다. 그리고 선을 따라 띠를 자르면 두 개의 연결된 종이 사슬을 얻게 된다.

뫼비우스 변환

복소수 평면 자체를 변환하는 여러 방법이 있다. 예컨대

- 변환 $f(z)=(1+i)z$는 격자선을 회전하고 전개한 결과를 가져온다.
- 변환 $\frac{1}{z}$은 수평선과 수직선을 원으로 바꾼다.

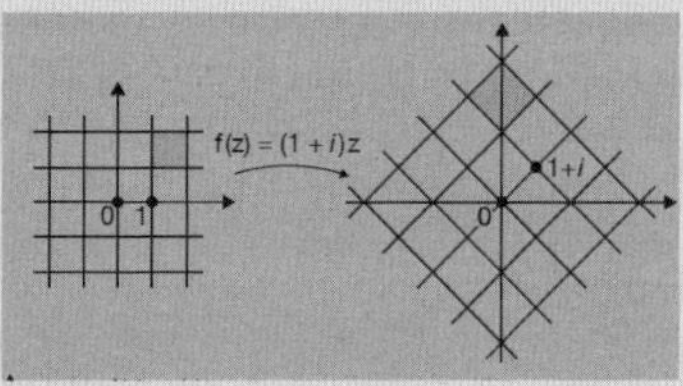

우리가 뫼비우스 변환이라 부르는 특별한 경우들도 있다.
$f(x)=\frac{az+b}{cz+d}$다. 이때 $ad \neq bc$이다.

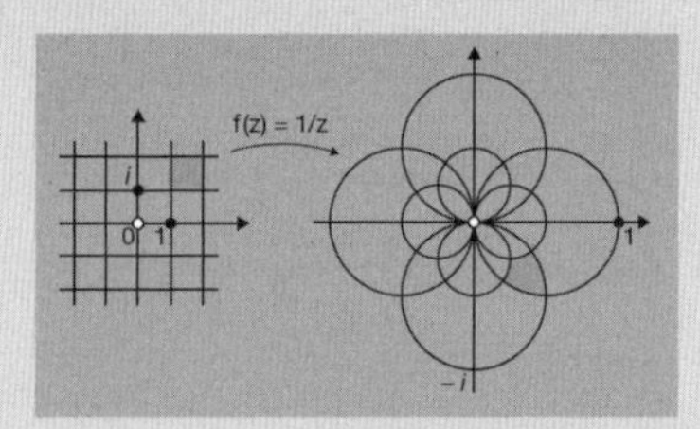

이러한 매우 다양한 변환을 통해 우리는 복소수 평면의 선택면적을 다른 면적으로 바꿀 수 있다. 예컨대 왼쪽 평면의 절반을 변환에 의해 반지름이 1인 원의 내부로 바꿀 수 있다.

$f(z)=\frac{z-1}{z+1}$

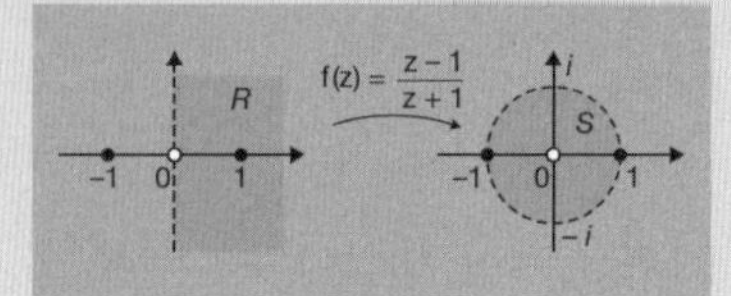

보여이와 로바체프스키

Bolyai and Lobachevsky

앞에서 살펴보았듯 유클리드의 《원론》은 공준이라 부르는 자명한 5가지 사실을 토대로 한다. 이 중에서 4개의 공준은 간단하지만 다섯 번째는 그렇지 않다. 2000년 동안 사람들은 다른 4개의 공준으로부터 이를 연역하려 노력했지만 누구도 이루지 못했다. 4개의 공준을 만족시키는 것은 '비유클리드기하학'이지만 다섯 번째는 그렇지 않기 때문이었다. 트란실바니아의 야노시 보여이(1802~1860)**와 러시아의 니콜라이 로바체프스키**(1792~1856)**가 1830년 무렵 처음으로 비유클리드기하학을 창시하였다.**

수백 년 동안 많은 사람들은 유클리드 《원론》의 명백한 다른 공준들로부터 5번째 공준을 유추하여 증명하고자 노력했다.

평행선 공준

주어진 임의의 선분 L과 점P가 이 선 위에 있지 않다면 L과 평행하며 P를 지나는 선분은 오로지 하나이다.

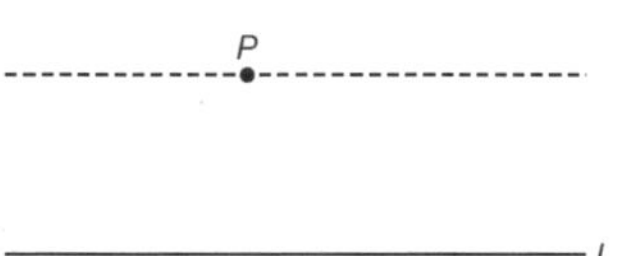

사각형 내각의 합 정리

임의의 사각형 내각의 합은 360°이

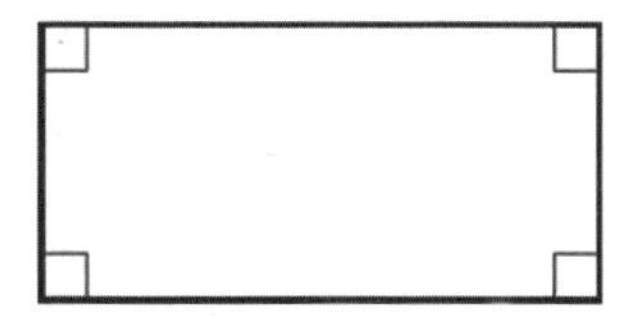

다.

둘 중 하나를 앞의 4개 공준에서 도출할 수 있다면 5번째 공준 역시 반드시 참일 것이다. 앞서 우리는 평행선 공준을 증명하려는 알하젠의 시도가 성공적이지 못하였다고 평가했다.

사케리의 시도

처음으로 큰 진보가 있었던 때는 1733년, 이탈리아의 기하학자 제롤라모 사케리(Geronimo Saccheri)의 《모든 결점을 벗은 유클리드(Euclide ab Omni Naevo Vindicatus)》에서였다. 그의 접근방식은 5번째 공준이 사실이 아니라 가정하고 모순을 끌어내는 것이었다.

이를 위해 사케리는 내각의 합이 360°가 아닌 사각형이 존재하지 않는다는 사실을 증명하려 노력했다. 그러면 사각형 내각의 합은

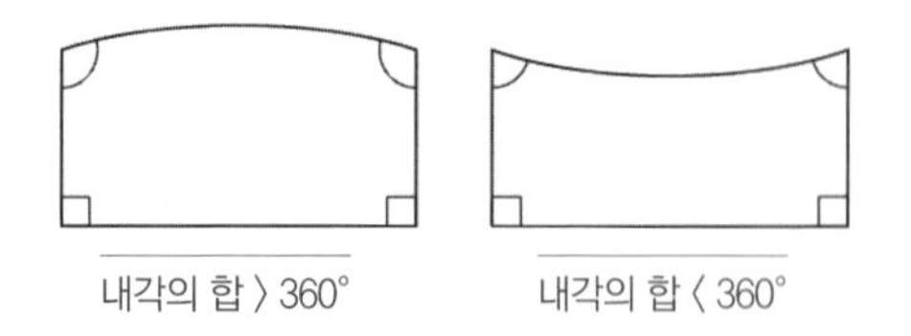

내각의 합 > 360° 내각의 합 < 360°

항상 360°이고 5번째 공준은 참이 된다.

사케리의 첫 번째 시도는 성공적이었다. 사케리는 만약 내각의 합이 360° 이상이라면 평행선 공준이 참과 거짓으로 증명될 수 있음을 보였다.

반드시 거짓이다. 왜냐하면 이러면 사각형이 아니기 때문이다.

어떤 사각형도 이런 속성을 가질 수 없기에 모순이다.

다음으로 사케리는 내각의 합이 360° 이하인 사각형을 가정하고

동일한 과정을 반복하였다.

> 예각의 가정은 반드시 거짓이다. 왜냐하면 직선의 특징에 모순되기 때문이다.

하지만 이러한 그의 주장에는 오류가 있다.

만약 사케리가 이를 성공적으로 증명했다면 모든 사각형의 내각의 합은 360°임을 증명했어야 했다. 그러면 5번째 공준을 다른 것들로부터 연역해낼 수 있다.

비유클리드기하학

사케리의 접근법은 극적인 방식으로 틀림이 증명되었다. 1830년 무렵, 보여이와 로바체프스키는 임의의 사각형 내각의 합은 360°보다 작다로부터 각각 새로운 유형의 기하학을 창시했다.

> 그들의 기하학에서 앞의 4가지 공준은 여전히 유효하지만 5번째는 그렇지 않다.

보여이-로바체프키 기하학은 몇 가지 매우 특이한 특징을 지닌다.

주어진 임의의 선분 L과 점 P가 이 직선 위에 있지 않다면 L과 평행하며 P를 통과하는 무한히 많은 선분이 있다.

뿐만 아니라 "만약 2개의 삼각형이 닮았다면(각이 동일하다면), 그들은 또한 반드시 합동이다(면적이 같다)." 또한 유클리드기하학에서는 참이 아니다.

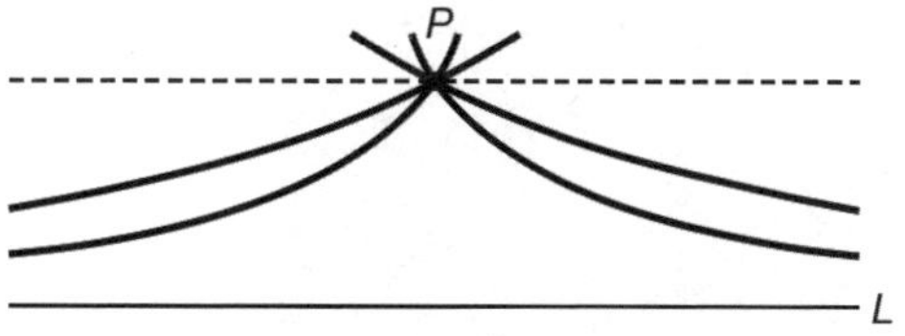

그러나 보여이와 로바체프스키는 둘 다 그들의 연구를 널리

알리는데 성공하지 못했고, 그들의 놀라운 발견에 적합한 명성을 거의 누리지 못했다. 보여이와 로바체프스키가 죽고 나서야 그들의 기하학은 제대로 인정받게 됐다.

가우스의 공헌

보여이와 로바체프스키의 비유클리드기하학은 우리가 사는 세계와 일치하지 않는 듯 보였기에 논쟁의 여지가 매우 컸다. 몇 년 앞서 가우스는 유사한 생각을 했다.

> 우리의 [유클리드]기하학의 필연성을 증명할 수 없다고 더욱 더 확신하게 된다 … 아마도 다른 차원에서 우주의 특징에 관한 통찰력을 얻을 수 있겠지만 지금은 어렵다.

니콜라이 로바체프스키

하지만 가우스는 '보이오티아인이라는 조소를' 두려워하였기에 그의 놀라운 예측을 출판하기 꺼렸다. 보이오티아인은 변화에 저항했던 고대 그리스인들이었다.

야노시의 아버지 파르카시 보여이(Farkas Bolyai) 역시 평행선 공준에 관해 연구했고 아들이 그렇게 하는 것을 단념시키고자 노력했다.

> 너는 평행선 공준에 이러한 접근법을 시도해서는 안 된다. 나는 그 과정과 끝을 안단다. 나는 헤아릴 수

> 없는 밤을 보냈는데 그것은 내 인생의 모든 빛과 기쁨을 사라지게 만들었단다 … 이 지긋지긋한 사해의 모든 암초를 통과해 항상 부러진 돛대와 찢어진 돛을 지닌 채 돌아왔단다.

하지만 아들은 의견을 고수했다. 카르카시 보여이가 오랜 친구 가우스에게 아들의 성공적인 연구결과를 알려주자 가우스는 그것을 받아들고 자신의 것이라 주장했다.

> 만약 내가 이 작업을 칭찬할 수 없다고 말한다면 분명 자네는 어리둥절하겠지. 하지만 다른 말은 할 수가 없네. 이를 칭찬하는 것은 나 자신을 칭찬하는 것이네. 사실 이 연구의 내용 전부는, 자네 아들이 취한 방식은, 그 아이가 이끌어낸 결과는 우연히도 지난 30년 아니 35년 동안 내 마음을 차지하고 있던 나의 생각과 일치하네.

야노시 보여이는 이 일에 대해 절대로 가우스를 용서하지 않았다.

배비지와 러브레이스

Babbage and Lovelace

19세기 컴퓨터 사용의 중심인물은 찰스 배비지(1791~1871)**로 비록 이후 세대에 미친 그의 영향력을 평가하기는 어렵지만 그는 '미분기'와 '해석기관'으로 현대 컴퓨터 시대를 개척했다. 바이런 경의 딸이고 배비지의 친한 친구인 아다**(러브레이스 백작부인, 1816~1852)**는 해석기관의 위력과 잠재력에 관한 통찰력 있고 분명한 해설서를 만들었다. 이는 현재 우리가 프로그래밍이라 부르는 것의 원형이다.**

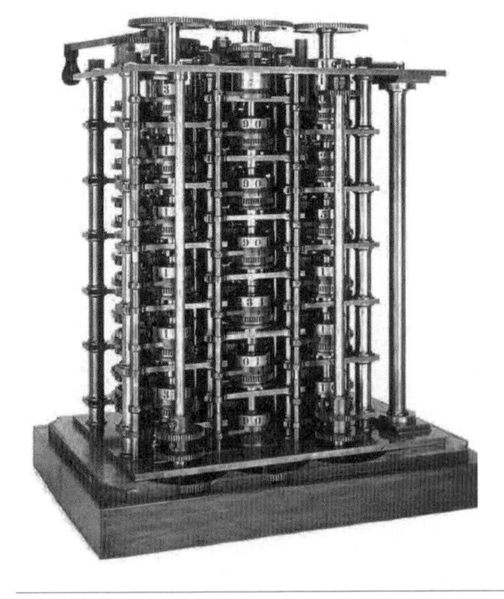
1832년 미분기의 일부. 결과를 인쇄할 수 있는데 원본의 계산에서보다 프린트하고 교정할 때 더 많은 오류가 난다는 특징이 있다

미분기(Difference Engine)

왕립천문학회는 찰스 배비지와 존 허셜에게 새로운 천문학도표를 만들어 달라고 요청했다. 이 때문에 배비지는 그의 계산기를 계획하게 됐다.

배비지는 x가 다른 값을 갖는 x^2+x+41과 같은 식의 계산을 기계화하고 싶었다. 그의 핵심적인 생각을 아래의 표에서 알 수 있다. 두 번째 세로줄에는 $x=0, 1, 2, \cdots, 7$을 식에 넣은 값이, 세 번째 세로

줄에는 두 번째 세로줄의 연속되는 값의 차(첫 번째 차)가, 네 번째 세로줄에는 세 번째 세로줄의 연속되는 값의 차(두 번째 차)가 나온다. 여기서 보면 두 번째 차는 모두 일정하다.

x	$x^2 + x + 41$	*first differences*	*second differences*
0	41		
		2	
1	43		2
		4	
2	47		2
		6	
3	53		2
		8	
4	61		2
		10	
5	71		2
		12	
6	83		2
		14	
7	97		

첫 번째 항(41), 첫 번째 차(2), 두 번째 차(2) 이렇게 음영이 칠해진 부분에서 단계적 방식으로 함수값을 재구성할 수 있음에 주목하라.

이러한 테크닉은 어떤 다항식에도 적용될 수 있다. 왜냐하면 계속해서 차를 구하면 결국 상수가 나오기 때문이다. 다항식은 아니지만 흥미로운 많은 함수 (예컨대 sin, cos, log)는 다항식에 가까워질 수 있다.

미분기 제작은 기술적, 재정적, 정치적 어려움에 부딪혔고 1833년에 결국 중단되었다.

해석기관(Analytical Engine)

배비지는 그의 미분기가 그러한 계산 결과를 따라 작동하는지 아니면 그의 기록대로 미분기가 계산 결과를 먹어버리는지 궁금해 했다. 이를 염두에 두고 배비지는 자카드[Jacquard]가 자동직기에 사용한 펀치카드를 제어장치로 하는 새로운 기계를 생각했다.

찰스 배비지

배비지가 생각한 해석기관은 숫자를

입력하면 그것이 기억장치(store)에 저장되는 것이었다. 숫자에 행해지는 연산명령은 개별적으로 처리될 것이다. 이러한 연산은 연산장치(mill)라 불리는 컴퓨터의 한 영역에서 행해지고 그 결과가 기억장치로 되돌아와 출력되거나 제어명령에 따라 계산을 더 진행하기 위한 입력신호로 쓰일 것이다. 이전의 계산 결과에 따라 연산이 이뤄질 수 있다는 사실이 여기서 중요하다.

러브레이스 백작부인 아다가 수학에 대한 관심을 계속두도록 격려한 사람은 매리 서머빌[Mary Somerville]과 오거스터스 드 모르간[Augustus De Morgan]이었다.

해석기관에 관한 글에서 아다는 그것이 무엇을 할 수 있는지, 어떻게 작동되는지를 서술하고 최초의 컴퓨터 프로그램이라 여겨지는 바를 제시했다.

> 해석기관의 두드러진 특징은 … 가장 정교한 패턴으로 비단을 짜기 위해 자카드가 고안한 펀치카드의 원리를 도입한다는 것이다. 이것이 두 기기의 차이이다. 미분기에는 이러한 식의 어떤 것도 들어있지 않다. 아마도 자카드의 직기가 꽃과 나뭇잎을 짜듯이 해석기관 대수학적 패턴을 만들어낸다고 말하는 것이 가장 적절할 것이다.

비록 해석기관은 만들어지지 않았지만 현대의 학자들은 만약 그것이 만들어졌다면 배비지가 의도한 것처럼 작동했을 것이라 평가한다. ADA라는 이름은 현재 미국 국방부에서 개발한 프로그래밍 언어에 쓰인다.

아다, 러브레이스 백작부인

해밀턴

Hamilton

윌리엄 로언 해밀턴(1805~1865)은 10대 시절에 라플라스의 천체 역학에 관한 논문에서 오류를 찾아낸 신동이었다. 해밀턴은 변분법을 활용하고 최소운동의 법칙을 토대로 역학과 기하광학의 이론적 기초를 연구했다. 해밀턴은 복소수를 알기 쉽게 설명하고 가환성이 없는 대수학 체계인 사원수를 발견하여 대수학에 큰 변화를 일으켰다.

1805년 더블린에서 태어난 해밀턴은 어려서부터 여러 언어를 배운 동시에 뛰어난 계산능력을 보였다. 해밀턴은 1822년에 라플라스의 천체 역학을 읽기 시작했고 이듬해 트리니티 칼리지 입학시험에서 1등을 하였고 이어 학업의 사다리를 빠르게 올라갔다. 졸업도 하기 전인 1827년 22세 의 나이로 해밀턴은 천문학교수와 아일랜드의 왕립천문학자가 되었다.

윌리엄 로언 해밀턴 경

기하광학

해밀턴은 초반에 기하광학 분야에서 큰 성공을 이뤘다. 그의 이론적 연구는 크리스털에서 빛의 원뿔굴절 현상을 예견했다. 이러한 예견은 얼마 지나지 않은 1832년에 트리니티 칼리지의 동료이자 자연철학 교수인 험프리 로이드에 의해 증명되었다. 이론적 연구가 알려지지 않은 물리적 행위를 예측하였던 드문 경우 중의 하나로 이는 큰 센세이션을 일으켰다.

다음 그림은 원뿔굴절의 두 가지 버전이다. 두 가지 경우 모두에서 크리스털은 광선이 원뿔로 굴절되도록 만든다. 이러한 예측과 검증으로 한창 수용되던 빛의 (입자이론에 반대되는) 파장이론이 한층 더 지지를 얻게 됐다.

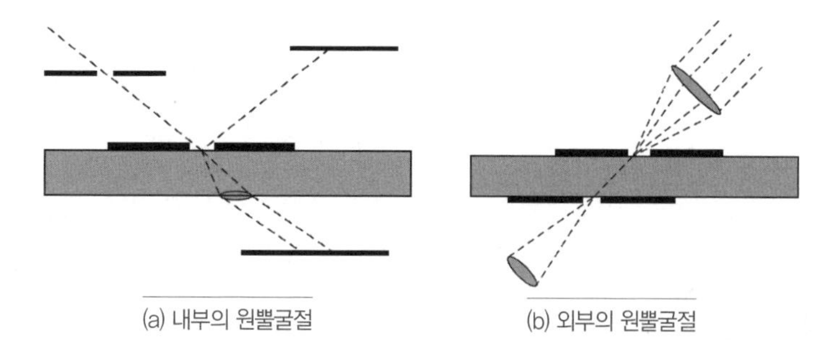

(a) 내부의 원뿔굴절 (b) 외부의 원뿔굴절

해밀턴의 연구는 매우 이론적이고 개괄적이었다. 최소운동의 법칙을 기반으로 하는 그의 역학공식은 양자 역학에까지 영향을 미친 고전 역학 중 하나였다. 해밀토니안(Hamiltonian)은 토털에너지시스템이고 고전 역학과 양자 역학 모두에서 시간이 흐르면 시스템이 발달하는 것을 말하기 위해 쓰인다.

복소수

수백 년 동안, 복소수는 미심쩍은 것으로 여겨졌다. 복소수를 많이 연구했던 오일러는 이렇게 말했다.

> 그러한 수에 관해 우리는 진정으로 단언할 수 있다. 그러한 수는 0도 아니고 0보다 크지도 작지도 않기에 반드시 가상이거나 불가능할 수 밖에 없다.

심지어 19세기 초에도 복소수를 존재하지 않는 이른바 '허수'라 부르며 여전히 불신했다. 예컨대 유니버시티 칼리지 런던의 교수였던 오거스터스 드 모르간은 다음과 같이 주장했다.

> 우리는 기호 $\sqrt{-1}$가 자기 모순적이고 불합리하기보다는 의미가 없음을 보였다.

마침내 보편적으로 받아들여지도록 복소수를 설명했던 사람은 해밀턴이었다. 그는 복소수 $x+iy$를 평면 위에 좌표 (x, y)로 표현하는 것을 떠올렸기에, 복수소 $a+bi$가 실수 (a, b)로 정의될 수 있다고 제안하여 복소수의 애매함을 많은 부분 해결했다. 우리는 (a, b)와 (c, d)를 아래의 규칙을 활용해 결합한다.

덧셈: $(a, b)+(c, d)=(a+c, b+d)$

이를 방정식으로 쓰면 다음과 같다.

$(a+bi)+(c+di)=(a+c)+(b+d)i$

곱셈: $(a, b)\times(c, d)=(ac-bd, ad+bc)$

이를 방정식으로 쓰면 다음과 같다.

$(a+bi)\times(c+di)=(ac-bd)+(ad+bc)i$

그러면 $(a, 0)$은 실수 a와 일치하고, $(0, 1)$은 허수 i와 일치한다. 그리고 우리는 방정식 $(0, 1)\times(0, 1)=(-1, 0)$를 얻는데 이는 방정식으로 쓰면 $i\times i=-1$과 같다.

사원수(四元數)

다음으로 해밀턴은 그의 아이디어를 확장하여 삼차원 좌표에 복소수를 표시하고자 했다. 해밀턴은 사원수(quaternions)를 생각해내기까지 10년이 넘게 이 문제와 씨름했다. 사원수는 4개의 숫자 (a, b, c, d)로 이루어지며 이를 식으로 쓰면 $a+bi+cj+dk$ 이때 $i^2=j^2=k^2=ijk=-1$이다. 하지만 곱셈의 법칙은 가환성이 없다. 두 개의 사원수를 곱하는 순서에 따라 다른 답이 나온다. 특히,

$ij=-ji$, $jk=-kj$, $ik=-ki$

여기서 $ij=k$, $jk=i$, $ki=j$를 도출할 수 있다.

해밀턴은 1856년 아내와 함께 더블린의 로얄운하를 따라 걸으며 사원수를 생각해냈다. 해밀턴은 다음과 같이 회상했다

그때 거기서 그 개념이 이해되기 시작했다. 어떤 의미에서 우리는 3개의 점을 계산하기 위해 4차원 공간을 인정해야만 한다 … 전기

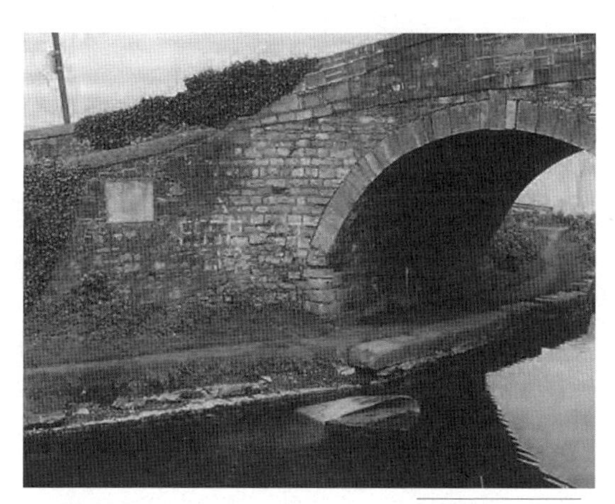

브로엄 다리의 명판

회로가 닫히고 불꽃이 튀었다 …

해밀턴은 그 공식을 브로엄 다리 위에 갈겨썼고 지금은 그것을 명판으로 기념하고 있다.

불
Boole

조지 불(1815~1864)**은 확률, 유한차분법, 미분 방정식에도 기여했지만 가장 큰 업적은 현재 '불의 대수'라 불리는 논리대수의 개발이다. 이는 19세기 중엽 대수학의 발전에만 중요했던 것이 아니라 지금도 여전히, 예컨대 디지털 계산회로의 논리설계에 이용된다.**

조지 불은 잉글랜드 링컨에서 태어났다. 그는 학교선생으로 일하며 가족들을 부양하는 한편 독학으로 라그랑주와 라플라스의 책을 공부한 수학자였다. 이어서 아일랜드에 새로 설립된 퀸즈 칼리지 코크의 최초 수학교수 자리를 얻었다. 미분 방정식을 연구했고 해밀턴과 관심영역이 동일했지만 둘 사이에 의견교환은 거의 이뤄지지 않았다. 아일랜드에 머물렀지만 불은 아일랜드의 동료들보다는 영국의 수학자들과 더 교류했다.

조지 불

불의 대수학

1854년 불은 그의 대표작《논리와 확률의 수학적 이론에 토대가 되는 사유법칙 탐구(An Investigation of the Laws of Thought, on Which are Founded the Mathematical Theories of Logic and Probability)》를 출판했다. 책은 이렇게 시작했다.

다음 논문의 의도는 이성이 작용하는 기본적 사유법칙을 탐구하는 것이다.

책에서 불은 조건을 충족하는 기호와 법칙의 언어를 만들었다.

다음은 한 예이다.

만약 $x=$ '남자' 집합, 그리고 $y=$ '좋은 것' 집합이라면, xy는 x와 y 모두에 속하는 ('좋은 남자') 집합이다.

곱셈의 특정한 법칙은 가환성을 충족한다. 즉, 모든 x와 y에 있어서 $xy=yx$이다.

존 벤

이에 더하여 불은 $x+y$를 x와 y 둘 중 하나에 속하는 모든 것의 집합으로 정의했다. 예컨대 $x+y$는 '남자' 혹은 '좋은' 둘 중 하나에 속하는 것의 집합이다. 불은 집합을 구성하는 요소가 없는 공집합을 나타내기 위해 0을, '논의 영역' 전체 집합을 나타내기 위해 1을 사용했다.

미분 방정식

불은 미분 방정식에 큰 기여를 했다. 그의 접근법을 설명하기 위해 다음의 미분 방정식을 살펴보자.

$$\frac{d^2y}{dx^2}+2\frac{dy}{dx}-3y=0$$

만약 D가 미분을 의미하고, D^2이 두 번 미분하는 것을 의미한다면, 미분 방정식을 다음과 같은 대수 방정식으로 바꿔쓸 수 있다.

$D^2y+2Dy-3y=0$ 또는 $(D^2+2D-3)y=0$

이를 인수분해하면

$(D-1)(D+3)y=0$

$(D-1)y=0$ 그리고 $(D+3)y=0$이다. 이 해를 원래의 미분 방정식과 적절히 결합하면

$y=Ae^x+Be^{-3x}$이때 A와 B는 임의의 상수이다.

다음은 불의 대수학에 나오는 몇 가지 법칙이다.

- $0x=0$, 0과 x에 모두 속하는 것의 집합은 공집합이기 때문이다.
- $1x=x$, 논의 영역 전체와 x에 둘 다 속하는 것의 집합은 x이다.
- $xx=x$, x와 x 모두에 속하는 집합은 x이기 때문이다.
- $x+x=x$, x 혹은 x 둘 중 하나에 속하는 집합은 x이이다.
- 모든 x, y, z에 있어 $(x+y)z=xz+yz$,
- 모든 x, y, z에 있어 $x+yz=(x+y)(x+z)$

불 대수학의 아이디어는 확률이론에도 나왔다. 왜냐하면 확률이

론은 다른 가능성의 조합에서 발생한 결과라는 확률을 다루기 때문이다.

존 벤

집합 사이의 관계를 보여주는 유용한 방법은 1881년 캠브리지의 수학자 존 벤이 만든 벤다이어그램을 활용하는 것이다.

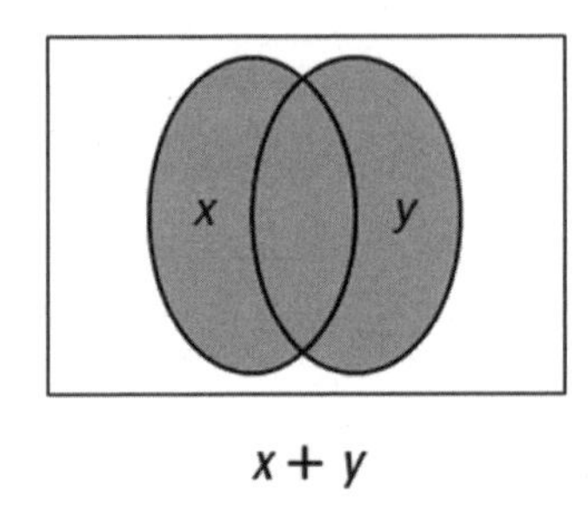

$x+y$

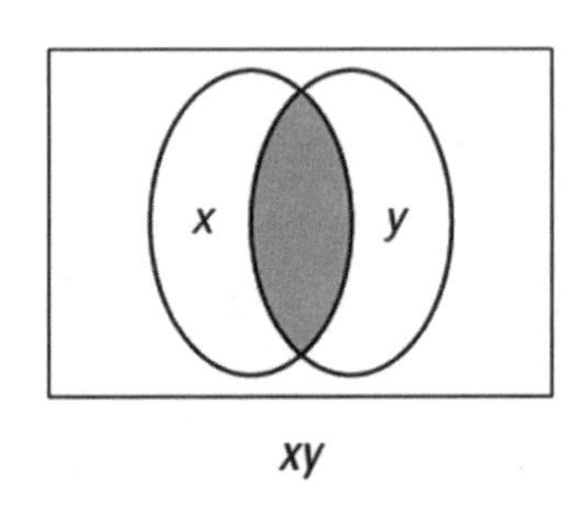

xy

아래의 색칠된 영역은 두 집합의 합과 곱의 결과이다.

우리는 집합 간의 관계를 보여주기 위해 이러한 그림을 활용할 수도 있다. 예를 들어서 아래의 색칠된 영역은

$x+(yz)$와 $(x+y)(x+z)$

둘 다를 나타낸다.

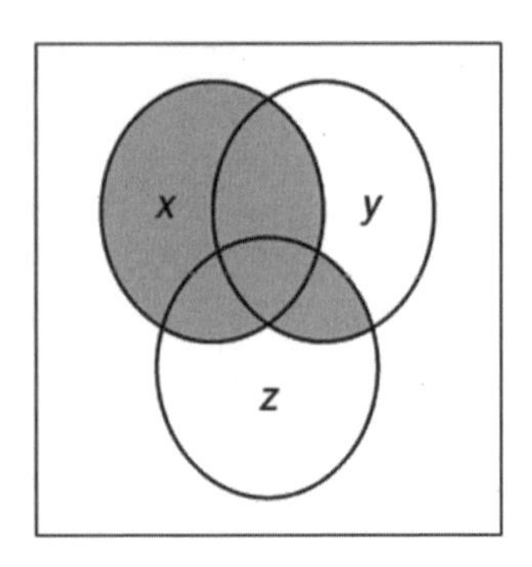

그린과 스토크스

Green and Stokes

조지 그린(1793~1841)은 살아생전에는 그의 연구로 명성을 별로 얻지 못한 선구적인 수리 물리학자였다. 그는 '포텐셜(potential)'라는 용어를 새로이 만들었고, 이를 전기와 자기학에 적용했다. 조지 그린은 그린 정리와 그린 함수로 기억된다. 조지 가브리엘 스토크스(1819~1903)는 유체 역학, 탄성, 중력, 빛, 소리, 열, 기상학, 태양 물리학, 화학의 영역에 크게 공헌했다. 수리 물리학에서 그의 이름은 스토크스 정리와 나비어-스토크스 방정식으로 기억된다.

그린은 잉글랜드의 노팅엄에서 태어났고 이른 나이에 학교를 떠났다. 제분업자로 일하며 그린은 지역의 도서관에서 구할 수 있는 책들을 읽으며 독학했다. 그리고 1828년 그의 가장 중요한 책 《수학해석을 전자기론에 응용하는 것에 관한 에세이(Essay on the application of mathematical analysis to the theory of electricity and magnetism)》를

그린의 풍차방앗간, 노팅엄 부근 스네인턴

조지 가브리엘 스토크스

출판했다. 그는 40세에 수학을 공부하기 위해 캠브리지 카이우스 칼리지에 들어갔고 1837년에 졸업했다.

스토크스는 아일랜드의 카운티 슬라이고에서 태어났고 캠브리지 펨브룩 칼리지에 입학하기 전까지 더블린과 브리스톨에서 학교에 다녔다. 1841년 그는 (최종시험에서 최고점수를 받고) 수석으로 졸업했고 1849년에 루카스 석좌 수학교수가 되었다. (사망하기까지 50년이 넘는 동안) 그 자리에 오래 머물며 스토크스는 아이작 뉴턴만큼이나 높은 명성을 얻었다.

그린의 에세이

그린이 에세이에 진술한 내용은 다음과 같다.

> 전기와 자기 흐름의 평형현상을 수학적으로 분석하고, 완전도체와 불완전도체에 동일하게 적용되는 몇 가지 일반원칙을 세운다.

그린은 포텐셜함수를 도입하는 것으로 시작해 이를 전기와 자기 연구에 활용했다. 각각은 양은 '포함하는 전기량'을 주어진 점에서 떨어진 거리로 나눈 값을 전부 더해 구했다.

그린의 에세이는 약 50명의 구독자들에게만 예약 출판되었다. 1845년 윌리엄 톰슨이 이를 손에 넣은 뒤에 서론을 덧붙여 재출판하기까지 이 책의 영향력은 미미했다. 톰슨은 이 에세이의 중요성을 알아보고 작가를 칭송했다.

> 저자의 연구는 … 수학자들에게 과거의 해석방식으로는 영원히 해결되지 않았을 문제를 다루는 가장 간단하고 가장 효과적인 방법을 제안한다.

그린과 스토크스의 정리

미분과 적분을 역연산 과정으로 보는 미적분의 기본정리를 이렇게 쓸 수 있다.

$$\int_a^b df = f(b) - f(a)$$

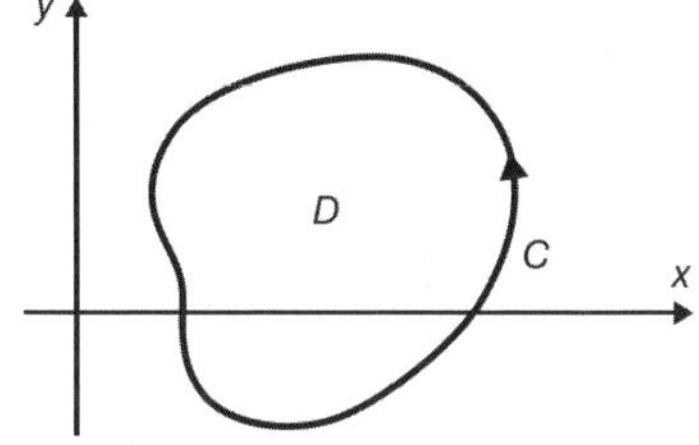

이를 a에서 b 사이 한 함수의 움직임이 종점(혹은 한계)의 다른 함수값과 관련된 것이라 생각할 수 있다. (그들이 이러한 정리를 처음으로 발견한 사람들은 아니지만) 그들이 2차원, 3차원에서 이를 일반화했기 때문에 이 정리에는 그린과 스토크스의 이름이 붙었다.

특히, 그린의 정리는 D 내부의 한 함수값은 경계 C 위의 다른 함수값과 관련된다.

스토크스와 유체 역학

몇 년 후, 스토크스는 그가 유체 역학 연구를 선택한 이유를 설명했다.

> 독창적인 연구를 할 것이라 생각했다. 학위를 얻기 위해 공부하는 동안 (캠브리지의 유명한 교수) 홉킨스 선생님이 내게 제안했다. 나는 유체 역학을 택했다.

조지 그린이 죽을 때까지 캠브리지대학교에 거주하였음에도 불구하고 그 영역에서의 읽을거리가 충분하지 않았다. 하지만 조지 그린은 이와 다른 분야에서 놀라운 업적을 남겼다.

1846년 영국과학진흥협회 모임에서 스토크스는 유체 역학에 관해 보고했다. 통찰력 있는 연구로 그는 신임을 얻었고 그린뿐 아니라 라그랑주, 라플라스, 푸리에, 푸아송, 코시의 연구에도 정통함을 보였다. 스토크스는 보고서에 이렇게 썼다.

> 유체 정역학의 기본가정은 움직이지 않는 인접한 두 물체 사이에 상호작용이 있고 그래서 두 물체가 분리되어 있다는 것이다 … 따라서 위에서 언급한 가정을 유체 정역학뿐만 아니라 유체 역학의 일반이론의 기본가정으로 생각할 수 있다.

1850년 이후 그의 학문출판이 줄었다. 부분적으로는 예컨대, 왕립협회의 물리과학대신이 되는 등 학계에서 행정적 역할을 담당했기 때문이기도 했지만 스토크스가 동료들과 서신을 주고받고 그들을 격려하고 그들의 연구에 대해 의견을 주고, 그 결과를 나누는데 시간과 노력을 썼기 때문이기도 했다.

8. If X, Y, Z be functions of the rectangular co-ordinates x, y, z, dS an element of any limited surface, l, m, n the cosines of the inclinations of the normal at dS to the axes, ds an element of the bounding line, shew that

$$\iint\left\{l\left(\frac{dZ}{dy}-\frac{dY}{dz}\right)+m\left(\frac{dX}{dz}-\frac{dZ}{dx}\right)+n\left(\frac{dY}{dx}-\frac{dX}{dy}\right)\right\}dS$$
$$=\int\left(X\frac{dx}{ds}+Y\frac{dy}{ds}+Z\frac{dz}{ds}\right)ds,$$

the differential coefficients of X, Y, Z being partial, and the single integral being taken all round the perimeter of the surface.

1854년 시험문제로 최초로 인쇄된 스토크스 정리

톰슨과 테이트

Thompson and Tait

이후 켈빈 경으로 알려진 윌리엄 톰슨(1824~1907)은 빅토리아시대 과학에서 독보적인 인물이었다. 그는 수학, 물리학, 공학, 부분적으로는 전기학과 자기학의 영역에도 기여했다. 열과 에너지에 관련된 물리학 영역인 열역학을 만드는데 중요한 역할을 한 톰슨은 대서양 건너로 전보를 보내는 일에도 중요한 역할을 했다. 피터 거리스 테이트(1831~1901)는 지도의 채색뿐 아니라 사원수, 매듭이론, 대기현상, 기상현상, 열역학, 공기역학, 운동학 이론 등 다양한 영역의 주제를 연구했다. 1860년대에 톰슨과 테이트는 자연철학에 관한 매우 중요한 책을 함께 썼다.

톰슨은 아일랜드 벨파스트에서 태어났다. 그는 글래스고 대학교와 캠브리지 대학교에서 공부했고 22살의 나이로 글래스고 대학교의 자연철학 교수로 임용됐다. 톰슨은 죽을 때까지 글래스고에 머물렀고 웨스트민스터사원에 아이작 뉴턴과 나란히 묻혔다.

테이트는 스코틀랜드 댈케이스에서 태어났고 에든버러와 캠브리지 대학교에서 공부했다. 1854년에 벨파스트 퀸즈 칼리지의 수학교수가 되었고, 1860년에 에든버러의 자연철학 교수가 되었으며 40년 이상 그 자리에 머물렀다. 테이트는 톰슨, 또 맥스웰과 해밀턴과도 공동으로 연구했다.

피터 거스리 테이트

자연철학 강의[Treatise on Natural Philosophy]

톰슨과 테이트의 공동연구에서 가장 중요한 유산은 아마도 1867년의 《자연철학 강의》일 것이다. 그들은 만나고 얼마 지나지 않은 1861년에 이를 시작했고, 두 저자의 원래 의도에는 훨씬 못 미쳤지만 그들의 연구는 에너지 보존을 확인하고 아는데 매우 중요함이 판명되었다.

두 사람의 성격은 매우 달랐다. 톰슨은 자주 여행을 했으나 반면에 테이트는 1875년 이후로 스코틀랜드를 떠나지 않았다. 테이트는 따지기를 좋아해 (예컨대) 헤비사이드[Heaviside] 그리고 깁스[Gibbs]와 벡터와 사원수의 상대적인 장점에 관해 격렬한 논쟁을 했다. 합동연구를 출판하기 위해 톰슨이 마감일을 지키도록 밀어붙이고 설득하고 회유한 것은 테이트였다. 공동연구가 진행되던 중간쯤인 1864년 6월 테이트가 톰슨에게 쓴 편지에서 그의 불만을 볼 수 있다.

> 위대한 책 때문에 꽤 지쳤습니다. (…) 당신은 드물게 토막글만 보내니 내가 어찌 하겠습니까? 당신은 액체와 가스의 정역학에 관한 현재의 단원에서 당신이 무엇을 하고 싶은지 내게 힌트도 주지 않았습니다!

논문은 보통 'T&T'라 줄여 썼고, 톰슨과 테이트는 많은 서신에도 약어를 사용했다. 유명한 하나는 $\frac{dp}{dt}$=jcm으로 그들의 친한 친구 제임스 클러크 맥스웰[James Clerk Maxwell]은 $\frac{dp}{dt}$로 알려졌다! 맥스웰과 테이트는 10세에 에든버러 아카데미에 들어갔을 때부터 친구였고 함께 에든버러 대학교와 캠브리지 대학교에 입학했다.

톰슨과 테이트이 T&T로 얻으려 계획했던 것은 크게 3가지였다.

- 그들의 강의에 사용할 적절하고 알맞은 교재를 제공하기
- 물리적 직관을 키우고 수학적 조작을 덜기
- 뉴턴의 《프린키피아》를 대신하는 새로운 에너지와 극치의 《프린키피아》로써 에너지 보선과 극치원리에 관한 자연철학의 기초 쌓기

그들의 논문은 제대로 인정받았다. 다음은 그들의 업적에 대한 맥스웰의 평가다.

위대한 학자들이 독차지하고 있던 주문을 깨뜨리고 보통사람들의 귀에 친숙한 말로 바꿔놓은 것은 톰슨과 테이트의 공이 크다. 북쪽의 두 마법사가 주저 혹은 두려움 없이 처음으로 진리와 역학개념의 적절한 명칭을 모국어로 말했다. 예전의 마법사들은 그것들을 애매한 기호와 분

왕 에드워드 VII의 대관식에서 켈빈 경과 부인

명하지 않은 방정식의 도움으로만 말하기에 익숙했다. 단지 몇 년 전만 하더라도 경쟁자에게 넘겼어야 했지만 이제 우리 가운데 가장 부족한 사람도 힘이라는 단어를 반복하고 역학 토론에 참여할 수 있다.

연속미분기

'T&T'의 두 번째 출판물은 연속미분기에 관한 놀라운 내용을 담는데 이는 톰슨과 그의 형제 제임스의 앞선 연구를 모은 것이다. 연립 방정식을 푸는 기계, 주어진 두 함수를 미분하는 기계, 가변계수를 가진 2차 선형 미분 방정식의 해를 찾는 기계가 있다. 조수를 예측하는 기계는 어떤 항구에서든지 검조관측의 조화분석에서 발견한 조수를 결정하는 요인, 즉 조수의 간만을 보여주는 푸리에 급수의 계수로 일 년 동안의 물의 높이를 계산한다.

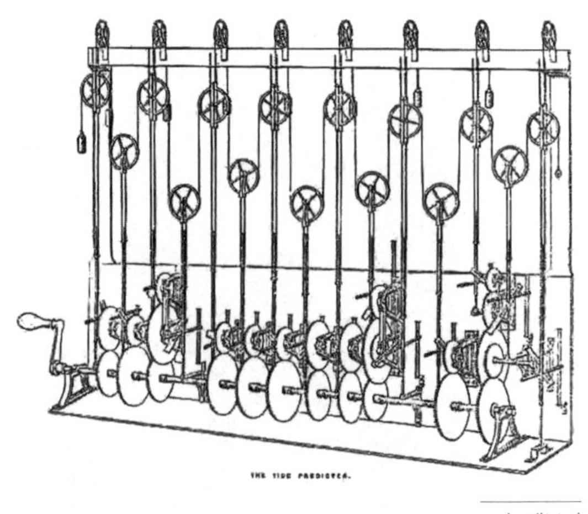

조수 예보기

맥스웰

Maxwell

제임스 클러크 맥스웰(1831~1879)**은 뉴턴과 아이슈타인 다음으로 모든 시대를 통틀어 가장 중요한 수리물리학자 중 하나이다. 과학에 있어 맥스웰의 가장 큰 업적은 빛, 전자, 자기로 전자기의 영역에서 나타나는 모든 것을 설명하는 전자기학 이론을 세운 것이었다. 그는 또한 색각**(빛의 여러 가지 파장을 구분하고 색조의 차이를 인식할 수 있는 능력)**과 광학 이론, 가스와 열역학 운동이론에도 크게 기여했고 토성 고리의 운동과 안정성도 이해했다.**

맥스웰은 스코틀랜드 에든버러에서 태어났고, 16세에 그곳의 대학교에 입학했다. 1850년에 캠브리지 대학교로 옮겼고 6년 후 애버딘 매리셜 칼리지의 자연철학 학과장이 되어 스코틀랜드로 돌아왔고 매리셜 칼리지가 애버딘 대학교로 합병되자 해고되었다.

제임스 클러크 맥스웰

이후 맥스웰은 런던 킹즈 칼리지의 교수가 되었고, 그가 계획하고 장비 구입을 도왔던 캠브리지 캐번디시 연구소의 최초 물리학 석좌교수가 되었다. 맥스웰은 전기에 관한 캐번디시의 논문을 교정하고 의견을 주기도 했다.

전자기학

영국의 물리학자 마이클 페러데이[Michael Faraday]와 덴마크의 물리학자 한스 크리스티앙 외르스테드[Hans Christian Oersted]는 전기와 자기에서 다음과 같은 주요한 발견을 했다.

- 전기에너지가 역학에너지로 전환, 전류가 자기장을 형성하기 때문이다.
- 역학에너지가 전기에너지로 전환, 가동자석이 전선에 전류를 유도하기 때문이다.

맥스웰의 방정식

$$\text{curl } \mathbf{H} = j + \partial \mathbf{D}/\partial t$$
$$\text{div } \mathbf{B} = 0$$
$$\text{curl } \mathbf{E} = -\partial \mathbf{B}/\partial t$$
$$\text{div } \mathbf{D} = \rho$$

1856년 왕립협회에서 크리스마스 강의 중인 마이클 페러데이

이러한 정보가 자신의 연구에 매우 중요했다고 맥스웰은 거듭 강조했다. 그의 주된 업적은 전기력선과 자기력선에 관한 페러데이의 연구를 수학적으

로 표현한 것이었다. 상대적으로 간단한 몇몇 방정식으로 맥스웰은 전기장과 자기장의 작용과 그것들의 상호작용을 표현했다. 맥스웰의 계산은 전자기장의 전파속도가 빛의 속도와 거의 같음을 보여주었다. 맥스웰은 이렇게 썼다.

> 빛은 전기와 자기 현상을 일으키는 것과 동일한 매질의 횡파로 이루어진다는 결론을 피할 수 없다.

《전기와 자기에 관한 논문Treatise on electricity and magnetism》은 1873년 출판됐다. 그 책의 영향력은 대단했다. 아인슈타인은 매우 감탄했다.

> 맥스웰의 시대 이후로, 물리적 실재는 어떠한 역학적 설명은 되지 않지만 연속장으로 표현될 수 있는 것으로 여겨졌다. 물리적 실재의 개념 변화는 뉴턴의 시대 이후 물리학에 일어난 가장 심오하고 유익한 경험이었다.

한편 유명한 물리학자 리차드 페이만[Richard Feyman]는 이렇게 예견했다.

> 인류 역사의 장기적인 안목으로, 말하자면 지금으로부터 1만 년 전의 시선으로 본다면 19세기의 가장 중요한 사건이 맥스웰의 전기역학법칙 발견이라 결정되리라는데 의심의 여지가 없다.

테이트와 톰슨은 친구였고 맥스웰과 서신을 주고받는 동료였다. 맥스웰은 논문의 서문에서 그들에게 감사를 표했다.

맥스웰의 도깨비

1867년 12월, 맥스웰은 테이트에게 열역학 제 2법칙과 관련된 사고실험을 약술해 보냈다. 맥스웰은 칸막이로 둘로 나뉜 가스가 가득

담긴 용기를 상상했다. 칸막이에는 왼쪽에서 오른쪽으로만 속도가 더 빠른 분자가 통과해갈 수 있도록 어떤 '존재(도깨비)'가 열거나 닫을 수 있는 작은 구멍이 있다. 저절로 그 존재는 오른쪽 칸의 온도를 높이고 왼쪽 칸의 온도는 낮춘다는 것은 열역학 제 2법칙에 모순된다. 윌리엄 톰슨(캘빈 경)은 맥스웰의 발상에 처음으로 '도깨비'라는 단어를 사용했다.

A LECTURE ON THOMSON'S GALVANOMETER

Delivered to a single pupil in an alcove with drawn curtains

The lamp-light falls on blackened walls,
And streams through narrow perforations;
The long beam trails o'er pasteboard scales,
With slow-decaying oscillations.
Flow, current! flow! set the quick light-spot flying!
Flow, current! answer, light-spot! flashing, quivering, dying.

O look! how queer! how thin and clear,
And thinner, clearer, sharper growing,
This gliding fire, with central wire
The fine degrees distinctly showing.
Swing, magnet! swing! advancing and receding:
Swing, magnet! answer, dearest, what's your final reading?

O love! you fail to read the scale
Correct to tenths of a division;
To mirror heaven those eyes were given,
And not for methods of precision.
Break, contact! break! set the free light-spot flying!
Break, contact! rest thee, magnet! swinging, creeping, dying.

$\frac{dp}{dt}$

톰슨의 검류계(전류 측정에 쓰이는 기구)에 대한 이 시에서 맥스웰의 유머감각을 알 수 있다

커크먼

Kirkman

안타깝게도 수학개념이 다른 사람의 공로가 돼 버린 경우가 있다. 한 사람에게 이런 일이 두 번이나 일어났다. 토머스 페닝턴 커크먼(1806~1895)**은 랭커셔의 영국 교구 목사로 트리플시스템**(triple system)**, 다면체, 군**(群)**, 매듭 연구에 기여했다. 또한 그는 천문학자로도 알려져 있다.**

토머스 커크먼은 랭커셔 볼턴에서 태어났다. 아버지의 사무실에서 몇 년 동안 일한 후, 그는 더블린의 트리니티 칼리지에 입학했고 수학과 다른 과목을 공부했다. 졸업 후, 그는 교회로 갔고 결국 랭커셔 크로프트위드사우스워스 교구의 목사가 되어 52년간 그 자리에 머물렀다.

토머스 페닝턴 커크먼 목사

교구목회를 하면서도 그는 남는 시간 동안 아내와 7명의 자녀와 함께하는 시간을 가졌고 다양한 범위의 수학 이론을 주제로 논문을 썼다. 런던에서 멀리 떨어져있었기 때문에 다른 수학자들과 거의 교류하지 못했던 그는 자신만의 용어를 사용했고 (많은 것들은 이해 불가능하다) 자신의 연구가 제대로 받아들여지기 어렵다는 것을 깨달았다.

트리플 시스템(triple system)

1846년 《숙녀와 신사의 다이어리Lady's and Gentleman's Diary》에서 편집자는 물었다. 1부터 n까지 숫자를 3개씩 배열하는데 어떤 두 숫자가 반복되지 않게 할 수 있을까? 예컨대 n=7인 경우, 3개의 숫자를 다음과 같이 수직으로 배열할 수 있다.

1 2 3 4 5 6 7

2 3 4 5 6 7 1

4 5 6 7 1 2 3

그리고 n=9인 경우는 다음과 같이 배열할 수 있다.

1 1 1 1 2 2 2 3 3 3 4 7

2 4 5 6 4 5 6 4 5 6 5 8

3 7 9 8 9 8 7 8 7 9 6 9

간단한 논의를 통해 이러한 배열은 n이 k는 $6k+1$ 혹은 $6k+3$의 형태일 경우만 가능함을 알 수 있다. 이때 k는 어떤 정수이다.

즉, n은 7, 9, 13, 15, 19, 21, 25, 27, … 이다.

커크먼은 이러한 체계에 관심을 가졌고 그러한 모든 n값을 구하는 방법을 보였다.

뿐만 아니라 커크먼은 1부터 n까지 모든 수를 포함하는 트리플 블록을 만드는 것이 가능한지도 조사했다. 예컨대 n=9인 경우 다음과 같은 블록으로 배열할 수 있다.

1 4 7 | 1 2 3 | 1 2 3 | 1 2 3

2 5 8 | 4 5 6 | 6 4 5 | 5 6 4

3 6 9 | 7 8 9 | 8 9 7 | 9 7 8

1850년의 《숙녀와 신사의 다이어리》에서 그는 n=15일 때 유사한 배열이 가능한지를 물었다.

15명의 아가씨가 세 명씩 7일 동안 연이어 학교에서 걸어 나갔다. 매일 짝을 바꿔 배열하되 두 명이 두 번은 나란히 걷지 않도록 하라.

이 퍼즐은 커크먼의 여학생 문제로 알려졌고 해답은 1851년 다이어리에 나왔다. 2년 후, 스위스의 저명한 기하학자 야콥 슈타이너[Jacob Steiner]가 독일의 저널에 이러한 시스템이 만들어질 수 있는지를 묻는 짧은 글을 썼다. 슈타이너는 6년 전에 이 문제의 답이 발표되었음을 전혀 몰랐다. 슈타이너의 명성 때문에 현재 이러한 체계를 '슈타이너' 트리플 시스템이라 부른다.

다면체

커크만이 공로를 인정받지 못한 또 다른 영역은 다면체(polyhedra, 커크만은 이를 polyedra라고 불렀다)의 연구였다. 1856년 대수학체계에 관한 연구로부터 윌리엄 로언 해밀턴은 12면체에서의 순환경로에 매료되어 해밀턴은 이코지언(Icosian) 게임이라 불리는 문제를 냈다. 그는 꼭짓점에 20개의 알파벳 자음을 붙이고 독자들에게 B(브뤼셀)에서 Z(잔지바르)까지 한 번씩만 지나 시작점으로 돌아오는 '세계여행' 경로를 찾아보라고 제시했다.

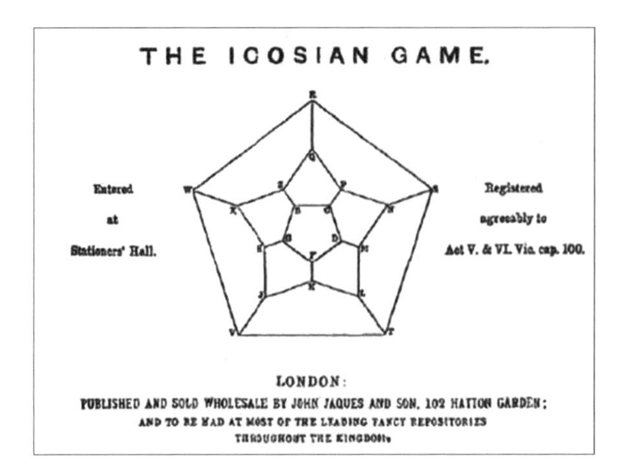

해밀턴보다 일 년 앞서 커크먼은 (12면체뿐만 아니라) 일반적인 다면체 상의 순환경로에 관해 광범위하게 글을 썼다. 분명 커크먼이 먼저 발견했음에도 불구하고 현재 '해밀턴의 경로'라 불린다.

군(群) *집단이론

군은 일련의 원소들이 특정 규칙을 충족하도록 결합되어 만들어진 대수학적 개념이다. 다음은 군의 예시이다.

- 다른 정수를 만들기 위해 정수를 더함
- 다른 양수를 만들기 위해 양수를 곱함
- 정육면체를 대칭 변환함
- 주어진 모든 순열을 치환함

군론(group theory)은 원래 방정식의 해를 치환하는 것에서 시작됐고 초기에 이 분야를 연구했던 사람은 라그랑주와 코시다. 하지만 이 문제를 실제적으로 시작되게 한 것은 갈루아의 연구였다. 이후 케일리와 커크먼이 군론에 관한 글을 썼다. 1857년에 프랑스 과학아카데미는 군론을 연구하는 상금을 건 대회를 열었다. 커크만은 세 참가자 중 하나였지만 정떨어지게도 상금을 주지 않았다.

매듭

말년에 커크먼은 테이트의 연구 중 매듭이론에 관심을 갖게 되었다. 테이트는 7개의 매듭을 갖는 형태가 다른 끈의 도표를 만들었다. 커크만은 그와 공동으로 8개, 9개, 10개의 매듭을 찾았다. 최근 매듭이론은 활발히 연구되는 사안이 되있다.

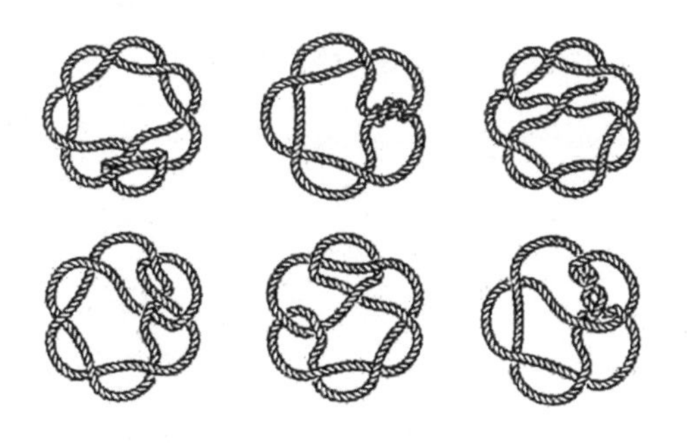

8개의 매듭을 갖는 끈

케일리와 실베스터

Cayley and Sylvester

벨(E.T. Bell)**은 그의 책 《수학을 만든 사람들**Men of Mathematics**》에서 아서 케일리** (1821~1895)**와 제임스 조지프 실베스터**(1814~1897)**를 '불변의 쌍둥이'라 불렀는데 이는 불변이론에 그들의 공이 함께 담겨 있기 때문이었다. 둘 다 캠브리지의 종교적 관습과 충돌했고, 둘 다 얼마간 런던에서 일했으며, 영국에서 둘이 함께 대수학을 변환했다. 하지만 기질은 정반대여서 케일리의 정돈되고 꼼꼼한 성격은 종종 친구 실베스터의 충동적이고 조직적이지 않은 성격과 대조가 되었다.**

아서 케일리

케일리

이른 나이부터 아서 캐일리는 수학에 뛰어난 능력을 보였다. 케일리는 14세에 킹스 칼리지 통학생으로 등록했고, 이후 그곳에서 캠브리지 트리니티 칼리지로 옮겼다. 그곳에서 대학생 케일리는 화려한 학문적 업적을 즐겼고, 동급생들 중 일등을 했고, 수학자들이 탐내는 스미스 상(Smith's prize)을 받았다.

이렇듯 특별한 이력으로 케일리는 자

연스레 트리니티 칼리지의 연구원이 되었다. 하지만 당시 대학교의 연구원들은 반드시 사제로 교육을 받아야 했는데 케일리는 그렇게 하길 원치 않았다. 케일리는 트리니티를 떠나 런던의 그레이즈 인 법학원에 들어가 법률가 교육을 받았다. 그곳에 도착한지 얼마 되지 않아 실베스터를 만났고 그때부터 그들의 특별한 우정과 수학에 있어 공동연구가 시작되었다.

런던에서 성공적인 변호사로 일한 17년 동안, 케일리는 2백 편이 넘는 수학논문을 썼다. 여기에는 수학에 있어 가장 큰 업적으로 그가 시작한 행렬의 대수와 불변이론 (특정 변형을 통해 대수학적 표현을 변화 없이 두는 것에 관한 연구)도 포함됐다.

1863년, 캠브리지 대학교는 이론 수학에 있어 새들러리안 석좌교수직을 만들었는데 여기에는 종교적인 필요조건이 부과되지 않았다. 케일리는 당연히 그 자리에 지명되어 모교로 돌아와 남은 생을 그곳에서 보냈다.

전 시대를 통틀어 가장 많은 성과를 낸 수학자 중 하나로 케일리는 대수학과 기하학에서 해석학과 천문학까지 다양한 영역에서 놀라울 정도로 많은, 거의 1천 편의 연구논문을 썼다.

제임스 조지프 실베스터

실베스터

실베스터 역시 어려서부터 수학에 뛰어났으며, 14세에 런던 유니버시티 칼리지에서 오거스터스 드 모르간의 수학강의를 들었다. 정통파 유대교도는 아니지만 신앙은 그에게 중요했기에 어려서부터 모욕과 편견을 감수해야 했다. 캠브리지에서의 공부는 허락되었지만 1871년 교칙이 바뀌기까지 학위를 받지 못하였다. 뿐만 아니라 마지막 시험에서 차석을 했지만 옥스퍼드에서도 캠브리지에서도 연구원이 되지 못했다.

하지만 학자가 되기를 원했기에 실베스터는 수학연구를 계속했다. 그는 런던에서 자연철학 교수, 이후 버지니아 대학교의 수학교수로 임용되었지만 만족하지 않았다. 1840년대 중반, 그는 교수로 임용되지 않았는데 런던으로 돌아왔다. 실베스터는 보험회사(Equity and Law Life Assurance Society)의 보험계리인이 되었다. 런던에서 지내는 동안 그는 아서 케일리를 만나 함께 연구했다. 1855년 실베스터는 울위치 왕립군사아카데미의 수학교수로 임용됐고 학교의 규정상 55세에 퇴임하기까지 15년간 그 자리에 머물렀다.

정식 교수로서의 날은 끝난 듯 했고 그는 노래를 부르고 시를 쓰는 등 다른 활동에 관심을 가졌다. 하지만 1876년 실베스터는 미(美) 볼티모어에 새로 설립된 존스홉킨스 대학교의 최초 수학교수로 초빙되었다. 그곳에서 그는 자신의 연구를 계속하고, 다른 이들을 전문 수학자로 가르치고, 유럽대륙에서는 알려졌지만 영국이나 미국에서는 유명하지 않은 유형의 연구학교를 세우며 행복하고 생산적인 7년을 보냈다.

1883년, 69세인 실베스터는 옥스퍼드 대학교의 기하학과 새빌리언 석좌교수로 지목되자 영국으로 돌아와 마지막 일을 시작했다. 그는 시력 때문에 어쩔 수 없을 때까지 그 자리에 머물렀다.

관계도와 화학

케일리와 실베스터는 대수학뿐 아니라 트리구조(tree structure)도 연구했다. 가계도와 유사하게 수학도는 순환이 나타나지 않는 방식의 여러 점으로 이루어진다.

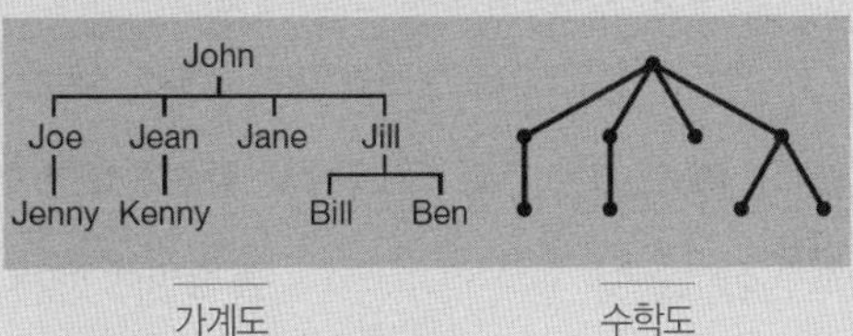

가계도 수학도

케일리는 관계도의 가짓수를 계산하는 일에도 관여해 주어진 점의 개수로 다른 유형의 관계도가 몇 가지 나오는지를 찾기 시작했다. 예컨대 5개의 점이 주어지면 만들어지는 관계도는 단지 3가지이다.

그러는 동안, 실베스터는 화학에도 관심을 갖게 됐고 탄화수소 C_nH_{2n+2}와 알코올 $C_nH_{2n+1}OH$ 등 화학분자의 특정 트리구조를 만들었다. 이후 케일리는 이러한 분자의 개수를 계산하는 방법을 개발했다.

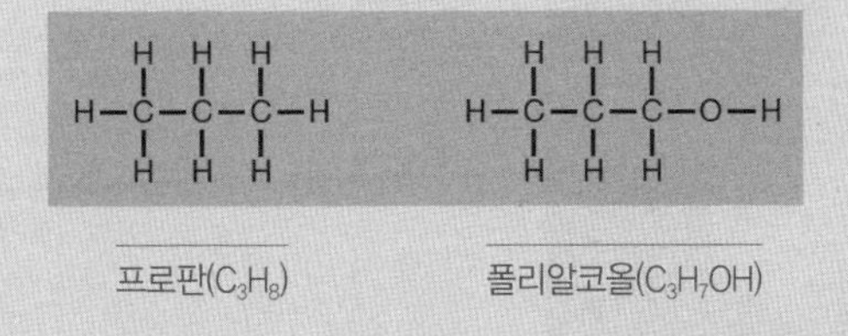

프로판(C_3H_8) 폴리알코올(C_3H_7OH)

체비쇼프

Chebyshov

파프누티 체비쇼프(1821~1894)**는 상트페테르부르크 대학교에서 가르쳤고 상트페테르부르크 수학학파를 형성했다. 체비쇼프는 주로 직교함수와 확률에 대한 연구로 기억되며, 그의 가장 큰 업적은 소수 정리**(prime number theorem)**를 증명한 것이다. 체비쇼프는** 2**차 형식과 적분도 연구했고 이론 역학과 연동장치도 다뤘다.**

체비쇼프는 19세기 러시아의 가장 뛰어난 수학자 중 하나다. 러시아 서부 오카토포(okatovo)에서 태어난 체비쇼프는 1837년 모스크바 대학교에 다녔다. 공부를 마치고 그는 수학교수로 상트페테르부르크로 옮겨가 은퇴하기까지 그곳에 머물렀다.

파프누티 체비쇼프

근사값

체비쇼프는 역학과 기계에 관심이 있었고 이론과 실제를 상호 결합하여 유익함을 얻을 수 있다고 믿었다. 1856년 그는 이렇게 적었다.

(예컨대) 피스톤 기관의 운동에 사용되는 것으로서 직선과 근사한 선을 그리는 체비쇼프의 연동장치

이론과 실제 상호간의 관점이 더욱 유사해지면 가장 유익한 결과가 나온다. 실제적인 부분만 유익을 얻는 것은 아니다. 이렇게 될 때 과학의 영향력은 커지며 이 속에서 새로운 주제를 혹은 오랫동안 알고 있는 주제에서 새로운 측면을 발견하게 된다.

기계이론에 대한 관심이 부분적으로 동기가 되어 그는 체비쇼프 다항식이라는 함수의 근사값에 대한 연구를 했다. 적분을 활용해 그는 두 교선이 이루는 각과 대등한 두 다항식을 정의했다. 만약 두 선분이 90°로 만난다면 우리는 그것들이 직교한다고 말한다. 체비쇼프의 더욱 일반적인 각 개념으로 모든 체비쇼프 다항식은 서로 직교한다고 여겨진다. 체비쇼프는 그의 직교다항식 일반이론에서 이 아이디어를 전개했다.

확률

체비쇼프는 그의 뒤를 이어 확률의 발전에 기여한 유명한 많은 러시아 확률이론가들의 아버지라 여겨진다.

확률분포는 변수의 분포를 그린 곡선이다. 확률은 곡선 아랫부분의

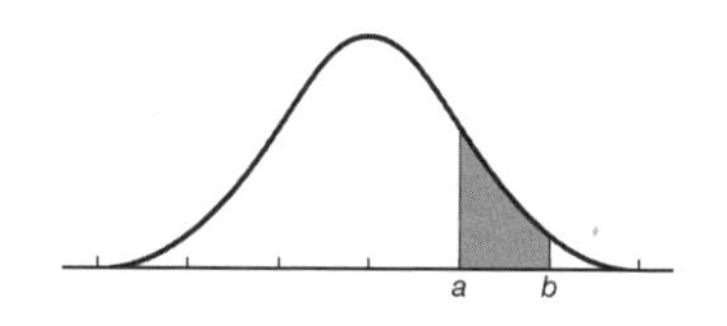

소수 정리

소수의 목록은 끝없이 이어지지만 소수는 불규칙하게 분포한다. 수이론가 돈 자이에[*Don Zagier*]의 말을 빌자면 소수는 수학자가 연구하는 가장 자의적인 대상 중 하나다. 그것들은 잡초같이 자라며 우연 외에 다른 어떤 법칙도 따르지 않는 듯하다. 누구도 어디서 다음 소수가 나타날지 예상할 수 없다.

아직 증명되지 않았고 우리도 비(非)소수인 수를 자의적으로 발견할 수 있지만 특별히, (29과 31 혹은 107과 109와 같이 차가 2인 쌍) '쌍둥이 소수'가 있는 듯하다. 그렇다고 해도 지금까지 찾은 중에 그러한 소수는 꽤 규칙적으로 나온다. 돈 자이에가 역설적으로 덧붙였다.

소수는 깜짝 놀랄 규칙성을 보여준다. 소수의 행동을 통제하는 법칙들이 있다. 소수는 이러한 법칙들에 거의 군대식으로 정확하다.

이러한 법칙들이 무엇일까? 1792년 무렵, 15세인 가우스는 3백만까지 소수를 구해 목록을 작성했고 개별적으로 소수 n의 밀도는 $1/\log_e n$임을 알았다. 다시 말해서 $P(n)$이 n까지의 소수 개수를 나타낸다면 (따라서 $P(10)=4$, 소수는 2, 3, 5, 7), $P(n)$은 $n/\log_e n$다. n이 커질수록 더욱 정확하다. n은 무한대로 $P(n)$과 $n/\log_e n$의 비율의 극한은 1이다. 이것이 소수정리(prime number theorem)이다.

하지만 가우스와 그와 동시대의 학자들은 이를 증명하지 못했다. 1851년 무렵 체비쇼프는 만약 이 비율이 최대에 가까워지면 극값은 1임을 증명했다. 하지만 소수정리는 1896년 프랑스인 자크 아다마르와 벨기에인 찰스 장 드 라 푸생이 각각 증명하기까지 완전히 증명되지 않았다.

면적이다. 예를 들어서 아래 그림에서 a와 b 사이의 확률은 사이의 색칠된 부분이다. 중요한 표본은 가우스분포 혹은 (모양 때문에) 종형곡선이라 불리는 정규분포다.

확률분포에서 평균값(혹은 중간값 혹은 기대값)을 적분으로, 즉 각각의 확률을 더해서 구할 수 있다. 체비쇼프의 부등식은 평균과 다르게 관측되는 확률에 있어 상한선을 둔다. 수학자 안드레이 콜모고로프[Andrey Kolmogorov]가 쓴 것처럼 결과는 효과적이다.

> 체비쇼프 연구의 중요한 의미는 그가 그것을 통해 부등식 형태를 … 제한규정에서 가능한 편차를 정확히 계산해내려 했다는 것이다. 뿐만 아니라 체비쇼프는 분명히 계산한 첫 번째 사람으로 그러한 개념을 '랜덤량(random quantity)'과 '기대(평균)값'에 활용한다.

나이팅게일

Nightingale

크림전쟁 동안 생명을 구한 '광명의 천사' 플로렌스 나이팅게일(1820~1910)은 크림반도에서 사망자수를 수집하고 분석하고 '극선도(polar diagram)'로 표현한 훌륭한 통계학자이기도 했다. 극선도는 '원 그래프'의 전신이다. 나이팅게일의 업적은 벨기에인 통계학자 아돌프 케틀레의 영향을 크게 받았다.

플로렌스 나이팅게일은 일찍이 수학에 관심을 보였다. 9살에 자료를 표로 만들었고, 20세 무렵 제임스 조지프 실베스터에게 수업을 받은 듯하다.

플로렌스 나이팅게일

나이팅게일은 통계를 '세상에서 가장 중요한 과학'으로 여겼고 자신의 행정적 사회적 개혁에 도움이 되도록 통계학적 방법을 활용했다. 나이팅게일은 왕립통계학회의 연구원으로 그리고 미국통계협회의 외국인 명예회원으로 선출된 최초의 여성이다.

통계학의 영향

1852년 나이팅게일은 유능한 행정가요 프로젝트 관리자로서 명성을 얻었다. 간호를 직업으로 만들었던 나이팅게일은 크림전쟁에서 싸우는 영국 군대를 위해 '터키에 있는 육군종합병원의 간호시설 책임자' 직을 수락했다. 나이팅게일은 1854년 도착했고 그곳의 상황에 깜짝 놀랐다. 태도와 관례를 변화시키고자 나이팅게일은 수치 정보를 알려주는 그림표를 만들었고 이는 극선도로 발전했다.

나이팅게일 도표는 달을 의미하는 12개의 부채꼴 모양으로 이루어지며, 1년 동안 전장에서 부상, 병, 다른 원인으로 인한 사망의 변화를 보여주었다. 그 표는 크림전쟁 동안 군인들이 얼마나 많이 불필요하게 죽었는지를 보여주었고 위생과 다른 개혁이 이뤄진다면 이러한 죽음을 방지할 수 있다고 의료진들과 다른 전문가들을 설득하는데 쓰였다.

1858년 런던으로 돌아온 나이팅게일은 공공의료정책을 알리고 그것에 영향을 미치고자 계속해서 통계를 활용했다. 나이팅게일은 여러 병원을 다니며 다음의 동일한 자료를 모았다.

- 병원에 있는 환자의 수
- 나이, 성별, 질병으로 구분된 치료 유형
- 병원에 머문 기간
- 환자의 치료 정도

나이팅게일은 건강과 집의 상당한 관계를 깨달았기에 1861년 센서스에 가정의 아픈 사람 수와 집의 수준을 묻는 질문을 포함하도록 했다. 나이팅게일의 또 다른 업적은 통계의 유용함에 관해 정부구

아돌프 케틀레[Adolphe Quetelet]

케틀레는 벨기에의 통계 감독관으로 전국적인 센서스를 위한 기술을 개발했다. 케틀레는 '평균적인 사람'의 통계적 특징을 발견하고자 5732명의 스코틀랜드 군인의 가슴둘레 치수를 수집했다. 정규 (혹은 가우스) 분포에 따르면 그 결과는 평균이 40인치 정도였다. 에드먼드 할리와 다른 학자들의 생명연금 지급에 관한 앞선 연구로 케틀레는 현대 보험통계학의 기초를 놓았다.

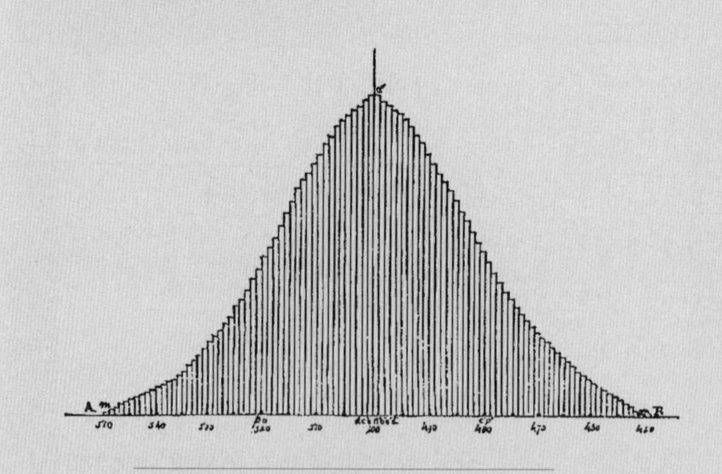

연구대상이 어떻게 분포하는지 보여주는 케틀레의 곡선

성원들을 교육하도록 했고, 장래에 대학에서 통계를 가르치도록 영향을 미쳤다는 것이다.

나이팅게일에게 자료를 수집하는 것은 단지 시작이었다. 뒤이은 나이팅게일의 분석과 해석은 결정적이었고 생명을 살리는 것을 목적으로 하는 의료와 사회적 개선과 정치적 개혁으로 이어졌다.

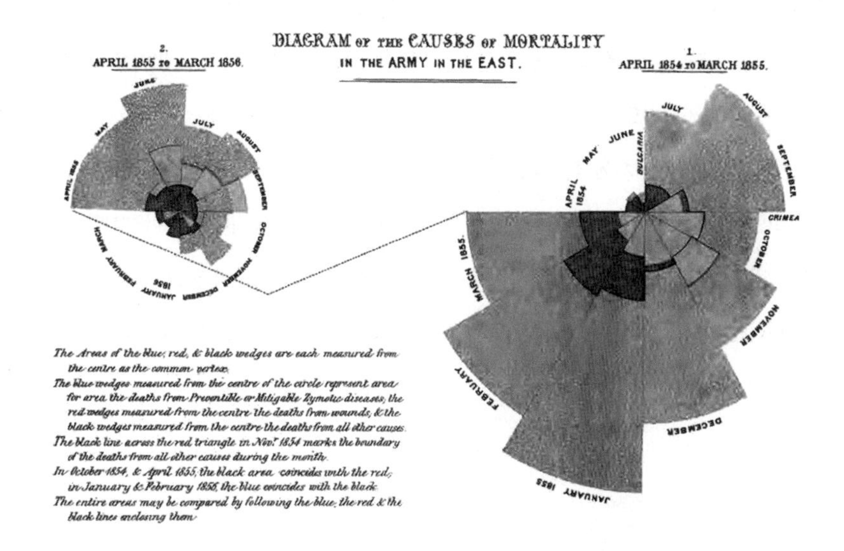

플로렌스 나이팅게일의 극선도

리만

Riemann

여러 분야에서 베른하르트 리만(1826~1866)의 연구는 19세기 다른 어떤 수학자 못지않은 영향력을 가졌다. 기하학적 추론과 물리적 통찰의 주목할 만한 조합으로 리만은 해석학과 기하학 사이의 교량으로서 '리만 곡면(Reimann surface)'을 활용해 복소변수 함수의 일반 이론을 전개했다. 동시에 적분이론과 급수의 수렴에 대한 이론도 전개했다. 다른 방면에서 리만은 유클리드와 비(非)유클리드 모두 '기하학'에 관한 아이디어를 일반화했다. 몇 년 후, 그의 기하학이론은 자연스레 아인슈타인의 상대성이론의 배경이 되었다. 수론에서 많은 사람들이 미해결의 가장 중요한 문제라 여기는 것을 리만은 우리에게 남겼다.

리만은 남부 독일의 브레제렌즈에서 태어났고 괴팅겐 대학교에서 공부해 그곳에서 1851년에 박사학위를 받았다. 가우스는 리만의 가설이 창의적, 능동적, 참으로 수학적인 사고와 풍부한 결과를 가져오는 독창성을 보여준다고 썼다.

대수학자이자 수이론가인 레조

이네 디리클레[Lejeune Dirichlet]의 후임으로 리만은 1859년 괴팅겐대학교의 수학교수로 지명되었는데 이는 예전에 가우스가 있던 자리였다. 리만은 40세에 요절하기까지 7년 동안 그 자리에 머물렀다.

리만의 기하학

복소해석학에 있어 리만의 연구는 연속되는 변형에도 변화가 없는 공간의 특성과 관련된 기하학 영역인 위상기하학의 진정한 시작이었다.

리만은 더 높은 차원의 기하학에도 관심이 있었다. 비록 3차원 이상을 시각화할 수 없지만 그래도 그것들은 수학적 연구대상이 될 수 있다. 2차 평면의 모든 점은 두 좌표 (a, b)로 나타낼 수 있다. 유사하게 3차원 공간에서 모든 점은 세 좌표 (a, b, c)로 나타낼 수 있다.

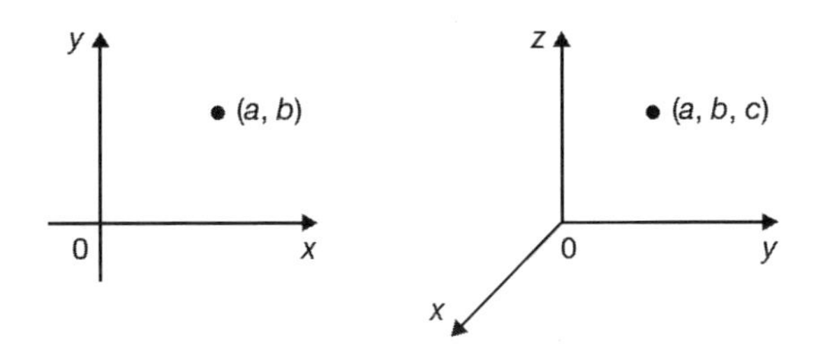

유사하게 4차원 공간의 모든 점은 네 좌표 (a, b, c, d)로 나타낼 수 있고 5차원, 6차원, 그 이상 차원도 비슷하다. 시각화가 쉽지는 않지만 앞에서와 마찬가지로 이제 우리는 이러한 더 높은 차원에서의 길이와 각도를 계산할 수 있다.

리만 역시 (구나 냉각탑처럼) 표면이 안으로 혹은 바깥으로 구부러질 수 있는 방법을 연구했고 3차원뿐만 아니라 (다양체라 부르는) 더 높은 차원의 유사체 표면에서의 거리에 관한 개괄적 아이디어를 냈다. 더 높은 차원의 주변 공간을 무시함으로써 리만은 다양체 자체를 연구하고 다양체들 사이의 거리를 측정할 수 있었다. 이러한 연구로 말미암아 리만은 무한히 많은 다른 기하학을 설명할 수 있었는데 이러한 기하학은 각각 동일하게 유효하고 우리가 사는 물리적 공간과 관련될 가능성이 크다.

함수와 급수

리만의 다른 선구적인 연구영역은 리만이 함수를 푸리에 급수로 나타낼 수 있는지 조사한 데서 나왔다. 여기서 실변수 함수이론이 시작되었고, 칸토어가 그의 유명한 집합론을 만들어내도록 하는 문제가 제기되었고, 리만적분이 정의되었다.

이러한 연구의 일부가 재배열 정리(rearrangement theorem)로 이는 무한급수 연구에 필요한 미묘함을 설명한다. 디리클레는 항이 결합된 순서를 바꾸면 무한급수는 다른 값들로 수렴할 수 있음을 보여주었다. 아래의 무한급수를 예로 들면

$$1-\frac{1}{2}+\frac{1}{3}-\frac{1}{4}+\frac{1}{5}-\frac{1}{6}+\frac{1}{7}-\cdots=\log_e 2$$

양의 항이 두 개 나오고 이어서 하나의 음의 항이 나오도록 재배열하면, 그 결과인 급수가 수렴하는 값은 처음과 다르다.

$$\left(1+\frac{1}{3}\right)-\frac{1}{2}+\left(\frac{1}{5}+\frac{1}{7}\right)-\frac{1}{4}+\cdots=\frac{3}{2}\log_e 2$$

리만은 어떤 값이라도 나오도록 무한급수를 재배열할 수 있음을 보여주며 이러한 아이디어를 전개했다!

리만의 가설

앞서 우리는 18세기 초에 큰 도전이 됐던 문제를 (즉, 바젤 문제를) 오일러가 아래의 증명으로 해결했음을 보았다.

$$1+\left(\frac{1}{2}\right)^2+\left(\frac{1}{3}\right)^2+\left(\frac{1}{4}\right)^2+\left(\frac{1}{5}\right)^2+\cdots=\frac{\pi^2}{6}$$

오일러의 증명은 이뿐만이 아니었다.

$$1+\left(\frac{1}{2}\right)^4+\left(\frac{1}{3}\right)^4+\left(\frac{1}{4}\right)^4+\left(\frac{1}{5}\right)^4+\cdots=\frac{\pi^4}{90}$$

$$1+\left(\frac{1}{2}\right)^6+\left(\frac{1}{3}\right)^6+\left(\frac{1}{4}\right)^6+\left(\frac{1}{5}\right)^6+\cdots=\frac{\pi^6}{945}$$

오일러는 이러한 증명을 26제곱까지 했다. 이러한 아이디어를 일반화하여 오일러는 제타함수 $\zeta(\mathrm{k})$를 정의했다.

$$\zeta(\mathrm{k})=1+\left(\frac{1}{2}\right)^k+\left(\frac{1}{3}\right)^k+\left(\frac{1}{4}\right)^k+\left(\frac{1}{5}\right)^k+\cdots$$

따라서 $\zeta(2)=\frac{\pi^2}{6}$, $\zeta(4)=\frac{\pi^4}{90}$, $\zeta(6)=\frac{\pi^6}{945}$ 등등이다.

$\zeta(\mathrm{k})$는 $\mathrm{k} > 1$인 모든 실수로 정의된다. 하지만 앞서 살펴보았듯 조화급수 $1+\frac{1}{2}+\frac{1}{3}+\frac{1}{4}+\frac{1}{5}+\cdots$ 는 유한하지 않다. 따라서 $\zeta(1)$는 정의할 수 없다.

0 혹은 -4 혹은 복소수 $\frac{1}{2}+3i$ 와 같은 다른 수로 제타함수를 정의할 수 있을까? 1859년에 리만은 (1을 제외한) 모든 실수 혹은 복소수로 제타함수를 정의하는 방법을 발견했고, 그 함수는 현재 리만의 제타함수로 알려져 있다.

소수가 포함되는 경우, 문제는 주로 제타함수가 0인 경우와 관련된다. 즉, 방정식 $\zeta(\mathrm{z})=0$의 해가 복소평면에 있는 경우이다. 제타함수는 -2, -4, -6, -8, …에서 0이 되고, 0이 되는 다른 모든 값은 0과 1사이의 임계대(critical strip)라 불리는 수직영역에 위치한다. 뿐만 아니라 임계대에서 0인 모든 수(사실 수십억 개다!)는 어떤 수 k에 관해 $\frac{1}{2}+ki$ 형태의 점으로 나타나고, 따라서 그것들은 임계선(critical line)이라 알려진 수직선 위에 놓인다. 그렇다면 질문이 생긴다. 임계대의 모든 0이 되는 수는 임계선에 놓일까? 이것이 바로 우리가 현재 리만가설이라 부르는 난제이다. 이는 보통 참이라 여겨지지만 150년이 지난 지금까지 누구도 이를 증명하지 못했다.

도지슨
Dodgson

찰스 도지슨(1832~1898)**은 루이스 캐럴이라는 가명으로 쓴 동화책 《이상한 나라의 앨리스》로 잘 알려져 있다. 도지슨은 상상력이 풍부하고 실험적인 사진가였다. 하지만 그의 주된 업무는 수학자로서 옥스퍼드 대학교의 칼리지 가운데 하나인 크리스트 처치에서 강의하는 것이었다. 그곳에서 도지슨은 유클리드의 기하학, 삼단논법, 행렬 대수, 투표의 수학에 관한 다양한 글을 썼다.**

잉글랜드 북부에서 자란 도지슨은 옥스퍼드로 갔고 그곳에서 평생을 보냈다. 1856년부터 1881년까지 수학 강의를 하며 그는 시험을 치는 옥스퍼드의 제자들을 돕고자 유클리드 기하학, 대수학, 삼각법 등등의 주제로 책과 팸플릿을 썼다. 도지슨은 수학퍼즐로 친구들(어른과 아이 모두)을 즐겁게 했다. 그는 어려운 수학적 아이디어를 전달하기 위한 수단으로도 종종 수학퍼즐을 활용했다.

찰스 도지슨

유클리드 기하학

도지슨은 유클리드 《원론》의 열정적 옹호자로 그것이 사고의 훈련에 최적이라 생각했다. 도지슨은 1권, 2권, 5권에 관한 주석서를 썼고 유클리드의 평행선공준에 몇 가지 변화를 제안했다.

빅토리아 시대 영국에서 사제, 군인 혹은 공무원이 되려는 사람들은 반드시 《원론》을 공부해야 했기에 수백 개의 판형이 만들어졌다. 하지만 초보자에게 어렵고 적합하지 않다며 공리기하학과 증명법을 배우는 것에 반대하고 최소한의 공리만 강제해야 한다는 의견도 있었다. 늘어가는 중산층계급은 더욱 실용적인 수학을 요구했는데 전통적인 교육은 더욱 더 실용성과는 멀어져갔다.

도지슨은 격렬한 논쟁을 시작했고 그의 가장 유명한 기하학 책 《유클리드와 현대의 경쟁자들(Euclid and His Modern Rivals)》을 썼다. 이 책에서 도지슨은 《원론》에 호의적으로 경쟁하는 13개의 유명한 텍스트를 노련하게 비교했다. 더 다양한 독자를 얻기 위해 도지슨은 그의 책을 4막의 연극으로 만들었다.

도지슨의 기하학 책 전부가 몹시 딱딱하지는 않았다. 《새로운 평행선 이론(A New Theory of Parallels)》에서 도지슨은 피타고라스 정리에 감탄했다.

> 피타고라스가 이를 처음 발견하고 들리는 바에 의하면 황소 100마리를 제물로 드리며 정리의 출현을 기념했다던 시절만큼이나 피타고라스 정리는 지금도 눈부시도록 아름답다. 그런데 내 생각에 과학을 기리기 위한 방법은 항상 약간 과장되고 부당하다. (…) 황소 100마리라니! 그 때문에 소고기가 불필요하게 많이 생

겼을 것이다.

대수학

빅토리아 여왕이 《이상한 나라의 앨리스》를 너무도 재밌게 읽었기에 캐럴이 다음에 쓴 책을 내게 가져오라라고 명령하자 도지슨이 완강히 거부했다는 이야기는 너무도 유명하다.

물론 다음 책은 여왕에게 도착했다. 제목은 《연립선형방정식과 대수적 기하학에 적용된 행렬식에 관한 입문서(An elementary treatise on determinants, with their application to simultaneous linear equations and algebraical geometry)》였다. 빅토리아 여왕은 이 책을 좋아하지 않았다.

제목이 알려주듯 행렬식은 연립방정식의 풀이에 쓰일 수 있다. 만약 a, b, c, d가 숫자라면 행렬식 $\begin{vmatrix} a & b \\ c & d \end{vmatrix}$는 숫자 $ad-bc$이다. 더 큰 숫자열도 유추할 수 있다. 도지슨은 유용한 방법을 고안하고, 이를 응집법이라 불렀는데 이는 그러한 큰 숫자열을 여러 개의 작은 숫자열로 바꾸는 방법이었다. 이 방법은 오늘날도 여전히 쓰인다.

투표

1870년대에 도지슨은 투표와 선거에 관한 이론연구에 대대적으로 참여했다. 그 당시 (옥스퍼드 대학교를 포함하여) 대다수 의회 선거구는 2인이상의 의원을 선출했는데 비례대표제를 강력히 지지했던 도지슨은 단순히 다수득표제와 단기이양식투표제 등 널리 활용되는 여러 투표제가 공정한 결과를 내지 못할 수 있음을 설명했다.

많은 세월이 지난 후, 옥스퍼드의 철학자 마이클 더미트(Michael

Dummett)는 도지슨이 그 주제에 관해 쓰려던 책을 끝내지 못하였음을 애석해했다.

> 만약 그가 그 책을 출판했다면 그것은 명확한 해석과 주제에 관한 그의 정통함을 보여주는 것이 가능했을 것이며 영국의 정치이론은 현저히 달라졌을 것이다.

논리

말년에 도지슨은 많은 시간을 아이들이 논리적 사고력을 키울 수 있는 놀이로, 또 어른들이 공부하는 어려운 주제로 기호논리를 만들었다.

그의 연구의 많은 부분은 두 개의 가정에서 결론을 도출하는 아리스토텔레스식 삼단논법과 관련되었다. 도지슨은 유쾌한 삼단논법을 진행했다. 예컨대,

> 신중한 사람은 하이에나를 피한다.
>
> 경솔한 은행가는 없다.

도지슨은 결론을 도출했다.

> 어떤 은행가도 하이에나를 피한다.

도지슨은 특정 규칙에 따라 카운터를 놓아두는 판을 이용해 이러한 삼단논법을 해결하는 방법을 전개했다. 도지슨은 어른과 아이 모두를 가르치는데 이를 활용했다. 이후 도지슨은 그의 아이디어를 가설이 여럿인 상황에 확대 적용했다. 예컨대 가설이 50개인 경우 결론을 찾기 위해 그 판이 필요했다.

A Syllogism worked out.

That story of yours, about your once meeting the sea-serpent, always sets me off yawning;

I never yawn, unless when I'm listening to something totally devoid of interest.

The Premisses, separately.

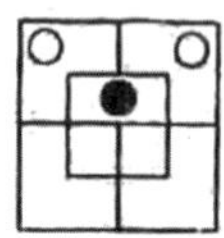

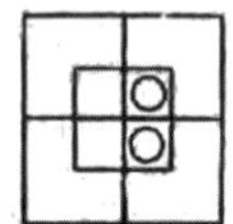

The Premisses, combined.

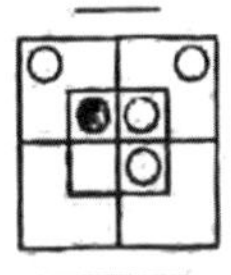

The Conclusion.

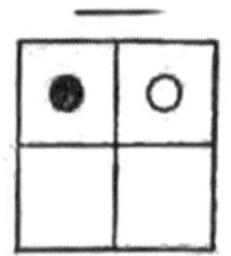

That story of yours, about your once meeting the sea-serpent, is totally devoid of interest.

복잡한 삼단논법의 풀이

칸토어

Cantor

현대 집합이론이 만들어진 것은 게오르크 칸토어(1845~1918) **덕분이다. 그는 집합 간 일대일 대응의 중요성을 증명했고, 특히 무한대도 크기가 다를 수 있음을 보이며 초한수**(transfinite number) **이론을 확립했다. 이 연구는 칸토어가 푸리에 급수의 수렴과 삼각급수가 특정 함수로 표현될 수 있는지 아닌지를 연구한 데서 비롯되었다.**

칸토어는 상트페테르부르크에서 태어났다. 그는 취리히의 폴리테크닉에서 대학교육을 받기 시작했고 일 년 후 더욱 명문인 베를린 대학교로 옮겨갔고 그곳에서 박사학위를 받았다. 1869년에 할레 대학교의 강사가 되었고 10년 후 교수로 승진했다. 칸토어는 항상 베를린 대학교의 교수직을 얻기 바랐지만 일생동안 할레 대학교에 머물며 심각한 정신병으로 쓰러지기 전까지 수년 동안 그곳에서 학생들을 가르쳤다.

게오르크 칸토어

어떤 무한집합은 다른 무한집합보다 더욱 크다

《2가지 새로운 과학(Two New Science)》에서 갈릴레오는 (1, 2, 3, …) 양수의 집합이 (1, 4, 9, …) 양수 제곱의 집합보다 더 크다는 사실에 주목했다. 하지만 $1 \leftrightarrow 1$, $2 \leftrightarrow 4$, $3 \leftrightarrow 9$, $4 \leftrightarrow 16$, … 이렇게 두 집합을 정확히 대응시킬 수 있기 때문에 두 집합은 크기가 같아야 한다.

양의 정수 집합을 더욱 큰 집합, 예컨대 0, 1, −1, 2, −2, 3, −3, 4, …로 나열된 (양수, 음수, 0) 모든 정수의 집합과 대응시킬 수 있다. 이 집합에 모든 정수가 있음을 주목하라. 이런 식으로 양의 정수 집합과 대응하는 집합을 가산집합이라 부르는데 이는 집합의 모든 원소를 나열할 (혹은 셀) 수 있기 때문이다. 따라서 모든 정수의 집합은 가산집합이다.

이번에는 모든 분수를 살펴보자. 이 집합은 양수의 집합보다 훨씬 큰 것 같지만 칸토어는 예상 외로 모든 분수를 차례대로 나열할 수 있음을 발견했다. 따라서 모든 분수의 집합은 가산집합이다. 다른 한편 칸토어가 증명했듯 모든 실수의 집합은 가산집합이 아니다. 엄격히 말하자면 실수의 집합은 모든 분수의 집합보다 더욱 크므로 따라서 어떤 무한 집합은 다른 무한 집합보다 더욱 크다. 칸토어는 크기가 다른 많은 무한집합이 무한히 존재함을 증명함으로써 이 아이디어를 더욱 심화했다.

모든 분수의 집합은 가산집합이다

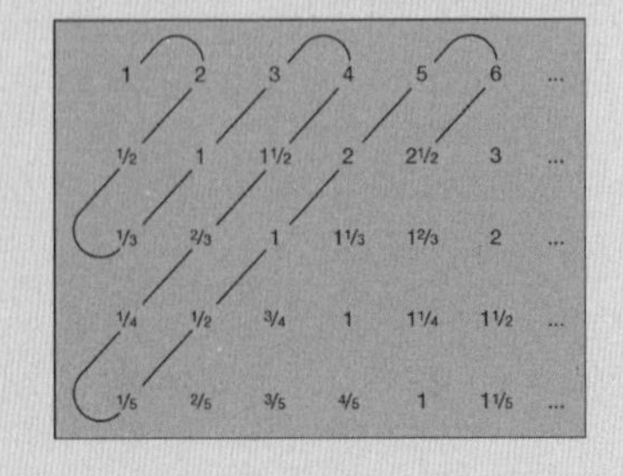

먼저 그림처럼 첫 줄에는 정수, 둘째 줄에는 정수의 $\frac{1}{2}$하는 식으로 모든 양의 분수를 나열한다. 그런 다음 대각선으로 숫자열을 '꾸불꾸불 가로지르며' 앞서 나온 모든 수를 삭제한다. 결과로 다음의 목록을 얻는다.

$1, 2, \frac{1}{2}, \frac{1}{3}, 3, 4, 1\frac{1}{2}, \frac{2}{3}, \frac{1}{4}, \frac{1}{5}, 5, 6,$

$2\frac{1}{2}, \cdots$

이 목록에는 모든 양의 분수가 포함된다.

(양, 음, 0) 모든 분수를 순서대로 나열하기 위해 앞에서처럼 $+$와 $-$를 번갈아 쓴다.

모든 실수의 집합은 가산집합이 아니다

이는 '0과 1사이 모든 수의 집합은 가산집합이 아니다'를 증명하면 충분하다.

이를 증명하기 위해 이 집합을 가산집합이라 가정하고 모순인 결과를 얻는다.

이 집합을 가산집합이라 가정하면 그 원소를 다음과 같이 (십진법으로) 나열할 수 있다.

$0 \cdot a_1\, a_2\, a_3\, a_4\, a_5 \cdots,\ 0 \cdot b_1\, b_2\, b_3\, b_4\, b_5 \cdots,\ 0 \cdot c_1\, c_2\, c_3\, c_4\, c_5 \cdots,\ 0 \cdot d_1\, d_2\, d_3\, d_4\, d_5 \cdots, etc.$

가정에 의해 이 목록에는 0과 1사이의 모든 수가 포함된다.

이 목록에 포함되지 않는 0과 1사이의 새로운 수를 만드는 것으로 모순된 결과를 얻는다. 이를 위해 1부터 9까지에서 $X_1 \neq a_1$, $X_2 \neq b_2$, $X_3 \neq c_3$, $X_4 \neq d_4 \cdots$ 인 숫자 $X_1, X_2, X_3, X_4, \cdots$ 를 선택하고 $0 \cdot X_1\, X_2\, X_3\, X_4 \cdots$ 를 살핀다.

$X_1 \neq a_1$ 이기 때문에, 이 새로운 수는 목록의 첫 번째 수와 다르고,

$X_2 \neq b_2$ 이기 때문에, 이 새로운 수는 목록의 두 번째 수와 다르다.

따라서 새로운 수는 목록의 모든 수와 다르다. 여기서 모순된 결과를 얻는다. 따라서 모든 실수의 집합은 가산집합이 아니다.

집합론

칸토어는 1874년부터 수많은 논문에 그의 집합이론을 소개했다. 그에게 집합은 직관 혹은 사고의 확정적, 개별적 항목인 여러 m으로 만들어진 통일체 M의 모든 집단이었다.

집합을 구성하는 항목인 여러 m을 집합의 원소라 부른다. 이는 매우 추상적인 정의이기 때문에 세상의 사람들, 양의 정수, 혹은 실수 등등 많은 다른 유형의 것들이 어떤 집합의 원소가 될 수 있다. 집합 B의 부분집합 A의 모든 원소는 B의 원소도 된다.

두 집합 A, B가 정확히 일치하면 이를 '동치'라 한다. 이는 두 집합이 동일한 크기로 A의 원소와 B의 원소가 일대일 대응을 한다는 의미다. 만약 집합 A와 B가 유한하다면 두 집합은 동일한 수의 원소를 가져야 한다. 하지만 두 집합이 무한하다면 이는 훨씬 더 흥미로워진다! 특히, 정수의 집합과 분수의 집합이 동일하면 두 집합의 원소들은 짝을 이룬다. 반면에 정수의 집합 (혹은 분수의 집합)과 실수의 집합은 동치가 아니다. 즉, 두 집합은 다른 원소 개수(cardinality)를 갖는다. 뒤에서 살펴보겠지만 연속체 가설(Continuum Hypothesis)은 실수의 모든 무한부분집합은 정수 (혹은 분수)의 집합이든지 실수의 집합이든지 둘 중 하나와 동치라 추정한다.

무한집합에 관한 칸토어의 연구는 처음에는 큰 논란거리가 되었지만 다른 수학자들은 이를 곧 수용했고 수학 전반에 걸쳐 중요하게 다루어졌다.

코발레프스카야

Kovalevskaya

수학자요, 소설가인 소냐 코발레프스카야(1850~1891)**는 수학적 분석과 편미분 방정식에 값진 공헌을 했다. 러시아에서는 여성이 고등교육을 받을 수 없었기 때문에 코발레프스카야는 하이델베르크로 가서 키르히호프**[Kirchhoff]**와 헬름홀츠**[Helmholtz]**의 강의를 들었다. 이후 베를린으로 옮겨가 바이어슈트라스**[Weierstrass]**와 함께 연구했고, 이후 스톡홀름의 최초 여교수가 되었다. 코발레프스카야는 고정점을 중심으로 한 강체의 회전에 관한 문제라는 논문으로 누구나 탐내는 프랑스 과학아카데미의 프리보르댕**(Prix Bordin) **상을 받았다.**

소냐 (혹은 소피아) 크루코브스카야[Krukovskaya]는 귀족가문 포병장교의 딸로 태어났다. 크루코브스카야는 교외 팔라비노(Palabino)의 넓은 집에서 성장했다. 그곳에서 아이의 방에 바를 벽지가 부족했기에 이전에 그녀의 아버지가 썼던 미적분 노트로 도배를 마무리했다.

> 낯설고 이해할 수 없는 공식이 기록된 그러한 벽지가 바로 나의 시선을 끌었다. 어린 시절 내가 그 신기한 벽지 앞에서 몇 시간을 통째로 보내며 한 구절이라도 이해해보려, 기록의 순서가 어떻게 되는지 맞추려 노력했던 일을 기억한다.

당시 러시아의 대학들은 여학생을 받지 않았다. 소냐 크루코브

소냐 코발레프스카야

스카야가 공부를 계속할 수 있는 유일한 방법은 외국으로 가는 것이었다. 부모님께 이를 허락받기 위해 크루코브스카야는 블라디미르 코발레프스카야라는 젊은 고생물학자와 '가상 결혼'을 준비했다.

독일

갓 결혼한 부부는 먼저 하이델베르그로 갔고 그곳에서 코발레프스카야는 정식학생이 되지 못한 채 키르히호프와 헬름홀츠의 물리학 강의, 앞서 베를린 대학교에서 칼 바이어슈트라스의 학생이었던 레오 쾨니히스베르거[Leo Königsberger]의 수학 강의를 듣는다.

2년 후인 1871년, 남편은 예나로 보내고 그녀는 바이어슈트라스에게 수학을 배우고자 베를린으로 이주했다. 다시 한 번 그녀는 강의에 출석하는 것을 금지당했지만 쾨니히스베르거의 극찬하는 추천서를 바이어슈트라스에게 보여주자 그는 코발레프스카야의 수학적 능력에 큰 관심을 갖게 됐다. 바이어슈트라스는 그녀를 사제로 받아들이기로 하고 코발레프스카야에게 강의노트를 제공하고 다양한 수학문제에 관해 함께 연구했다.

그녀와 바이어슈트라스의 공동연구는 4년간 계속됐고, 그러는 동안 코발레프스카야는 3개의 뛰어난 연구논문을 썼다. 하나는 편미분 방정식 풀이에 관한 획기적 연구로 현재 코시-코발레프스카야 정리로 알려진 내용이다. 두 번째 논문에서 그녀는 아벨적분이라 불리는 적분유형이 포함되는 오일러, 라그랑주, 푸아송의 몇 가지 연구결과를 일반화했다. 토성의 고리에 관한 세 번째 논문은 라플라스의 앞선 연구를 확장시켰다.

칼 바이어슈트라스[Karl Weierstrass]

3개의 뛰어난 논문으로 그녀는 괴팅겐 대학교의 박사학위를 받을 자격을 얻었다. 첫 번째 논문이 너무나 우수했고 또 그녀가 독일어에 유창하지 못하다고 주장했기에 코발레프스카야는 구술시험을 면제받았다. 하지만 바이어슈트라스의 강력한 추천에도 불구하고 그녀는 중부유럽에서 교수직을 얻지 못하고 러시아로 돌아가야 했다.

스톡홀름

소냐와 남편의 관계는 그다지 좋지 않았다. 딸이 하나 있었지만 그들은 별거했다. 안정적인 정규직을 얻지 못했을 뿐 아니라, 블라디미르는 떳떳하지 못한 재정거래에 연루되어 결국은 파산했고 자살했다.

자포자기한 코발레프스카야는 바이어슈트라스에게로 가서 도움을 청했고, 그의 제자 중 하나인 괴스타 미타그 레플러[Gösta Mittag-Leffler]의 알선으로 스웨덴 스톡홀름 대학교의 교수직을 얻었다. 작가 아우구스트 스트린드베리[August Strindberg]와 같은 이들은 여성대학교수를 임용하는데 격렬히 반대했지만, 지역신문은 이를 매우 반겼다.

> 오늘 우리는 저속하고 별 볼일 없는 왕족의 도착을 보도하지 않는다. 과학의 여왕, 코발레프스카야의 도착으로 우리 도시는 명예로워졌다. 코발레프스카야는 스웨덴 전역에서 최초의 여성교수가 될 것이다.

이때부터 코발레프스카야의 상황은 나아지기 시작했다. 학생들은 바이어슈트라스의 해석학에 관한 그녀의 강의를 좋아했고, 그녀는 빛의 굴절에 관한 새로운 연구에 더욱 더 관여하게 됐다. 코발레프스카야는 소설도 썼고 어려서 즐기던 다른 활동도 다시 시작했다.

일에서의 절정기는 1888년이었다. 프랑스 과학아카데미는 권위 있는 프리보르댕 상의 주제를 발표했고 그녀는 복잡한 미분 방정식의 해법을 담은 고정점을 중심으로 한 강체의 회전에 관한 문제 논문을 제출했다. 그녀가 제출한 논문이 너무도 뛰어났기에 상금이 3천 프랑에서 5천 프랑으로 인상되었다.

하지만 상황은 다시 변했다. 코발레프스카야는 스톡홀름이 너무 좁은 시골이라 생각하게 됐고 그녀가 사랑한 도시 파리로 가기를 원했다. 추운 겨울과 여름밤이 매우 긴 스웨덴의 날씨는 그녀에게 맞지 않았다. 코발레프스카야는 우울해졌고 적절한 보살핌을 받지 못했다. 그녀는 결국 인플루엔자와 폐렴에 걸려 41세의 나이로 요절했다.

클라인

Klein

펠릭스 클라인(1849~1925)**은 기하학, 특히 비유클리드기하학 그리고 기하학과 군론**(group theory) **사이의 관계를 연구한 독일의 수학자였다. 클라인은 괴팅겐 대학교에 세계 최고의 수학센터를 만들었는데 그는 그곳의 영향력 있는 교육학자요, 선생이었다. 그는 수학 백과사전을 만든 사람이었고, 당시 선두적인 수학저널 중 하나인 《수학 연보** Mathematische Annalen**》의 편집자였다.**

클라인은 뒤셀도르프에서 태어났고 본, 괴팅겐, 베를린에서 공부했다. 클라인은 뮌헨과 라이프니츠로 옮기기 전인 1872년부터 1875년까지 에를랑겐 대학교의 교수였고, 1886년 마침내 괴팅겐 대학교의 교수가 되었다. 그곳의 수학과 교수로서 클라인은 가우스, 디리클레, 리만을 계승하는 적임자로 판명되었다. 괴팅겐 수학파는 세계에서 가장 유명했고 많은 똑똑한 철학자들을 끌어들였다.

괴팅겐 학파는 1893년부터 여성의 가입을 허용했다. 클라인의 박사과정 학생 중 하나는 그레이스 키스홀름(Grace Chisholm, 결혼 이후 Grace Chisholm Young이 되었다)으로 그곳의 분위기를 알려줬다.

클라인 교수의 태도는 이렇다. 그는 이미 뛰어난 연구를 했고, 학위나 그와 동등한 어떤 형태로 능력을 증명을 할 수 있는 여성이 학파에 가입하더라도 거부하지 않을 것이다. (…) 뿐만 아니라 개별적 인터뷰를 통해 클라인 교수 자신이 그 여성의 주장을 확신하기까지 다른 어떤 조치를 취하지 않을 것이다. 클라인 교수는 중도적이다. 여성과 다른 승인받지 못한 모든 이들의 입학을 더욱 열렬히 지지하는 교수진들이 있다.

클라인은 독일 수학의 제도적 발전을 주관했고 수학컨퍼런스를 조직한 최초의 사람이었다. 또한 국제적으로 조직된 사람들이 1890년에서 1920년 사이에 여러 권의 《수리과학 백과사전Encyclopedia of MAthematical Science》을 쓰도록 이끌었다.

에를랑거 프로그람(Erlanger Programm)

1870년까지 기하학의 세계는 매우 복잡해졌다. 비유클리드기하학뿐 아니라 유클리드기하학, 구면기하학, 의사기하학, 사영기하학

1902년 괴팅겐 대학교의 수학모임: 탁자 앞에 앉은 사람이 다비드 힐베르트, 펠릭스 클라인, 칼 슈바르츠실트, 그레이스 치스홀름이다

외에도 다른 많은 것들이 있었다. 19세기의 남은 해 동안 혼란을 제거하고 기하학에 질서를 부여하려는 다양한 시도가 있었다.

이 중 가장 유명한 시도는 에를랑거 프로그램으로 이는 클라인이 23살이었던 1872년에 에를랑겐 대학교의 교수로 취임하며 했던 연설이 문서형태로 퍼진 것이었다. 연설은 대학의 다양한 청취자를 염두에 둔 것으로 수학교육, 모든 지식의 조화, 완전하고 다방면에 걸친 교육의 중요성이라는 클라인의 교육철학과 관계가 있었다.

에를랑거 프로그램에서 클라인은 새롭고 특별하게 '기하학'을 정의해 기존의 여러 기하학을 통합하도록 했고, 미래 연구를 위한 '로드맵'을 제공하였다. 그에게 기하학은 (회전, 반사, 전환 등) 변형으로 정의된 (예컨대 평면의 점들과 같은) 점들의 집합이었다. 우리는 그러한 변형에도 불변하는 집합의 속성에 관심을 가진다.

다양체(점들의 집합)와 동일한 다양체의 변형군(群)이 주어졌다고 가정하면 그 속성과 관련하여 다면체에 속하는 배열을 조사하면 변형군(群)에 변화가 없다.

평면에서의 설명을 위해 우리는 익숙한 유클리드 기하학을 빌린다. 변형이 크기나 형태를 변화시키지 않기 때문에 우리는 변의 길이와 삼각형의 합동과 같은 기하학적 특성에 관심을 갖는다.

변형군을 넓히면 다른 기하학이 나온다. 예컨대 (도형을 더욱 크거나 작게 만드는) 비

펠릭스 클라인

클라인 항아리

클라인의 가장 유명한 유산은 클라인의 항아리(Klein’s bottle)라 알려진 곡면이다. 이는 뫼비우스 띠의 경계면을 원판의 경계에 붙여 만든다. 교차가 일어나면 안 되기에 3차원 공간에서는 존재할 수 없다.

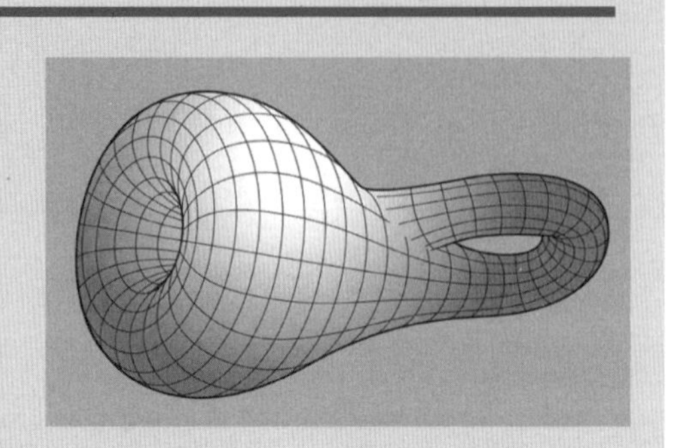

례 조정한다면 때때로 유사기하학이라 불리는 색다른 기하학이 나온다. 형태를 유지하는 (일반적으로 크기는 유지하지 않는) 변형의 경우에는 기하학적 속성이 더 적게 유지된다.

변형군을 계속해서 확대하면 ‘기하학의 계층’이 만들어지는데 모두 다 사영기하학에 속한다. 특히 유클리드와 비유클리드기하학은 모두 사영기하학의 특별한 경우로 사영기하학에서의 어떠한 결과도 유클리드기하학과 비유클리드기하학에서 (사실 다른 모든 기하학에서) 참이다. 모든 기하학을 통합하려던 클라인의 생각은 이뤄졌다.

1923년에 클라인은 기하학에 대한 평생의 태도를 이렇게 요약했다.

나는 기하학을 공간에서 물체를 대상으로 하는 것처럼 치우치게 생각하지 않았고, 오히려 수학의 모든 분야에 적용되어 유익을 끼치는 것이라 생각했다.

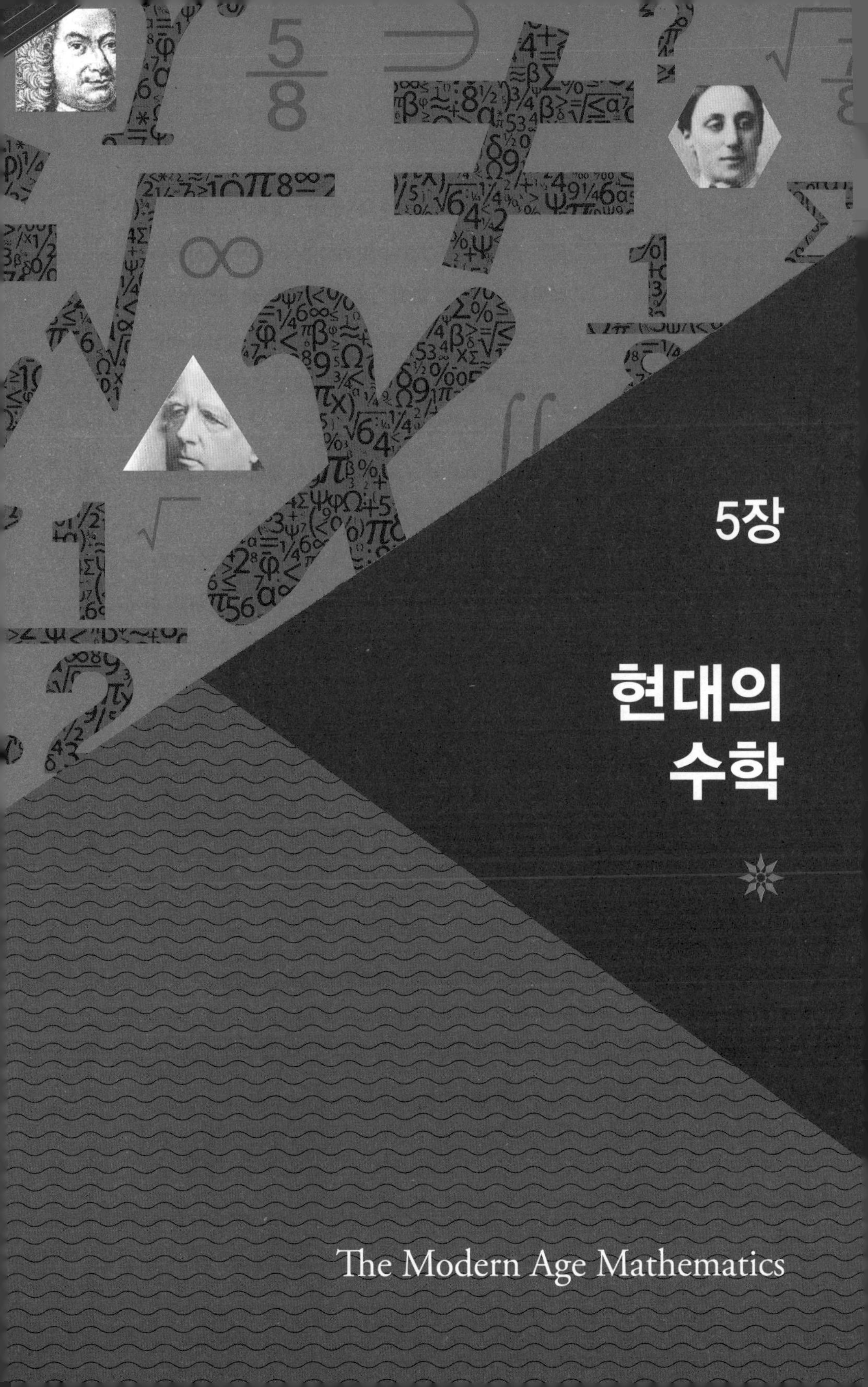

5장

현대의 수학

The Modern Age Mathematics

현대의 수학

마지막 장에서 만날 수학자들은 19세기에 이룩한 기술적 성과를 유감없이 발휘하여 20C에는 서양의 산업문명은 물론 과학기술의 선도자로 활약하였다.

- 우리가 증명할 수 있는 대상의 한계를 살폈고 어떤 경우는 왜 실행이 불가능한지 이유를 설명했다.
- 현재 과학지식의 기초를 놓았다.
- 수학의 역사적, 사회적, 정치적 영향력을 살피고 그로부터 우리가 사는 세상을 변화시켰다.
- 이론적으로도 실제적으로 컴퓨터를 발전시켰는데 이로 인해 우리는 다른 방법으로는 실험하고 설계하고 증명하지 못할 일들을 실행할 수 있었다. 반면에 우리의 정체성에 관한 질문이 대두되었다

1930년에 설립된 프린스턴 대학교 고등연구소, 노벨상 수상자 25명과 필즈상 수상자 (52명 중) 38명이 이곳의 회원이었다

역설과 문제

앞에서 우리는 미적분을 뒷받침하는 개념으로부터 산술과 집합이론에 이르기까지 수학에 더욱 견고한 기초를 놓으려는 바람이 전개되었음을 살펴보았다. 20세기 수학자들은 무한의 특징과 수많은 문제와 역설에 부딪힌 집합에 관련된 문제를 더욱 주의 깊게 살폈다. 이 중에서 가장 유명한 하나는 1902년 버트런드 러셀이 체계화한 것으로 이는 집합이론의 토대와 연역추론의 정확한 특징을 훨씬 더 철저히 다루게 만들었다.

다른 접근법은 다비드 힐베르트에 의한 것으로 그는 산술의 토대를 확고히 하려 공리로 환원했다. 이는 기하학의 기초를 놓을 때 이미 성공적으로 쓰였던 방식이었다. 점과 선 등등 모든 기본 용어를 정의하는 대신에 힐베르트는 지켜야 할 일련의 규칙(혹은 공리)을 제시했다.

힐베르트의 접근 방식이 영향력이 있었지만, 1930년대에 쿠르트 괴델과 앨런 튜링에 의해 힐베르트의 목표는 결국 성취할 수 없는 것으로 판명되었다. 괴델과 튜링은 증명할 수 있거나 결정될 수 있는

연구생 메리 카트라이트[Mary Cartwright]와 함께한 G. H. 하디. 메리 카트라이트는 이후 런던수학협회의 최초 여성 대표가 된다

것들의 한계에 관한 놀랍고 예기치 못한 결과를 구했다.

추상화와 일반화

19세기의 증가되는 일반화 내지 추상화 경향은 20세기 내내 가속화되었다. 예컨대 알베르트 아인슈타인은 일반상대성이론에 기하학과 미적분학의 추상화된 공식을 활용했다. 반면에 대수학은 에미 뇌터 연구의 영향으로 추상적이고 공리적 대상이 되었다. 하디와 (하디의 동료 리틀우드와 라마누잔) 와일즈의 공로로 수론 역시 계속해서 발전했다.

그러는 사이에 대수적 위상수학, '힐베르트 공간' 의 이론 등 새로운 연구영역이 등장했다. 반면 아펠과 하켄이 4색 정리의 증명으로 사람들의 이목을 끌며 보여주었듯 기계를 통한 계산이 수학의 주된 흐름이 되었다.

전개와 발전

20세기에는 수학이 전 세계적으로 교육과 산업 그리고 특화되고 응용된 여러 분야의 일자리에서 수학이 중요한 직종이 되었다.

수학은 빠른 속도로 발전했고, 많은 전문지가 만들어졌으며, 국내외에서 널리 회의가 개최되었다 이중 가장 중요한 모임은 국제수학자대회(International Congress of Mathematicians)로 4년마다 개최되는데 이때 명망 높은 필즈상을 수여하였다. 수천의 수학자들이 각 분야의 최신 정세를 알고자 이 대회로 모여들었다.

힐베르트

Hilbert

1900년 8월 8일, 전 시대를 통틀어 가장 위대한 수학자 중 하나인 다비드 힐베르트(1862~1943)는 수학사에서 가장 유명한 강연을 했다. 파리에서 제2회 국제수학자대회가 열리던 그 날에 힐베르트는 20세기의 수학자들이 해결해야 할 미해결문제 목록을 제시했다. 이러한 문제를 풀기 위한 노력으로 이후 100년 동안 수학의 어젠다가 세워졌다.

다비드 힐베르트는 동프로이센 쾨니히스베르크에서 태어났고 1885년 그곳에서 박사학위를 받았다. 쾨니히스베르크에서 몇 년 간 강의를 한 후, 펠릭스 클라인이 그를 괴팅겐대학교의 교수로 초청했고, 이후 힐베르트는 괴팅겐에서 일생을 보냈다.

힐베르트는 추상적인 수론과 불변론부터 변분법과 해석연구 (그리고 이른바 '힐베르트 공간')를 거

쳐 포텐셜이론과 기체운동론까지 광범위한 수학적 사항을 다뤘다.

기하학 기초

칸토어가 집합이론을 소개하고 여러 수학자들이 산술적 토대를 연구한 것에 이어, 힐베르트는 기하학의 기초를 한층 더 연구했다.

유클리드의 공리체계가 2천년 동안 제대로 작동했지만 그것에는 증명되지 않은 가설이 포함되어 있었다. 힐베르트는 정식으로 유클리드의 공리체계를 완벽하게 증명된 새로운 공리로 바꾸었다.

- 일관성 : 새로운 공리에는 모순이 없다.
- 독립성 : 공리는 다른 공리로부터 도출될 수 없다.
- 완전성 : 공리체계 내에서 공식화한 모든 진술은 참이든 거짓이든 증명할 수 있다.

힐베르트는 1899년에 《기하학 기초(Grundlagen der Geometrie)》를 썼는데 거기에서 유클리드와 사영기하학 공리체계를 전개했다. 4년 후, 힐베르트는 그 책의 2판을 출간했는데 여기서는 비유클리드기하학의 공리체계를 세웠다.

힐베르트는 원대한 계획이 있었다. 힐베르트는 전통적 수학 대부분은 공리체계를 세울 수 있을 것이라 확신했다. 힐베르트는 폴 베르나이스[Paul Bernays]와 함께 2권의 책을 쓰는 것으로 이러한 작업을 하려 계획했다. 하지만 이 작업을 진행하며 그들의 서로 다른 세부적인 주장에 따른 예기치 않은 어려움을 겪었다. 얼마 지나지 않아 힐베르트의 계획은 실패할 것임이 분명해졌다.

힐베르트의 문제

우리 가운데 누가 과학의 향후 진보와 미래 세기 동안 전개될 발전을 슬쩍 보는 등 미래에 비밀로 남을 내용 알기를 기뻐하지 않을까?

다비드 힐베르트는 파리의 수학자대회에서 행한 그의 가장 유명한 연설에서 23가지 미해결문제의 목록을 제시하기도 했다. 우리는 이미 이러한 문제의 하나로 오늘날까지 풀리지 않은 리만 가설을 보았다. 여기에 몇 가지를 더 나열할 것인데 어떤 문제는 뒤에서 다시 논의할 것이다.

문제 1 : 연속체가설을 증명하라. 원소의 수가 정수들의 집합과 실수들의 집합과 정확하게 일치하는 집합은 없다.

칸토어가 무한집합의 크기가 다르다는 것, 그리고 엄밀히 말하자면 실수의 집합은 정수(혹은 분수)의 집합보다 더욱 크다는 것을 증명했음을 우리는 기억한다. 문제 1은 우리에게 정수의 집합보다 크지만 실수의 집합보다 작은 무한집합이 존재하지 않는다는 것을 증명하도록 요구한다.

문제 2 : 산술공리에 일관성이 있는가?

힐베르트는 기하학적 공리의 일관성을 산술(즉, 우리의 실수 체계)처럼 공리화할 수 있다는 가정 위에서 다루었다. 문제 2는 이러한 가정이 유효한지 혹은 '저기 바깥 어딘가에서' 결코 예상치 못했던 모순이 발생할 수 있는지를 묻는다.

문제 3 : 부피가 같은 두 개의 다면체가 주어졌다면 첫 번째 다면체를 유한개의 조각으로 잘라 재배열하여 두 번째 다면체를 만들 수 있는가?

1833년, 두 다각형의 면적이 같다면 첫 번째 다각형을 조각내 재배열하여 두 번째 다각형을 만들 수 있음을 야노시 보여이가 증명했다. 다음 예는 삼각형을 재배열하여 사각형을 만들 수 있음을 보여준다. 이번 문제는 삼차원입체에서도 유사한 결과가 나오는지를 묻는 것이다. 대답은 '아니오' 이다. 2년 이내에 막스 덴[Max Dehn]은 정사면체를 나뉘어 동일한 부피의 정육면체로 만들질 수 없음을 증명했다.

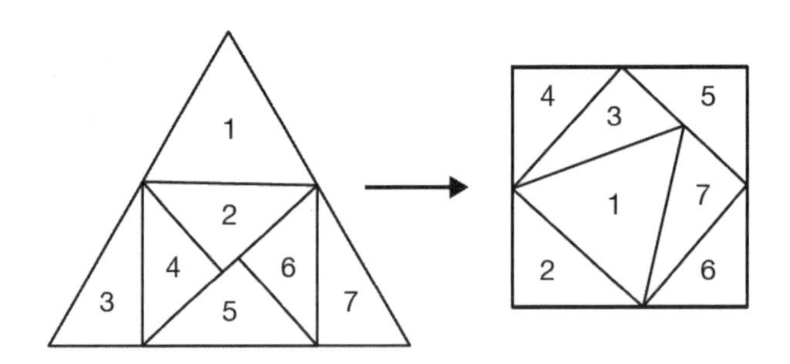

문제 18 : 구 사이의 빈공간이 가능한 작아지도록 구를 쌓는 가장 효율적인 방법은 무엇인가?

이는 해리엇과 케플러가 생각했던 문제였다. 두 가지 방법은 정육면체 형태로 쌓기와 육방정계 형태로 쌓기인데 둘 다 빈공간이 가장 작아지지 않는다. 과일가게의 상인이 오렌지를 쌓아두는 방식이 가장 효과적인 것으로 판명되었다. 이 경우 빈공간의 비율은 0.36

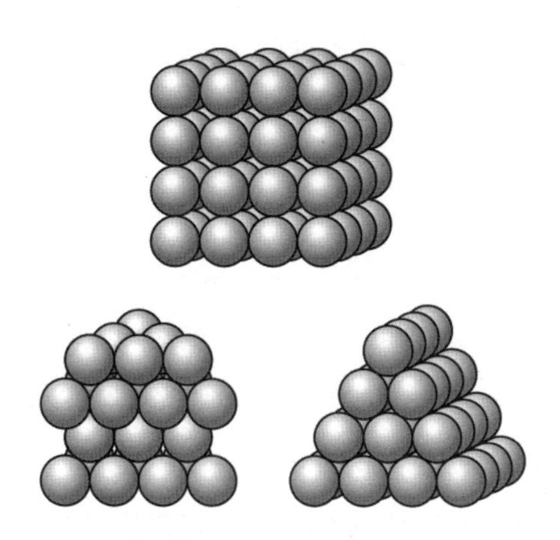

정육면체 형태로 쌓기, 육방정계 형태로 쌓기, 상인이 과일을 진열하는 형태로 쌓기

으로 0.48과 0.40 두 경우보다 작다. 하지만 이를 정밀하게 증명하기는 만만치 않다. 1998년 토마스 해일스[Thomas Hales]는 3기가바이트인 컴퓨터를 보조수단으로 활용해 이를 증명했다.

푸앵카레

Poincaré

앙리 푸앵카레(1854~1912)**는 아마도 수학의 모든 영역을 다룬 마지막 사람으로서 역사상 가장 똑똑했던 사람 중 하나라 여겨진다. 푸앵카레는 실질적으로 여러 복소변수와 대수적 위상수학의 기초를 쌓았다. 푸앵카레 추측**(Poincaré Conjecture)**으로 알려진 위상수학의 한 추측은 이번 세기에야 겨우 풀렸다. 푸앵카레는 미분 방정식과 비유클리드기하학에 큰 기여를 했고, 전기, 자기, 양자론, 유체 역학, 탄성, 특수상대성이론, 과학철학에도 역시 기여했다. 그의 연구 주제를 적극적으로 대중화하려 푸앵카레는 수학자가 아닌 사람들이 흥미를 가지고 읽을 책을 썼는데 여기서 수학과 과학의 중요성을 강조하고 수학 발견의 심리학을 다루었다.**

푸앵카레는 프랑스 남부 낭시에서 태어났고, 어려서부터 수학에 탁월한 능력과 관심을 보였다. 그는 유명한 가문 출신으로 그의 사촌 레이몽 푸앵카레[Raymond Poincaré]는 1차 대전 중 프랑스공화국의 대통령이 되었다. 푸앵카레는 1873년 에콜 폴리테크니크의 다녔고 졸업 후 공부를 더하기 위해 에콜 데 민즈(Ecole des Mines)로 갔다. 1879년 캉(Cean)의 대학교에 자리를 구했고, 2년 후 파리의 대학교로 옮겨가 58세의 나이로 죽기까지 그곳에 머물렀다.

오스카 왕의 상

앙리 푸앵카레

스웨덴과 노르웨이의 왕 오스카 2세는 수학의 열성적인 후원자였다. 60세 생일을 기념하기 위해서 왕은 주어진 4개의 주제를 다룬 논문에 2500 크로나를 상금으로 걸었는데, 이 중 하나는 서로가 인력을 미치며 움직이는 천체시스템의 미래 운동을 예측하는 것이었다.

> 어떤 두 점도 충돌하지 않은 채 뉴턴의 법칙에 따라 무규칙한 많은 질점들이 서로를 끌어당길 때, 시간의 함수라 알려진 일련의 변수이고 그 일련의 값들이 일률적으로 수렴하는 각 점의 좌표를 찾아라.

앞서 뉴턴은 2개의 천체로 이 문제를 풀었고, 푸앵카레는 그 결과를 보편적 삼체문제로 이어서 삼체 이상의 문제로 일반화할 수 있기를 바라며 3개의 천체(restricted three body problem: 제한된 삼체문제)가 있는 경우를 통해 왕의 질문에 답했다.

궤도를 어림짐작하는 해석학에서 유용한 새로운 기술을 전개하며 푸앵카레는 상당한 진전을 이뤘다. 삼체문제를 완전히 풀지는 못했지만 매우 새로운 수학을 전개하려는 시도 덕분에 푸앵카레는 오스카 왕의 상을 받았다.

하지만 그의 논문을 출판하려 준비하는 동안 푸앵카레의 주장을 납득할 수 없었던 편집자 중 한 사람이 그에 대해 질문했다. 이때 푸

위치의 해석

위상기하학의 기원은 쾨니히스베르크의 다리 문제와 다면체이론이지만 위상기하학을 기하학적 대상으로 살피는 다양하고 영향력 있게 만든 사람들은 푸앵카레와 그의 계승자들이다. 1895년 출판된 푸앵카레의 책 《위치의 해석》은 곡면들을 구분하고자 대수적 방식을 활용했다. 이 책은 현재 우리가 대수적 위상수학이라 부르는 바에 따른 최초의 체계적 설명이었다.

앵카레는 자신의 실수를 깨달았다. 이전의 생각과 반대로 초기 상태에서 아주 작은 변화라도 전혀 다른 궤도를 만들어낼 수 있었다. 이는 푸앵카레의 추정치는 그가 기대했던 결과를 내지 못한다는 의미였다. 하지만 이 일로 인해 더욱 중요한 결과가 나왔다. 그가 발견했던 궤도는 현재 우리가 '카오스'라 부르는 것으로 푸앵카레는 우연히도 현대 카오스이론의 토대가 되는 수학, 결과로 초래되는 운동이 불규칙적이고 예측 불가능한 결정론적 법칙을 발견했다.

푸앵카레 원반

보여이와 로바체프스키의 비유클리드기하학에서 발생하는 또 한가지 어려움은 이를 시각화하기가 어렵다는 것이었다. 다수의 그림이 제시되었는데 이 중에서 가장 성공적인 것은 1880년 푸앵카레가 찾아낸 '원반 모형'이었다.

다음의 원반 (원의 내부) 그림을 생각해보라. 우리는 점이 원의 내부에 있고, 선이 원반의 중심을 통과하는 지름이거나 혹은 원의 경계와 직각으로 교차하는 원호인 도형을 생각한다.

그림에서 알 수 있듯이

- 교차하지 않는 선분 (지름 원은 원호)의 쌍이 있다
- 내부의 점에서 교차하는 선분의 쌍이 있다
- 원의 경계에서 교차하는 선분의 쌍이 있는데 이러한 선분을 평행하다고 말한다

점과 선을 이렇게 정의하면 유클리드의 첫 4가지 공준 조건을 만족시키지만 다섯 번째 공준은 그렇지 않기 때문에 우리에게는 비유클리드기하학이 필요하다. 비유클리드기하학에서는 (크기와 모양 등) 유클리드기하학의 많은 개념이 더 이상 적절하지 않다. 예컨대 그림에서 모든 회색과 흰색 삼각형은 서로 합동이 된다! 네덜란드의 미술가 모리츠 에셔[Maurits Escher]는 (Circle Limit IV 등) 비유클리드기하학을 근거로 판화를 제작했다.

러셀과 괴델

Russell and Gödel

버트런드 러셀(1872~1970)**과 쿠르트 괴델**(1906~1978)**은 20세기 가장 중요한 논리학자였다. 20세기 초, 수학의 기반이 흔들렸다. 러셀의 유명한 역설은 해결하기에 시간이 걸리는 큰 난제를 만들어냈다. 그러는 동안 힐베르트와 다른 수학자들은 산술의 토대를 이해하려는 야심찬 프로그램을 계속했지만, 괴델이 공리체계의 완전성과 일관성에 관한 놀라운 연구결과로 그러한 프로그램을 망쳐버렸다.**

버트런드 러셀은 20세기의 걸출한 인물 중 하나다. 명문가에서 태어났지만 어려서 고아원에 버려졌고 할머니의 손에 자랐다. 캠브리지 트리니티 칼리지에 가기 전 러셀은 수학과 도덕과학을 모두 공부했다. 왕성한 평화운동가로서 러셀은 반전활동으로 두 번 감옥에 갇혔다. 1950년에 그는 노벨문학상을 받았다.

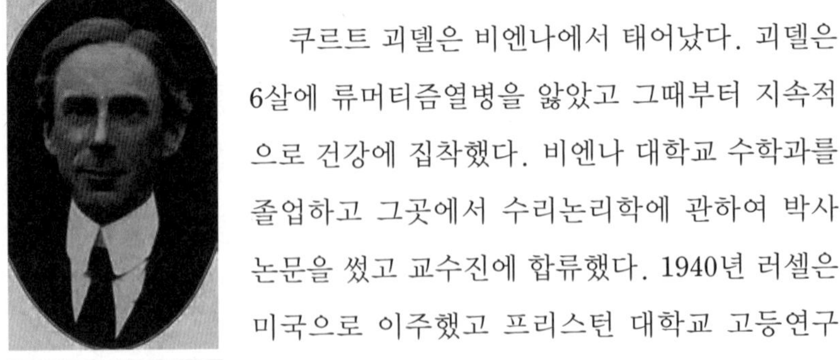

젊은 시절의 버트런드 러셀

쿠르트 괴델은 비엔나에서 태어났다. 괴델은 6살에 류머티즘열병을 앓았고 그때부터 지속적으로 건강에 집착했다. 비엔나 대학교 수학과를 졸업하고 그곳에서 수리논리학에 관하여 박사논문을 썼고 교수진에 합류했다. 1940년 러셀은 미국으로 이주했고 프리스턴 대학교 고등연구소에서 많은 상을 받았고 알베르트 아인슈타인의 절친한 친구가 되는 특별한 이력을 쌓았다. 러셀은 편집증으로 고통 받았고 독살당하리라는 확신 때문에 먹기를 거부하고 영양실조로 사망했다.

알버트 아인슈타인에게 상을 받은 쿠르트 괴델

러셀의 역설

버트런드 러셀의 편지가 도착했을 때 독일의 논리학자 고틀로브 프레게[Gottlob Frege]는 공리에 관한 자신의 책을 출판사에 보내려던 참이었다.

> 친애하는 고틀로브, 자기 자신을 원소로 포함하지 않는 모든 집합의 집합을 생각해보게. -버트런드

이러한 역설은 프레게 책의 많은 부분을 무의미하게 만들었고 그리고 수리논리학을 영원히 변화시켰다.

더욱 간단한 러셀의 역설은 스스로 면도를 하지 않는 모든 사람들을 면도해주지만, 스스로 면도를 하는 사람들은 면도해주지 않는 마을 이발사와 관련된다. 여기서 질문이 나온다. 그 이발사는 누가 면도해주는가?

- 만약 이발사가 스스로 면도를 한다면, 그가 스스로를 면도하는 사람을 면도해주지 않기 때문에 모순이 된다

- 만약 이발사가 스스로 면도를 하지 않는다면, 그가 스스로 면도를 하지 않는 모든 사람들의 면도를 해주기 때문에 모순이 된다.

따라서 이 문제에 답을 할 수 없다.

앞서 물었던 러셀의 역설이다. 자기 자신을 원소로 포함하지 않는 모든 집합의 집합을 S라 하자. S는 그 집합의 원소인가? 답이 그렇든지 아니든지 결과는 위에서와 동일하게 모순이 된다.

러셀의 역설이 등장하여 철학자들과 수학자들은 집합론을 더욱 주의해 연구하게 되었고 이러한 역설을 어느 정도 흡족히 다루는 다수의 설명이 등장했다. 이러한 설명 가운데 가장 성공적이고 일반적으로 받아들여지는 것은 제르멜로-프랑켈 집합이론(Zermelo-Frankel set theory)으로 이는 괴팅겐의 에른스트 제르멜로가 처음으로 시작했고 마르부르크의 아돌프 프랑켈이 수정한 이론이다.

수학원리(Principia Mathematica)

1910년~1913년 사이에 버트런드 러셀과 그의 캠브리지 동료 알프레드 노스 화이트헤드[Alfred North Whitehead]는 《수학원리》라는 제목의 선구적인 3권짜리 책을 썼다. 부분적으로는 칸토어와 프레게의 아이디어를 바탕으로 한 이 책은 소수의 기본원리에서 전체 수학을 추론하고자 계획된 것이었다. 그림은 그들의 '1+1=2' 라는 명제 증명이다.

86 CARDINAL ARITHMETIC [PART III

$*110\cdot632.\ \vdash : \mu \epsilon \mathrm{NC} . \supset . \mu +_c 1 = \hat{\xi}\{(\exists y) . y \epsilon \xi . \xi - \iota^{\prime}y \epsilon \mathrm{sm}^{\prime\prime}\mu\}$

Dem.

$\vdash . *110\cdot631 . *51\cdot211\cdot22 . \supset$

$\vdash : \mathrm{Hp} . \supset . \mu +_c 1 = \hat{\xi}\{(\exists \gamma, y) . \gamma \epsilon \mathrm{sm}^{\prime\prime}\mu . y \epsilon \xi . \gamma = \xi - \iota^{\prime}y\}$

$[*13\cdot195] \quad = \hat{\xi}\{(\exists y) . y \epsilon \xi . \xi - \iota^{\prime}y \epsilon \mathrm{sm}^{\prime\prime}\mu\} : \supset \vdash . \mathrm{Prop}$

$*110\cdot64.\ \vdash . 0 +_c 0 = 0 \quad [*110\cdot62]$

$*110\cdot641.\ \vdash . 1 +_c 0 = 0 +_c 1 = 1 \quad [*110\cdot51\cdot61 . *101\cdot2]$

$*110\cdot642.\ \vdash . 2 +_c 0 = 0 +_c 2 = 2 \quad [*110\cdot51\cdot61 . *101\cdot31]$

$*110\cdot643.\ \vdash . 1 +_c 1 = 2$

Dem.

$\vdash . *110\cdot632 . *101\cdot21\cdot28 . \supset$

$\vdash . 1 +_c 1 = \hat{\xi}\{(\exists y) . y \epsilon \xi . \xi - \iota^{\prime}y \epsilon 1\}$

$[*54\cdot3] \quad = 2 . \supset \vdash . \mathrm{Prop}$

The above proposition is occasionally useful. It is used at least three times, in *113·66 and *120·123·472.

쿠르트 괴델과 힐베르트의 문제

1931년 괴델은 수학을 영원히 변화시킬 한 논문을 썼다. 그의 첫 번째 '돌풍' 〈불완전성 정리〉는 다음을 증명한 것이었다.

정수를 포함하는 임의의 공리체계에는 증명될 수 없는 참인 결과가 있고, 참인지 혹은 거짓인지를 증명할 수 없는 '논증불능'의 결과가 있다.

〈힐베르트의 문제 1〉

앞서 힐베르트는 정수의 집합보다는 크지만 실수의 집합보다는 작은 집합은 없다는 연속체 가설의 증명을 요구했다. 불완전성 정리를 이용해 괴델은 만약 제르멜로-프랑켈 집합이론을 활용한다면 연속체 가설을 증명될 수 있음을 증명했다. 하지만 1963년 미국의 수학자 폴 코헨[Paul Cohen]은 동일한 조건 하에서 연속체 가설은 증명될 수 없음을 증명하여 (필즈상을 수상했고) 수학계를 놀라게 했다. 이 두 결과를 조합해 다음을 추론할 수 있다.

연속체 가설은 참인지 아닌지 증명될 수 없다 — 이는 '논증불능'이다.

〈힐베르트의 문제 2〉

이는 산술공리에 일관성이 있기에 모순이 발생할 수 없음을 증명하라는 것이다. 괴델은 다음을 증명하여 두 번째 '돌풍'을 일으켰다.

정수를 포함하는 임의의 이론의 일관성은 그 이론 자체로 증명될 수 없다. 즉, 모순이 결코 발생할 수 없음을 증명할 수 없다.

어떤 이는 이러한 결과들이 그 문제를 영원히 해결했다고 생각했을지 모르지만 대부분의 수학자들은 이러한 결과를 무시하고 연구를 계속했다.

아인슈타인과 민코프스키

Einstein and Minkowski

20세기의 상징적 인물인 알베르트 아인슈타인(1879~1955)은 아이작 뉴턴 이래 최고의 수리 물리학자였다. 아인슈타인은 특수상대성이론과 일반상대성이론으로 물리학에 혁명을 일으켰다. 이들은 이전에는 물리학에서 쓰이지 않던 수학적 아이디어를 이용한 것으로 이러한 수학적 아이디어의 일부는 리만과 헤르만 민코프스키 (1864~1909)가 전개한 것이다.

아인슈타인은 남부 독일의 울름에서 태어났고 이듬해 뮌헨으로 이주했다. 아인슈타인은 말을 늦게 배웠고 초기 학교생활에서는 유능함을 거의 보여주지 않았다. 1896년 두 번째 도전으로 취리히 폴리테크니크의 수학과 과학 교사과정에 입학했고 1900년에 졸업했다. 민코프스키가 그의 교수 중 하나였지만 아인슈타인은 정규수업에는 거의 흥미가 없었고 개인적으로 책을 읽고 물리학의 기본 관념과 개념을 깊이 생각하기를 즐겼다. 졸업 후, 베른의

알베르트 아인슈타인 — 울름의 명판

특허청에 자리를 얻기까지 아인슈타인은 시간강사로 일하며 생활했다.

아인슈타인은 1905년 박사학위에 지원하고자 특수상대성이론에 관한 논문을 베른 대학교에 제출했지만 거부당했다! 그러나 그의 논문은 곧 인정을 받았고 널리 알려지게 되었다. 이후 아인슈타인은 취리히, 프라하, 베른의 대학교에 자리를 얻었고, 1915년 일반상대성이론을 발표했다. 1921년 아인슈타인은 상대성이론이 아닌 양자이론으로 노벨상을 받았다. 그는 1933년 미국으로 건너가 그때부터 프린스턴 대학교의 고등연구소에 적을 두었다.

아인슈타인의 경이로운 해(Annus Mirabilis)

1905년은 그의 '경이로운 해'로 알베르트 아인슈타인은 획기적으로 중요한 4개의 논문을 발표했다. 첫 번째 논문에서 그는 에너지 양자를 소개했는데 이는 양자이론의 핵심 아이디어로 빛이 단지 불연속적인 에너지를 흡수하거나 방출할 수 있다는 것이다. 두 번째 논문은 브라운 운동(Brownian Motion)에 관한 것으로 작은 고정상액체(stationary liquid)에서 정지된 소립자의 운동을 설명한다.

세 번째 논문은 운동하는 물체의 전기 역학(electrodynamics)에 관한 것으로 시간, 거리, 질량, 에너지와 연관된 새로운 이론을 담았다. 이는 전자기학(electromagnetism)과 일치하지만 중력은 포함하지 않는다. 전기 역학은 특수상대성이론이라 알려졌는데 이는 당신이 어디에 있든지, 어떻게 움직이든지 빛의 속도 c가 불변이라 가정한다.

1905년 11월 21일, 아인슈타인은 《물체의 관성은 에너지 함량에 의존하는가?(Does the inertia of a body depend upon its energy content)》를 출판했다. 여기에 질량과 에너지의 등가성을 가정하는 가장 유명한 공식 $E=mc^2$이 나온다.

민코프스키와 특수상대성이론

민코프스키는 리투아니아의 독일인 부모에게 태어났다. 1902년 그는 괴팅겐 대학교로 갔고 그곳에서 힐베르트의 동료가 되었다. 민코프스키는 공간과 시간에 관한 새로운 견해를 전개했고 상대성이론의 수학적 토대를 놓았다. 민코프스키는 자신의 접근법을 다음과 같이 설명했다.

> 지금부터 '공간 따로, 시간 따로' 라는 개념은 그늘 속으로 사라질 것이고, 그 둘이 합쳐진 일종의 조합만이 독립적 실체로 남을 것이다.

민코프스키가 언급한 일종의 조합은 현재 시공간(space-time)이라 알려지며 이는 3차원 공간을 1차원 시간과 통합하는 4차원의 비유클리드기하학이다. 이로 시공간의 다른 두 점 사이 거리를 측정할 수 있다. 앞서 뉴턴이 생각했던 것처럼 이제 더 이상 시간과 공간이 분리되지 않고 혼용된다. 한 평론가는 민코프스키의 연구를 이렇게 말했다.

헤르만 민코프스키

> 수학이론은 새로운 물리적 사실을 받아들일 때 아이디어의 조화와 정밀함 등에 있어 전적으로 우월해야 한다. 이를테면 수학은 스승이 되어야 하고

물리이론은 스승에게 경례할 수 있어야 한다.

다음 그림은 수평으로는 1차원 공간이 진행되고 수직으로는 시간이 진행되는 간략한 시공간 그림이다. 유클리드기하학에서 (x, t)에서 원점까지의 거리는 $\sqrt{(x^2+t^2)}$이지만, 상대성이론은 시공간에서 거리를 $\sqrt{(x^2-c^2t^2)}$ 바꾸어 놓는다. 마이너스 기호는 '현재'라 부르는 것과 같은 시공간에서의 사건이 두 개의 원뿔과 관련됨을 의미한다. 단순히 일차원인 경우에 이러한 원뿔은 삼각형으로 하나는 미래의 시공간을, 다른 하나는 과거의 시공간을 나타낸다.

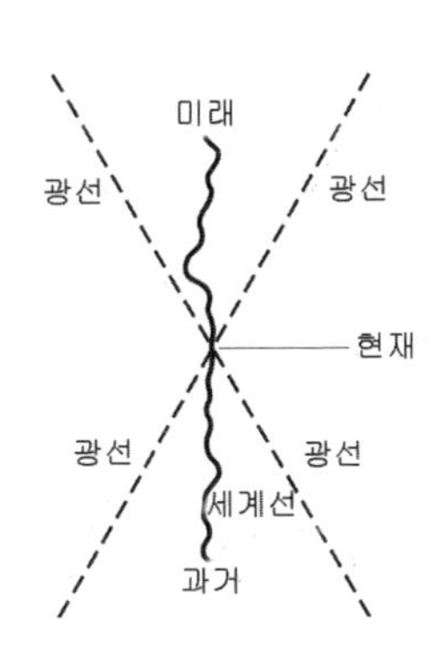

일반상대성이론

아인슈타인은 처음에는 민코프스키의 시공간 접근법을 별로 고려하지 않았으나 이후 중력을 포함하도록 자신의 이론을 확장하려 할 때 그것이 매우 가치 있음을, 사실 필수적임을 깨달았다. 리만의 기하학적 아이디어를 토대로 하는 아인슈타인의 일반상대성이론은 질량과 에너지의 존재로 인한 휘어진 시공간을 만들어냈다. 그러한 곡률은 거대한 천체에 가까워지면 커졌고, 그리고 천체의 운동을 지배하는 것은 바로 그러한 시공간의 곡률이었다.

일반상대성이론은 태양이 만들어내는 시공긴의 곡률 때문에 광선이 휘어질 것임을 예측했고 1919년 개기일식에서 그러한 현상이 관측되었다.

하디, 리틀우드, 라마누잔

Hardy, Littlewood and Ramanujan

고드프리 해럴드 하디(1877~1947)와 존 에덴서 리틀우드(1885~1977)의 오랜 기간 효과적인 공동연구는 수학사에서 가장 성과가 좋은 협력이었다. 20세기 전반기 동안 영국의 수학계를 지배하며 그들은 100편의 영향력 큰 공동논문을 썼는데 해석학과 수론에 관한 것이 가장 두드러졌다. 전시대를 통틀어 가장 똑똑하고 직관적인 수학자 중 하나인 스리니바사 라마누잔(1887~1920)이 하디와 리틀우드의 세계에 들어섰다. 그는 인도를 떠나 32세의 나이로 죽기까지 캠브리지에서 그들과 함께 일했다.

하디는 영국 서리의 크랜리에서 태어났고 전형적인 빅토리아풍의 가정에서 개화된 교육을 받았다. 하디는 1896년 캠브리지 트리니티 칼리지로 가기 전 윈체스터 칼리지에 다녔다.

캠브리지 트리니티 칼리지의 하디와 리틀우드

리틀우드는 켄트의 로체스터에서 태어났다. 8년을 남아프리카에서 보낸 후 리틀우드는 잉글랜드로 돌아왔고 1903년 트리니티 칼리지에서 장학금을 받았다.

하디와 리틀우드

1900년 하디의 첫 번째 연구논문은 적분에 관한 것이었고, 이후에 그는 동일한 주제로 68편의 논문을 썼다. 하디의 교과서 《순수수학 과정(A Course of Pure Mathematics)》은 1908년 출간되었다. 명확함의 표본으로 그 책은 엄격하지만 이해하기 쉬운 방식으로 학생들에게 기본적 해석학을 알려주었고 영국의 해석학에 큰 영향을 미쳤다. 같은 해, 하디는 단순한 대수학만을 이용해 유전학 문제도 해결했고 이를 사이언스에 보냈다. 그 이후 '하디의 법칙'은 혈액형 연구에 중요해졌다.

리틀우드의 첫 번째 연구논문은 정함수(integral function)에 관한 것이었다. 맨체스터 대학교에서 3년을 보낸 후, 리틀우드는 강사로 트리니티 칼리지에 돌아왔다.

1912년, 하디와 리틀우드는 주목할 만한 공동연구를 시작했다. 두 사람 모두 천재였지만 아마도 리틀우드가 더욱 독창적이고 상상력이 풍부했고 반면에 하디는 감각적으로 글을 쓰는 대가였던 듯하다. 그들을 우러러보던 사람 중 하나인 덴마크의 수학자 하랄트 보어[Harald Bohr]는 말했다.

> 오늘날 진정 위대한 영국의 수학자는 하디, 리틀우드 그리고 하디-리틀우드 3명뿐이다.

라마누잔의 시기

1913년, 버트런드 러셀이 한 친구에게 편지를 썼다.

> 하디와 리틀우드가 몹시 흥분한 상태로 홀에 있는 것을 보았네.

그들이 제2의 뉴턴, 마드라스에서 1년에 20파운드를 받고 일하는 인도인 점원을 발견했다고 생각했기 때문이네.

'제2의 뉴턴'은 스리니바사 라마누잔으로 그는 소수와 급수, 정수에 관한 수학적 발견을 알리기 위해 하디에게 편지를 썼다. 어떤 부분은 틀렸지만 다른 부분은 놀라운 통찰력을 드러냈다. 누구도 그렇게 내용을 전개한 적이 없었기에 하디와 리틀우드는 그 내용들이 맞으리라 추측했다. 라마누잔은 분명 천재였지만 정규수학교육을 받지는 않았다.

하디와 리틀우드는 라마누잔을 캠브리지로 초청했고, 그들은 혁신적인 여러 연구논문을 공동으로 썼다. 하지만 1917년 기후와 열악한 식사로 라마누잔은 결핵에 걸렸다. 하디가 병원으로 그를 찾아갔을 때의 이야기는 유명하다. 무슨 말을 해야 할지 모르는 하디에게 그가 탔던 택시의 번호가 떠올랐다. 그는 1729가 별 특징 없는 번호라 말했다. 라마누잔이 즉시 대답했다.

하디, 그렇지 않아요! 1729는 두수의 세제곱의 합으로 나타낼 수 있는 최초의 수예요. 그것을 9의 세제곱과 10의 세제곱의 합으로 나타낼 수 있고, 1의 세제곱과 12의 세제곱의 합으로 나타낼 수 있어요.

1919년 인도로 돌아간 라마누잔은 이듬해 사망했다. 라마누잔이 오일러나 가우스의 지력을 지녔다고 생각했기에 하디는 비탄에 빠졌다.

스리니바사 라마누잔

라마누잔 이후

1919년 즈음, 하디는 캠브리지를 떠나 휴식을 가질 필요를 느꼈다. 이후 그는 옥스퍼드 대학교 기하학과의 새빌리언 석좌교수로 임명되었고 그곳에서 11년을 보냈다. 그는 옥스퍼드의 수학과 교과과정을 개선했고 인상적인 수학학파를 형성했다. 그의 연구는 꽃을 피웠다. 옥스퍼드에 머무는 동안 하디는 100편의 논물을 썼는데 절반 이상은 여전히 캠브리지에 머무는 리틀우드와의 공동연구 성과였다. 하디는 이 기간을 이렇게 말했다.

> 40살이 넘어서 옥스퍼드에 교수로 있던 시간에 나는 최선을 다했다.

1931년 케일리의 이전 자리였던 캠브리지의 새들러리안 석좌 교수직이 비었다. 당연히 하디가 그 자리에 지명되었다. 하디는 트리니티 칼리지로 돌아와 남은 평생을 보냈다.

하디와 리틀우드는 일반 독자에게 수학의 특성을 설명하는 유명한 책들을 썼다. 하디의 《어느 수학자의 변명(A Mathematician's Apology, 1940)》은 기력이 쇠해질 때에 과거를 돌아보는 수학자의 이야기이고, 리틀우드의 《어느 수학자의 신변잡기(A Mathematician's Miscellany)》는 보석같은 수학이 가득한 더욱 유쾌한 책으로 독자들이 그의 예리한 시선을 매개로 트리니티의 생활을 경험하도록 만든다.

하디는 왕립협회가 코플리(Copley) 메달을 수여하기로 예정했던 바로 그날 죽었다. 《어느 수학자의 변명》에서 발췌한 문장이 그에 대한 적절한 평가가 될 것이다.

> 낙심될 때 그리고 잘난 척하는 지루한 사람들의 이야기를 들어야

만 할 때, 나는 여전히 스스로에게 말한다. "자, 나는 사람들이 결코 하지 못한 일을 했어. 나는 대등조건 등에 관해 리틀우드와 라마누잔과 공동연구를 했어."

리틀우드는 하디보다 30년을 더 살았다.

뇌터
Noether

에미 뇌터(1882~1935)**는 20세기의 가장 뛰어난 수학자 중 하나로 불변이론**(invariant theory)**, 상대성이론, 특히 대수에 기여했다. 하지만 여성이었고 유대인이었기에 뇌터는 여러 위치에서 큰 편견을 겪어야 했다.**

에미 뇌터는 독일 바바리아의 에를랑겐에서 태어났다. 그녀의 아버지는 수학과교수인 대수학자 맥스 뇌터[Max Noether]였다. 학창시절 그녀는 어학에 뛰어났기에 어학교사가 되기 위한 교육을 받았다. 하지만 1900년, 뇌터는 진로를 변경하기로 결심하고, 교수의 허락이 있으면 여성도 비공식적으로 수업을 들을 수 있는 에를랑겐 대학교에서 수학을 공부했다. 1903년, 뇌터는 대학의 최종시험을 통과했다.

젊은 시절의 에미 뇌터

이어서 겨울 동안 뇌터는 괴팅겐

대학교에 다니며 힐베르트, 클라인, 민코프스키의 강의를 들었지만 이제 여학생을 받아들이는 에를랑겐으로 돌아왔다. 뇌터는 공식적으로 그곳에 등록했고 3년 후 불변이론으로 박사학위를 받았다.

이 단계에서 뇌터는 괴팅겐으로 돌아가기를 원했지만 그곳의 규정은 여성이 학위를 받는 것을 허용하지 않았다. 그래서 뇌터는 에를랑겐에 머물렀고, 병든 아버지가 수업을 하도록 도왔다. 그러면서도 연구를 계속하며 여러 논문을 발표했다. 뇌터의 학문적 명성이 퍼지기 시작했고 강의를 해달라는 많은 초청을 받았다.

괴팅겐의 수리물리학

알베르트 아인슈타인의 일반상대성이론이 발표된 1915년, 힐베르트와 클라인이 에미 뇌터를 괴팅겐으로 돌아오라고 초청했다. 힐베르트 역시 일반상대성에 관해 연구를 진행 중이었기에 불변이론에 관한 해박한 지식이 있는 뇌터를 기꺼이 환영했다.

오래지 않아 그녀는 일반상대성이론과 소립자물리학의 토대가 되는 뇌터의 정리를 증명했는데 이는 물리학 모든 보존법칙을 불변성이나 대칭성과 관련짓는다. 뇌터의 연구결과를 알고 아인슈타인은 힐베르트에게 편지를 썼다.

> 그토록 일반적인 방식으로 그러한 내용들을 설명할 수 있음에 놀랐습니다. 괴팅겐의 원로들은 뇌터양에게 배워야만 할 것입니다! 그녀가 유능하다 생각됩니다.

그러는 동안, 힐베르트와 클라인은 뇌터가 대학에서 강의할 수 있도록 허가를 받아내고자 대학당국과 겨루고 있었다. 힐베르트는 자신의 이름으로 강의를 공고하고 강의는 뇌터가 하도록 배려했지만 물리학교수진 등은 다음과 같이 주장하면서 통렬히 반대했다.

군인들이 학교로 돌아왔을 때 그들이 여자에게 복종해 배워야 한다는 사실을 알면 어떻게 생각하겠는가?

화가 난 힐베르트는 교수 후보자의 성별이 중요하지 않다며 인상적으로 응수했다.

여기는 목욕탕이 아닌 대학교이다.

1919년 마침내 싸움에서 이겼다.

대수학

뇌터는 불변이론과 상대성에 관한 논문들을 계속해서 썼고, 1920년에는 방향을 전환해 대수학 특히, 가환환(commutative rings)의 연구에 관심을 가지게 됐다. 뇌터는 이 분야의 연구로 가장 잘 기억된다.

앞서 우리는 군(group)에 관한 아이디어를 간단히 살펴보았다. 군은 일련의 원소들이 특정 규칙을 충족하도록 단일한 방식으로 원소들의 짝을 지운 대수학적 대상이다. 다른 흥미로운 대수학적 대상은 환(ring)으로 이는 일련의 원소들이 특정 규칙을 충족하도록 두 가지 방식으로 원소들의 짝을 지운다. 다음은 환의 예시이다.

- 다른 정수를 얻고자 정수들을 더하고 곱함
- 다른 복소수를 얻고자 복소수들을 더하고 곱함
- 다른 다항식을 얻고자 다항식들을 더하고 곱함
- 다른 행렬을 얻고자 행렬들을 더하고 곱함

뿐만 아니라 곱셈이 가환, 즉 a, b가 집합의 임의의 원소이고 a

$\times b = b \times a$이면, 이러한 환은 가환환(commutative ring)이다. 위의 첫 세 환은 가환환이지만 마지막 네 번째는 그렇지 않다.

1921년 에미 뇌터는 〈환 영역의 이데알론(Idealtheorie in Ringbereichen)〉이라는 뛰어난 논문을 썼는데 거기서 이데알(ideal)이라 부르는 특정한 부분집합으로 가환의 내부구조를 살폈다. 뇌터는 특별히 이러한 특정한 속성을 지닌 이데알을 갖는 환을 구했는데 그러한 환은 현재 뇌터 환(Noetherian ring)으로 알려진다. 대수학에 관한 뇌터의 연구는 1920년대 내내 계속되었고 1928년 볼로냐, 1932년 취리히에서의 국제수학자회의 강연을 하도록 초청을 받는 성과를 거뒀다.

독일을 떠나 미국으로

1933년, 아돌프 히틀러가 부상하면서 나치당은 유대인들이 대학교에서 가르칠 권리를 박탈했고 따라서 뇌터는 독일을 떠나 다른 곳의 일자리를 찾아야만 했다.

뇌터는 마침내 미국 필라델피아 근처의 여학교, 브린 마워 칼리지에 자리를 구했고 또한 프린스턴 대학교 고등연구소에도 강사로 초청받았다. 뇌터는 브린 마워 칼리지에서 마음이 맞는 동료들과 함께 일하며 더없이 행복했지만, 도착한 지 2년도 되기 전, 커다란 난소낭종이 발견되어 사망했다.

브린 마워 칼리지

폰 노이만

Von Neumann

요한 폰 노이만(1903~1957)**은 범상치 않게 광범위한 영역에 관심이 있었다. 폰 노이만은 집합이론과 양자 역학의 기초를 연구하고, 힐베르트 공간에서의 대수연산을 전개했고, 게임이론을 개발했다. 수리물리학의 연구 특히, 교류**(turbulence)**, 유체에서의 폭광파와 폭광충격은 영향력이 매우 컸다. 폰 노이만은 세포자동자**(cellular automata) **이론의 연구를 진척시켰고 프로그램내장개념**(stored program concept)**을 도입했기 때문에 종종 '현대 컴퓨터 과학의 아버지'라 불린다.**

폰 노이만은 부다페스트에서 태어났고 1926년에 부다페스트 대학교에서 집합이론에 관한 논문으로 박사학위를 받았다. 20대 중반 무렵, 그는 학계에서 국제적인 명성을 얻었다. 폰 노이만은 1930년까지 베를린과 함부르크의 대학교에서 강의했고 일정 시간 동안 괴팅겐 대학교의 힐베르트와 함께 연구하기도 했다. 이후 폰 노이만은 3년 동안 프린스턴 대학교에서 강의했고, 프린스턴 대학교 고등연구소가 새로이 설립되면서 최초 교수 중 하나로 임용되어 평생을 그곳에서 보냈다.

오스카 모르겐슈테른[Oskar Morgenstern]

2차 세계대전 도중에 그리고 이후에, 폰 노이만은 무기개발, 특히 핵무기와 병참업무에 관하여 미군의 고문관으로 일했다. 1943년부터 1955년까지 그는 로스알라모스과학연구소의 고문이었다. 그를 죽음에 이르게 만든 암은 원자폭탄실험에 참여했기 때문이라는 의견이 있었다.

게임이론

폰 노이만은 실제상황에서 수학을 활용하는 게임을 평생 연구했다. 그의 연구 결과는 포커 등 운에 좌우되는 게임에 적용되는 것보다 훨씬 더 심리학, 사회학, 정치학, 군사전략에 중요하다. 프린스턴의 동료, 오스카 모르겐슈테른과 쓴 1944년의 책은 경제영역에 혁신을 일으켰다.

두 행위자 사이의 제로섬게임(zero-sum game)은 이긴 행위자의 이득과 패한 행위자의 손실이 동일하기에, 두 행위자의 보수의 합이 0이 된다. 1928년 폰 노이만은 최소최대정리(minimax theorem)를 발표했는데 이는 2인 제로섬게임으로 두 참여자 모두 최대손실을 최소화하려는 전략(혹은 행위규칙)을 갖는다. 노이만이 말했다.

> 내가 아는 한, 그 정리를 제외하고 (…) 게임의 이론이 있을 수 없다. (…) '최소최대정리'가 증명되기까지 나는 발표할 가치가 있는 것은 아무것도 없었다고 했다.

이후 폰 노이만의 이론은 더욱 일반적인 상황을 포함하도록 확장되었다.

컴퓨터

전쟁 후, 폰 노이만은 프린스턴에서 컴퓨터 개발팀을 이끌었다. 그들은 컴퓨터에 4가지 요소가 포함되어야 한다고 결정했다.

- 산술논리장치(arithmetic/logic unit 산술논리장치)는 현재 중앙처리장치(CPU)라 불리며 이곳에서 기본적인 연산이 이루어진다. 이는 배비지의 연산장치(mill)와 비슷했다.
- 메모리(memory)는 배비지의 기억장치(store)와 비슷하며 계산되어야 할 숫자와 계산을 위한 명령을 저장한다. 이러한 명령은 숫자로 암호화될 수 있기 때문에 기기는 반드시 숫자와 암호화된 명령을 구분할 수 있어야 한다.
- 제어장치(control unit)는 암호를 해독하고 메모리에서의 명령을 실행한다.
- 입력/출력 장치(input/output device)는 데이터와 명령을 컴퓨터로 입력하고 계산결과를 보여준다.

폰 노이만은 특히 결과를 그래프로 보여주는 출력장치에 관심이 많았다.

전기기술을 사용했기에 기기에서의 숫자는 이진법으로 표현되며, 따라서

EDVAC 컴퓨터 앞의 요한 폰 노이만(오른쪽)과 로버트 오펜하이머

모든 기기의 숫자 저장에는 두 수만 필요하다.

기기는 1952년 완성되었다. 3600개의 진공관을 지닌 이 기기는 최초의 프로그램내장형 컴퓨터로 이전의 회로를 변환하는 방식의 컴퓨터와는 달랐다. 문제가 있기는 했지만 폰 노이만이 설계한 모델은 이후 컴퓨터의 발전에 있어서 매우 중요했다.

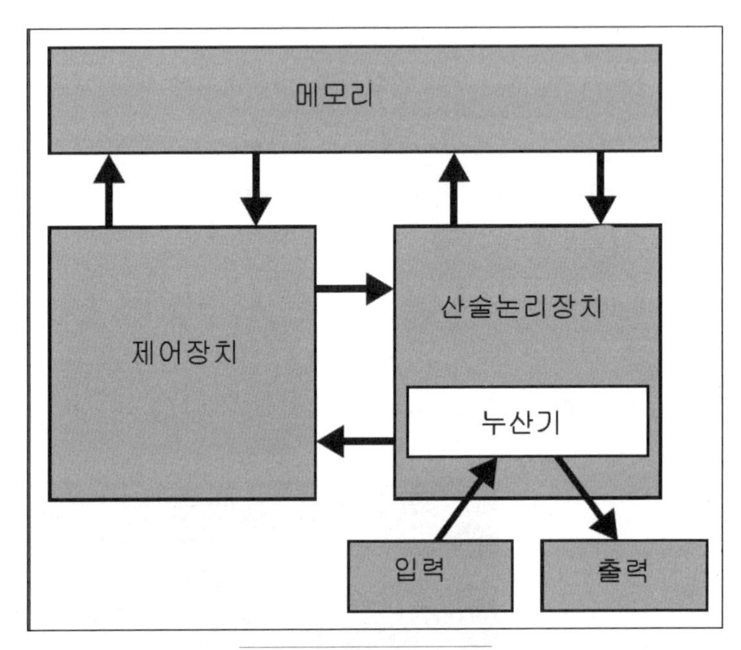

폰 노이만이 아키텍쳐를 설계하다

튜링

Turing

앨런 튜링(1912~1954)**은 수학자, 논리학자, 철학자, 암호해독자, 컴퓨터과학의 청시자였다. 그는 알고리즘과 계산의 아이디어로 만든 튜링기계**(Turing Machine)**, 인공지능 혹은 기계지능의 튜링테스트**(Turing test)**로 기억된다. 2차 대전 중 논리구조를 치밀하게 해석하는 튜링의 암호해독 활동으로 논리구조에 의존하는 독일의 암호기기는 효력을 발휘하지 못했다.**

런던에서 태어난 튜링은 1931년 캠브리지 킹즈 칼리지에 입학했고 졸업 후 연구원으로 선임되었다. 1936년 튜링은 박사학위를 위해 프린스턴 대학교로 갔다가, 1938년 다시 캠브리지로 돌아왔다.

전쟁이 발발하자 튜링은 블레츨리 파크의 정부암호학교로 옮겨갔다. 전쟁이 끝나고 튜링은 컴퓨터, 자동계산장치(Automatic Computing Engine, ACE)를 개발하기 위해 연구하는 런던의 국립물리학 연구소로 옮겨갔다. 튜링의 대학에서의 마지막 지위는 맨체스터 대학교의 컴퓨터연구소 부소장이었다.

튜링은 이후 블레츨리 파크를 잇는 정부통신본부(GCHQ)의 자문으로 일했지만, 1952년 동성애로 재판을 받게 되자 해고당했다. 위험인물로 국가정보원의 엄한 감시를 받게 된 튜링은 침대 곁에 청산

가리가 묻은 사과만 남겨 놓은 채 세상을 떠났다. 조사결과 자살로 판명됐다.

튜링기계

튜링은 수학적 논리를 묻는 힐베르트의 결정문제에 흥미를 가졌다.

수학적 논제가 주어진다면, 논제가 참인지 혹은 거짓인지를 결정할 수 있는 알고리즘을 찾을 수 있을까?

이 문제를 다루기 위해 튜링은 알고리즘의 실행가능한 정의가 필요했고, 그래서 튜링은 이를 이후 튜링기계(Turing Machine)라 불리는 추상적 기기의 산출결과와 연결했다. 튜링기계는 무한히 긴 테이프와 한정된 수의 진술 가운데 임의의 하나인 요소로 구성된다. 테이프에서 회수된 기호에 따른 이러한 진술은 바뀔 수 있다.

이후 튜링은 한 단계 나아가 다른 모든 튜링기계를 모방할 수 있는 범용튜링기계(Universal Turing Machine)를 상상했다. 이는 현대 컴퓨터와 유사하며 프로그래밍이 적절히 바뀐다면 다른 작업을 할 수 있다. 1936년에 튜링은 논증할 수 없는, 즉 알고리즘이 참인지 거짓인지 결정할 수 없는 수학적 전제가 있다고 부정적으로 답했다. 튜링기계의 아이디어는 컴퓨터 이론의 토대가 되었다.

블레츨리 파크(Bletchley Park)

2차 세계 대전 중 영국의 암호 해독 본부였던 블레츨리 파크에서 튜링과 그의 동료들은 독일의 전자 회전체 암호 기기인 에니그마(Enigma)와 로렌츠(Lorenz)가 만들어내는 암호를 해독했다.

아래 예에서 자판을 누르면 세 개의 회전체를 거치면, 반사되고, 다시 회전체를 통과하는데 이 과정을 거치며 문자는 암호가 되어 램프에 표시된다. 결정적으로 회전체 중 하나에서 새로운 신호 경로가 만들어진다. 자판이 눌러진 결과 첫 번째 회전체가 완전히 회전하면 가운데 회전체가 움직이기 시작하고, 가운데 회전체가 완전히 돌아가면 마지막 회전체가 움직이기 시작한다.

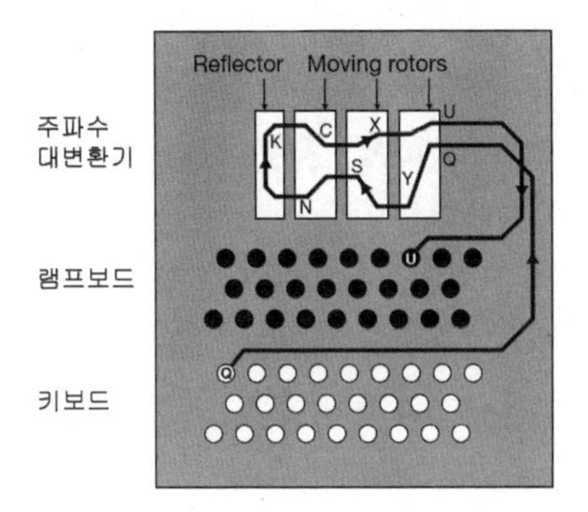

이러한 기기의 논리회로 특징은 회전체에 어떤 문자가 주어져도 암호가 대칭적이 된다는 것이다. 예컨대 문자 Q가 문자 U로 암호화된다면 U도 Q로 암호화된다. 특별히 어떤 문자가 그대로 남는 경우는 절대 없다. 튜링은 이러한 기기의 논리회로 구조를 분석하여 성공적으로 메시지를 해독했다.

영국정보부 당국의 역사학자는 2차 세계 대전에서 블리츨리 파크가 제공한 정보 덕분에 '그렇지 않았다면 4년은 걸렸을 전쟁을 2년이 되지 않게' 기간을 줄였다고 발표했다.

성장과 생물에서의 형태

튜링은 평생 동안 살아있는 유기체의 성장패턴과 형태에 관심을 가졌다. 그의 인생이 끝나갈 때 튜링은 다양한 수학적 기법을 이 주제에 적용했다. 튜링은 특히 식물에서 피보나치 수가 나타나는 것, 예컨대 해바라기 꽃에서의 나선 패턴을 설명하길 원했다.

튜링은 먼저 처음에 대칭이었던 생물학 체계가 어떻게 그 대칭구조를 잃게 되는지를 살폈고, 이러한 일이 화학적 확산과 반응을 원동력으로 발생하는데 놀랐다. 컴퓨터를 사용해 튜링은 이러한 화학 반응을 모형으로 만드는 선구적 작업을 했고 그 결과를 1952년의 논문 〈형태발생의 화학적 기초(The chemical basis of morphogenesis)〉로 발표했다.

튜링 테스트

1950년 저널 《마인드(Mind)》에 실린 논문 〈컴퓨터 기기와 정보(Computing and Intelligence)〉를 튜링은 이렇게 시작한다.

앨런 튜링

생각해 볼 문제를 제시한다. '기기는 사고할 수 있을까?'

튜링은 기계 한 대, 여자 한 명을 한 방에, 심문자 한 명을 다른 방에 두고서 이 문제를 다듬었다. 튜링 테스트라 불리는 이 실험의 목적은 심문자가 어떤 것이 기계이고 어떤 것이 여자인지를 결정할 수 있는가이다. 기계와 여자는 심문자에게 의사를 전달할 수 있지만 그들의 존재를 알리는 어떤 단서도 주어서는 안 된다.

앞서 튜링 기계 연구에서, 그는 기계가 무엇을 할 수 없는지에 집중했다. 이번에 튜링은 컴퓨터가 무엇을 할 수 있는지에 주안점을 두었다. 특히 뇌의 활동을 컴퓨터가 모방할 수 있는지를 알아보고자 했다. 튜링 테스트는 철학과 인공지능에서 매우 중요하다.

부르바키

Bourbaki

찰스 부르바키는 19세기 프랑스 장군으로 크림전쟁과 프로이센-프랑스전쟁에서 이름을 날렸지만 수학에 관심이 있다고는 알려지지 않았다. 그와 동명인 니콜라 부르바키 (b. 1934)**는 프랑스의 실존했던 수학자가 아니지만 여러 저작은 20세기 많은 순수수학에 지대한 영향을 끼쳤다.**

부르바키는 30년이 넘는 시간 동안 온전히 체계적이고 공리적인 순수수학을 제시하고자 영향력 있는 일련의 책을 썼던 (주로 프랑스인) 한 무리의 수학자가 사용한 가명이었다.

'부르바키' 모임의 탄생

1934년 말, 앙드레 베유[André Weil]와 앙리 카르탕[Henri Cartan]은 그들의 강의에 필요한 미적분텍스트에 관해 불평을 했다. 정기적으로 파리에서의 수학세미나에 참석하며 그들은 점심시간 동안 수학적인 관심사를 논의하기 위해 파리의 라틴구역에 있는 카페 카풀라드(Café Capoulade)에서 다른 수학자들과 만나곤 했다. 그와 같은 점심 모임에서 여러 사람들이 우수한 미적분텍스트를 집필하기 위한 모임을 형성하기로 의견이 모아졌다. 최초 계획은 기본원칙들로 시작해 앞서의 원칙들을 바탕으로 하고 무엇도 당연하지 않은 체계적으로 미적분을 전개하는 1000페이지짜리 책 한 권을 쓰는 것이었다.

베유와 카르탕 외에도 클로드 슈발리[Claude Chevalley], 장 델사르트[Jean Delsarte], 장 디외도네[Jean Dieudonné], 르네 드 포셀[René dc Possel]과 바로 합류한 다른 사람들이 부르바키 모임의 창립멤버였다.

두 명의 부르바키: 앙리 카르탕과 장 피에르 세르

초기의 책들

미적분 책을 어떻게 일관된 체계로 쓸 것인가를 논의하며 그들은 기본으로 돌아가 그 주제의 토대를 정리해야 할 필요를 깨달았다. 그들은 곧 전체적으로 연속된 책이 필요하다는데 동의했고 그들의 프로젝트는 순수수학 전체의 기본토대를 세우는 것으로 확장되었다.

수학책 시리즈의 제목으로 그들은 모든 주제를 포함하는 《수학원론(Eléments de mathématique)》을 선택했다. 1권은 집합이론에 관한 것으로 1939년에 출판되었다. 이후 2차 세계 대전이 일어났다. 여러 책들의 각 장은 계속해서 집필되었지만 1958년이 되어서야 다음 5권이 나왔다.

책을 쓰는 일은 쉽지 않았다. 부르바키 모임의 구성원들은 때로 1주나 2주 동안 만났고, 미래에 영향을 미치도록 순수수학의 토대

부르바키의 첫 여섯 권 책

1권 집합이론

2권 대수학

3권 위상수학

4권 실변수가 하나인 함수론

5권 위상벡터공간론

6권 적분론

를 놓는 최선의 방법이 무엇인지에 관해 빈번히 논쟁했다. 엄밀하고 구조적으로 탁월하게 추상적 내용을 다루는 자료를 제공하는 것은 매우 중요했다. 수학의 모든 토대가 확실히 놓이기까지 우리가 현재 사용하는 기본적인 수체계조차도 엄밀하고 수학적 특징을 가지지 않았다.

부르바키 모임의 '쇠퇴'

첫 여섯 권의 책은 매우 영향력이 있는 것으로 판명됐으나 많은 사람들은 이를 폄하하기도 했다. 이 책들은 전통적인 의미에서 텍스트가 아니었다. 즉, 그 내용은 간단한 아이디어에서 더욱 복잡한 것으로 진행되지 않았고, 또한 구조

(뒷줄) 카르탕, 드 포셀, 디외도네, 베유, 실험실 기사 (앞줄 왼쪽에서 오른쪽) 머레스, 슈발리, 망델브로이

화된 자료는 해석이 어려웠다. 뿐만 아니라 응용은 무시되고 문제 해결은 지금까지처럼 강조되지 않았다.

부르바키 책의 전성기는 1950년대와 1960년대로 새로운 구성원들이 프로젝트를 계속하기 위해 모임에 합류했다. 이때 피에르 사뮈엘[Pierre Samuel], 장 피에르 세르[Jean ; Pierre Serre], 로랑 슈바르츠[Laurent Schwartz]가, 이후 아르망 보렐[Armand Borel], 세르주 랭[Serge Lang], 알렉상드르 그로탕디엑[Alexandre Grothendieck], 존 테이트[John Tate]가 모임에 합류했는데 모두들 자기 분야에서 뛰어난 경력을 지닌 사람들이었다.

수학의 범위가 넓어지고 여러 방향으로 향했기에 프로젝트는 결국 침체되기 시작했고 모임은 더 이상 유지될 수 없었다. 하지만 이러한 모든 문제에도 불구하고 부르바키 모임은 프로젝트를 포기하지 않고 계속해서 책을 냈다.

왜 '부르바키' 인가?

1918년 무렵, 앙드레 베유와 파리의 고등사범학교(École Normale Supérieure)의 여러 1학년 학생들은 수학강연에 초대받았다. 여기서 수염을 붙이고 유명한 수학자의 모습으로 꾸민 (사실은 상급생인) '뛰어난 강의자'가 다양한 '정리'를 제시했는데 이는 점점 더 장난스러워졌다. 그리고 (어떤 이유에서인지) 여기에 19세기 프랑스 장군의 이름을 붙였다. 강연자는 그의 마지막 연구를 부르바키 장군의 이름을 따서 '부르바키 정리'라 불렀다. 몇 년 후 이러한 속임수 강의를 회상하며 베유는 모임의 모든 책의 저자를 '부르바키'라는 가명으로 해야 한다고 장난스레 제안했다.

로빈슨과 마티야세비치

Robinson and Matiyasevich

힐베르트의 23문제 중 하나인 10번은 특정 유형의 방정식이 정수해를 가지는지 아닌지를 결정하는 체계적 절차가 있는지를 묻는다. 이 문제를 해결하는 중요한 논문을 미국의 줄리아 로빈슨(1919~1985)**이 썼고, 러시아의 젊은 수학자 유리 마티야세비치** (1947)**가 질문에 답을 했다. 둘 사이의 효과적 공동연구는 두 대륙을 가로질러 행해졌다.**

줄리아 로빈슨(니 보우먼)은 어려운 아동기를 보냈다. 2살 때 어머니가 돌아가시고 로빈슨과 그녀의 언니는 애리조나 사막의 작은 마을로 보내졌다. 아버지가 재혼을 하자 샌디에이고로 이주했지만 로빈슨은 성홍열과 류머티스성 열을 앓았기에 2년 동안 학교에 갈 수 없었다. 그때부터 로빈슨은 건강했던 적이 없었다. 수업을 따라잡은 후, 로빈슨은 수학과 물리학에 관심을 가졌고 샌디에이고 주립대학교에서 이를 공부했고 이후 UC버클리대학교로 전학했다.

버클리대학교에서 로빈슨은 수학사 강의를 들었고 E. T. 벨의 《수학을 만든 사람들(Men of Mathematics)》에 큰 영감을 받았다. 그녀는 라파엘 로빈슨[Raphael Robinson]의 수이론 강의도 들었는데 그는 이후 로빈슨의 남편이 되었다.

졸업 후, 로빈슨은 박사학위를 받기 위해 논리학자 알프레드 타르스키[Alfred Tarski]와 함께 수학적 논리를 연구했다. 로빈슨은 (랜드 연구소에서 일한 일 년 동안) 2인 제로섬게임에 대한 영향력 있는 논문을 썼고, 또 통계학에 관한 논문도 썼지만 이후 출판물은 거의 대부분 힐베르트의 문제 10번과 관련됐다.

줄리아 로빈슨

힐베르트의 문제 10번

앞서 살펴본 디오판토스 방정식은 정수해를 구하는 방정식이다. 이러한 방정식의 예를 들면,

- 피타고라스 정리 : $x^2+y^2=z^2$ (한 해는 $x=3$, $y=4$, $z=5$이다),
- 펠의 방정식 : $3^2+1=y^2$ (한 해는 $x=1$, $y=2$이다)
- 페르마의 정리 : $x^4+y^4=z^4$(양의 정수해를 가지지 않는다)

힐베르트의 문제 10번은 위의 첫 두 개와 같은 디오판토스 방정식이 정수해를 가지는지 결정하는 것과 관련이 있었다.

> 정수 계수를 갖는 디오판토스 방정식에서, 그 방정식이 정수해를 갖는지 결정하는 한정적, 단계적 절차가 존재하는가?

이 문제는 전적으로 실존적이다. 즉, 만약 존재한다면 그러한 해를 어떻게 찾아야 하는지를 묻지 않는다.

힐베르트 문제에 대한 답이 '그렇다' 이면 (알고리즘이라 부르는) 특정절차를 통해 이를 결정할 수 있다. 하지만 답이 '아니다' 이면 그러한 알고리즘이 존재할 수 없다는 것을 증명해야 하기 때문에 이 문제는 더욱 까다로워진다.

유리 마티야세비치

이 문제에 있어 로빈슨의 큰 공로는 '로빈슨 가설'로 알려진 것이었다. 그러한 알고리즘이 존재하지 않음을 보이고자 로빈슨은 말했다.

> 어떤 디오판토스 방정식에 관해 말하자면 다항식보다 빠르게 커지지만 너무 빠르지는 않다. 예컨대 2의 거듭제곱과 같다.

힐베르트의 문제에 관심을 가졌던 다른 수학자는 러시아 상트페테르부르크 대학교의 젊은이 유리 마티야세비치였다. 아직 학부생이었지만 그는 이 문제를 연구하는 프로젝트에 참여했다. 1970년, 22세의 나이인 마티야세비치는 로빈슨의 가정을 활용해 힐베르트의 문제를 풀어 그러한 알고리즘은 존재하지 않는다는 답을 얻었다. 하지만 그는 2의 거듭제곱이 아닌 피보나치 수를 활용했다.

결국 로빈슨과 마티야세비치는 여러 공동논문에서 그들의 아이디어를 전개했다. 복사기가 없었기에 손으로 쓴 긴 편지가 도착하는데 3주가 걸리는 등 (때로는 우체국에서 편지가 분실되기도 했다) 의사소통은 어려웠다. 비자문제 때문에 마티야세비치의 여행은 빈번하게 막혔지만 마침내 1971년 루마니아 부다페스트, 다음에는 1982년 캐나다 캘거리의 컨퍼런스에서 그들은 만났다.

유리 마티야세비치

연속 발생 다항식(Sequence-Generating Polynomials)

로빈슨과 마티야세비치의 연구결과 중 하나는 변수를 음이 아닌 정수로 치환할 때 특정 값을 갖는 (변수가 여럿인) 다항식의 존재를 증명했다는 것이다. 예컨대 다음의 다항식을 생각해보라.

$2xy^4+x^2y^3-2x^3y^2-y^5-x^4y+2y$

x와 y의 범위가 0이 아닌 모든 정수일 때, 이 식에서 양의 값과 음의 값이 모두 나올 수 있다. 하지만 모든 양의 값이 피보나치 수이고 여기서 모든 피보나치 수를 구할 수 있다. 예컨대 $x=5$이고 $y=8$이면 피보나치 수는 8이다.

마찬가지로 변수가 $a, b, \cdots, z$ 이렇게 26개인 다음의 다항식을 생각해보라.

$(k+2)\{1-[wz+h+j-g]^2+[(gk+2g+k+1)(h+j)+h-z]^2$
$-[16(k+1)^3(k+2)(n+1)^2+1-f^2]^2-[2n+p+q+z-e]^2$
$-[e^3(e+2)(a+1)^2+1-0^2]^2-[(a^2-1)y^2+1-x^2]^2-[16r^2y^4(a^2-1)+1-u^2]^2$
$-[((a+u^2(u^2-a))^2-1)(n+4dy)^2+1-(x+cu)^2]^2-[(a^2-1)l^2+1-m^2]^2$
$-[ai+k+1-l-i]^2-[n+l+v-y]^2$
$-[p+l(a-n-1)+b(2an+2a-n^2-2n-2)-m]^2$
$-[q+y(a-p-1)+b(2ap+2a-p^2-2p-2)-x]^2$
$-[z+pl(a-p)+t(2ap-p^2-1)-pm]^2\}$

$a, b, c, \cdots$, 범위가 0이 아닌 모든 정수이면, 이 식에서 양의 값과 음의 값이 모두 나올 수 있다. 하지만 모든 값이 소수이고 여기서 모든 소수를 구할 수 있다.

힐베르트의 문제 해결에서의 두드러진 역할로 줄리아 로빈슨은 큰 명예를 얻었고 주요한 많은 활동에 초청받았다. 로빈슨은 미국수학협회의 콜로키움에서 강연했고, 미국국립과학아카데미에 여성 최초로 임명되었고, 미국수학협회의 회장이 되었다.

아펠과 하켄

Appel and Haken

평면 위 지도에서 인접한 나라를 서로 다른 색으로 색칠하려면 몇 가지 색이 필요할까? 이 문제는 1852년 처음 제기되었지만 1976년까지 풀리지 않았다. 케네스 아펠(1932)과 볼프강 하켄(1928)의 이 문제풀이법은 논란이 되었다. 컴퓨터에 크게 의존하였기 때문에 수학적 증명의 특성에 관한 철학적인 질문이 제기되었기 때문이었다.

1852년 10월 23일, 런던 칼리지 대학교의 수학과 교수 오거스터스 드 모르간은 윌리엄 로언 해밀턴에게 편지를 썼다.

> 오늘 내 학생 한 명이 내가 알지 못했던, 그리고 지금도 여전히 모르는 사실이 사실인지를 설명해달라고 내게 요청했네. 그 학생이 물었던 것은 만약 하나의 그림을 되는대로 나누고 나뉜 각 부분이 겹쳐지지 않도록 다른 색으로 칠하려면 그 이상이 아닌 4가지 색이 필요할 것이다. (…) 질문은 5가지 혹은 그 이상의 색이 필요하지 않다는 것이네. (…) 내 학생은 잉글랜드의 지도를 색칠하며 그것을 알아냈다고 말하네. (…)

하지만 드 모르간은 4색 징리(four-color theorem)로 알려지게 된 것을 증명하지 못했다.

> 모든 지도는 최대한 4가지 색으로 칠해질 수 있다.

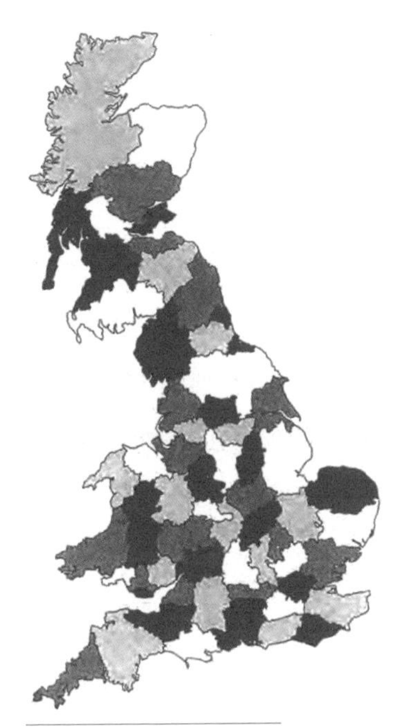
4가지 색으로 칠해진 브리튼 섬

드 모르간의 사후, 아서 케일리가 1878년 6월 런던수학협회 모임에서 제기하기까지 이 문제는 전반적으로 잊혀졌다. 이듬해 케일리의 캠브리지 제자였던 알프레드 켐페[Alfred Kempe]가 '증명'을 했고 그의 증명은 1980년 더럼의 퍼시 히우드[Percy Heawood]가 치명적인 오류를 찾아내기까지 널리 인정받았다. 하지만 켐페의 증명에서 모든 지도는 최대한 4가지 색으로 칠해질 수 있다를 추론하기에는 충분했다.

두 가지 중요한 아이디어

비록 켐페의 증명에 결함이 있지만, 그것은 이후 아펠과 하켄이 시도하고 결국 증명하도록 만든 두 가지 유용한 아이디어를 담고 있었다.

- 불가피한 조합(Unavoidable sets) : 모든 지도는 2, 3, 4 혹은 5의 경계선으로 둘러싸인 지역을 적어도 하나는 포함해야 한다. 즉, 이각형, 삼각형, 사각형, 혹은 오각형을 적어도 하나 포함해야 함을 켐페가 증명했다. 모든 지도는 이러한 형태 가운데 적어도 하나는 포함해야 하기 때문에 이러한 4가지 형태의 조합이 불가피하다(unavoidable)고 말한다.

- 단순화할 수 있는 형태(Reducible configurations) : 켐페는 또한 이각형, 삼각형 혹은 사각형을 포함하는 모든 지도는 4가지 색으로 칠해질 수 있으며 이에 반대되는 예는 없다는 것 역시 증명했다. 우리는 이러한 형태를 단순화할 수 있다(reducible)고 말한다. 켐페는 오각형 역시 단순화할 수 있음을 증명했다고 믿었지만 그의 주장은 잘못된 것이었다. 만약 그 주장이 옳다면 4색 정리는 증명되었을 것이다.

만약 지도에 이각형, 삼각형 혹은 사각형이 포함되지 않는다면 지도에는 하나의 오각형뿐 아니라 이웃한 2개의 오각형 혹은 이웃한 오각형과 육각형을 포함해야 함이 1904년에 증명되었다. 따라서 이각형, 삼각형, 사각형 그리고 이러한 두 형태를 포함하는 조합 역시 불가피하다.

다른 한편 유명한 미국의 수학자 조지 버코프[George Birkhoff]가 4색 문제에 매료되었고 4개의 이웃한 오각형으로 만들어진 '버코프 다이아몬드' 역시 단순화할 수 있음을 증명했다.

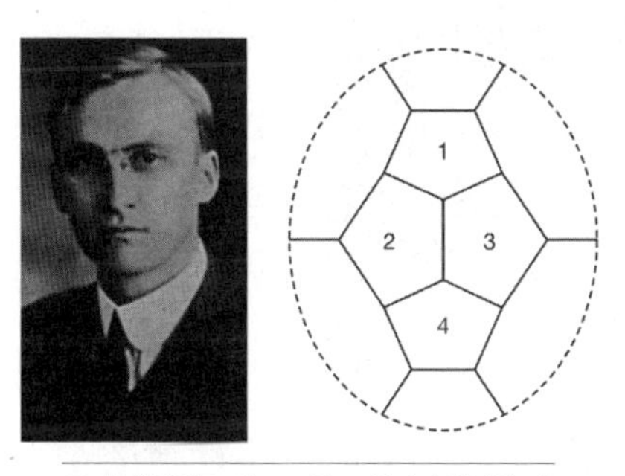

조지 데이비드 버코프와 그의 '다이아몬드'

이때부터 불가피한 조합과 단순화할 수 있는 형태 연구가 계속되었다. 수학자들에게 '르베그 적분'으로 더 잘 알려진 앙리 르베그[Henri Lebesgue]는 여러 가지 불가피한 조합을 찾은 반면에 수년 동안 수천 가지 단순화할 수 있는 형태를 발견했다.

힐베르트의 문제 하나를 풀었고 그 자신이 4색 정리를 거의 증명할 뻔했던 독일의 수학자 하인리히 헤슈[Heinrich Heesch]가 지적한 것처럼 이러한 연구의 목적은 단순화할 수 있는 형태의 불가피한 조합(un avoidable set of reducible configurations)을 제시하는 것이다. 이러한 조합을 찾아내면 4색 정리가 증명된다. 형태의 조합은 불가피하고 모든 지도에는 적어도 하나의 형태가 포함되어야 하지만 조합에 포함된 각 형태는 단순화할 수 있고 모든 경우 지도의 색칠이 가능하기 때문이다.

아펠과 하켄의 해법

마침내 4색 정리를 증명한 사람은 일리노이 대학교의 케네스 아펠[Kenneth Appel]과 볼프강 하켄[Wolfgand Haken]이다. 그들은 1976년 7월 24일 그들의 증명을 발표했다.

케네스 아펠과 볼프강 하켄

하켄은 헤슈의 소개로 이 문제를 처음 접했는데 헤슈는 (그 수가 매우 많지만) 단순화할 수 있는 형태의 불가피한 조합이 존재한다고 믿었다. 대부분의 연구자들은 먼저 상당수의 단순화할 수 있는 형태를 이끌어냈고, 이후 그것들을 불가피한 조합으로 묶으려 했던 반면에 아펠과 하켄은 '단순화될 수 있을 것 같은' 형태의 불가피한 집합을 구한 이후 컴퓨터를 활용해 단순화 가능성을 검사하고 필요에 따라 집합을 수정하는 방식을 택했다. 컴퓨터를 1,200시간 동안 가동하고 3년간 컴퓨터와 인간이 상호작용했던 이러한 방대한 작업은 결국 1936가지 단순화할 수 있는 형태의 불가피한 집합을 찾아냈는데 이는 이후 1482가지로 축소되었다.

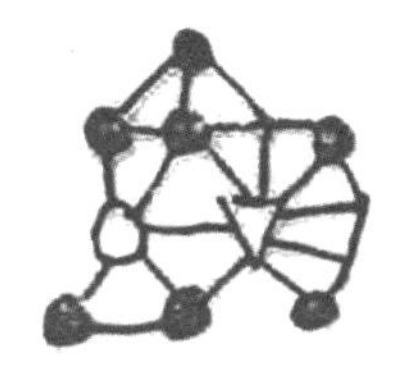

아펠과 하켄의 3가지 형태

만델브로

Mandelbrot

20세기에 등장한 흥미로운 수학 분야는 프랙탈 기하학(fractal geometry)으로 사실 그 기원은 볼차노, 푸앵카레에서 찾을 수 있다. 브누아 만델브로(1924~2010)가 이 사안을 주도하고 크게 발전시켰으며 또한 최신 유행하는 카오스 이론과 밀접하게 연관 지었다.

만델브로는 폴란드에서 태어났고, 미국의 컴퓨터 회사에서 직장생활의 대부분을 보냈다. 만델브로는 75세에 예일 대학교에 합류했고 2005년에 은퇴했다.

Q. 영국 해안선의 길이는?

브누아 만델브로

만약 자를 가지고 이를 측정하려 한다거나 혹은 지구에서 멀리 떨어져 영국을 바라본다면, 영국 해안선의 길이를 어림잡아 잴 수 있을 것이다. 하지만 더욱 정확하게 측정하려 하거나 지구에 더욱 가까이에서 바라본다면 더욱 많은 해협과 만을 보게 될 것이고 이에 따라 해안선의 길이는 늘어날 것이다. 더욱 가까이 들여다볼수록 해안선 길이는 더욱 길어지는 듯하다. 비록 한정된 지역을 감싸고 있지만 사실 영국 해안선의 길이는 끝이 없다.

폰 코흐의 눈송이 곡선

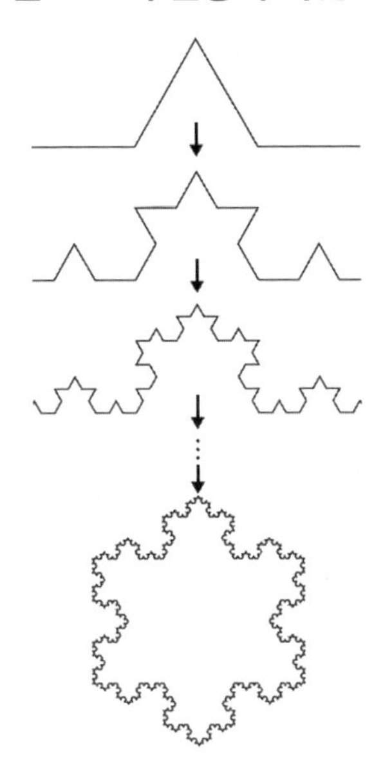

비슷한 상황이 눈송이 곡선(snowflake curve)에서도 발생한다고 1906년 스웨덴의 수학자 헬게 폰 코흐[Helge von Koch]가 설명했다. 눈꽃송이를 작도하기 위해 먼저 등변삼각형(정삼각형)을 그린다. 그리고 등변삼각형 양 변의 중앙3분점(더 작은 삼각형의 변이라 생각할 수 있다)에 다른 정삼각형의 두 변을 그리면 원래 삼각형의 양변에 '돌출부'가 만들어진다. 각 변에 이 과정을 반복하면 결과로 마지막 그림이 나온다.

영국 해안선처럼 한정된 영역을 둘러싸고 있지만 눈송이의 길이는 무한하다. 이를 더욱 가까이서 들여다보면 이 역시 (더욱 작지만) 일부가 동일한 형태를 지니는 자기유사성(self-similar)이 있다. 이러한 자기유사성은 20세기에 큰 관심을 얻은 주제인 프랙탈 패턴(fractal pattern)의 기순이 되는 특징이다.

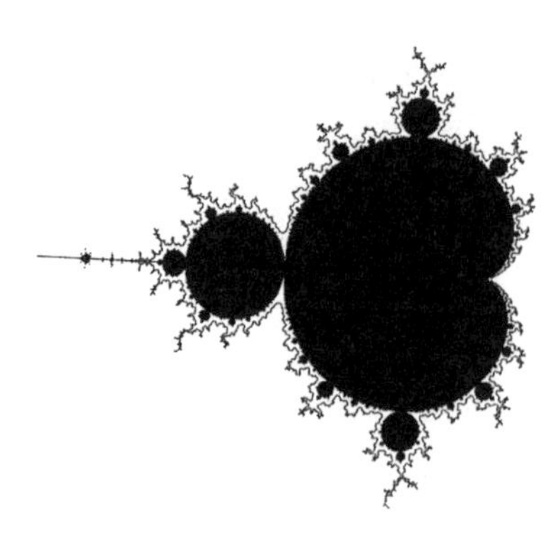

만델브로 집합과 경계부분의 상세한 모습

만델브로 집합

브누아 만델브로는 프랙탈 패턴을 구하는 새로운 방법을 설명했다. $z \rightarrow z^2+c$ 변형을 생각해보라. 이때 c는 고정된 복소수이다. 초기 값을 제곱하고 c를 더해 새로운 수를 구하는 과정을 계속해서 반복하라. 예컨대 $c=0$이고 $z \rightarrow z^2$이면

- 초기 값이 2이면 4, 16, 256, ⋯ , 무한대로 나아간다.
- 초기 값이 $\frac{1}{2}$, $\frac{1}{4}$, $\frac{1}{16}$, $\frac{1}{256}$, ⋯ ,0을 향한다.

여기서 중심이 0이고 반지름이 1인 원 내부에 모든 점은 원 내부에 위치하고, 원주 위의 모든 점은 원주 위에 위치하고, 원 외부의 모든 점은 무한대를 향해 발산한다.

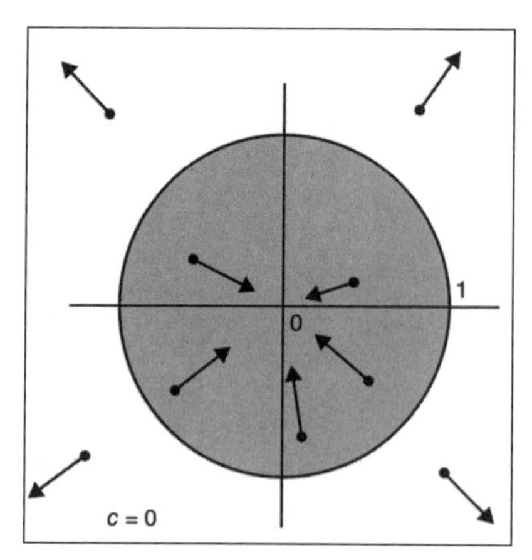

이러한 경계원(boundary circle)을 (프랑스의 수학자 가스통 쥘리아의 이름을 따서) c=0인 '쥘리아 집합'이라 부르고, 그 내부는 (점들을 보이도록

유지하기 때문에) 보존 집합(keep set)이다.

c의 값에 따라 다양한 경계곡선(쥘리아 집합)이 나온다. 예를 들어 c=0.25이면 '콜리플라워' 모양이 나오고, 반면에 $c=-0.123+0.745i$이면 일종의 토끼모양이 나온다. c의 값에 따라 쥘리아 집합이 한 조각이 되기도 하고 여러 조각이 되기도 한다.

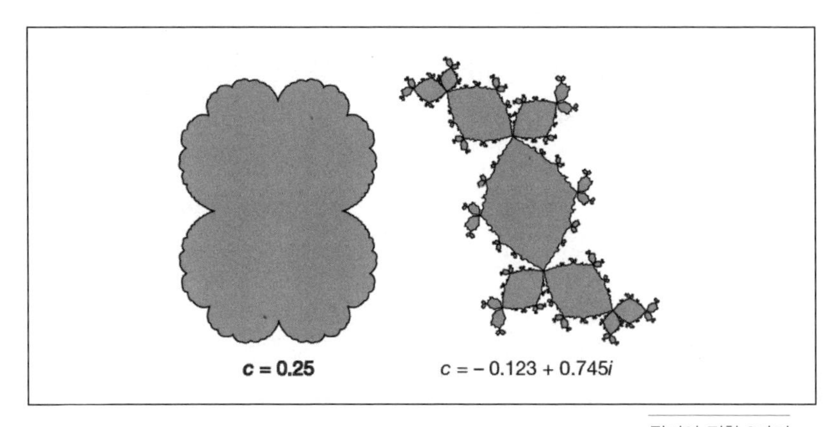

쥘리아 집합 2가지

만델브로는 한 조각으로 된 쥘리아 집합의 모든 복소수 c의 그림을 그렸고 현재 만델브로 집합이라 불리는 흥미로운 그림을 구했다. 이 집합은 카오스 이론의 연구에 등장해 숫자 c의 선택에 따라 변형움직임이 얼마나 민감할 수 있는지를 보여준다. 이것은 프랙탈 아트(fractal art)라는 이름 아래 전체 아름다운 모형을 만들어낸다.

와일즈

Wiles

모든 사람이 다 어린 시절의 꿈을 이루는 행운을 누리는 것은 아니지만 앤드루 와일즈(1953)는 그랬다. 학창 시절 우연히 페르마의 마지막 정리를 알게 되었고, 수년 동안 한결같이 그것을 연구했으며, 오랜 시간의 힘겨운 노력과 마법 같은 순간을 지나 마침내 그것을 증명했다.

와일즈는 그가 처음으로 페르마의 마지막 정리를 알게 되었을 때를 회상한다.

> 어느 날 우연히 공공도서관을 둘러보다가 수학책을 찾았다. 그 책은 이 문제의 내력을 간단히 설명했고, 10살이었던 나는 그것을 이해했다. 그 순간부터 내 자신이 그 문제를 풀고자 노력했다. 그것은 큰 도전이었으며 그것은 너무도 아름다운 문제였다. 이 문제가 바로 페르마의 마지막 정리였다.

와일즈는 옥스퍼드 대학교에서 공부했고 이후 캠브리지에서 박사학위를 받았다. 와일즈는 하버드 대학교와 독일에서 얼마간 머물렀고, 이후 프린스턴 대학교 고등연구소에 임용되어 그곳에서 20년 가까이 머물렀다. 그는 옥스퍼드 대학교로 돌아왔고 현재도 그곳에서 지낸다.

페르마의 마지막 정리

페르마가 방정식 $x^4+y^4=z^4$는 양의 정수해를 가지지 않음을 증명했고, 오일러가 방정식 $x^3+y^3=z^3$에서 유사한 결과를 증명했음을 앞서 우리는 살펴보았다. 하지만 '페르마의 마지막 정리'가 주장했던

> 임의의 정수 n (>2)에 대하여, $x^n+y^n=z^n$인 양의 정수 x, y, z는 존재하지 않는다.

는 모든 큰 수 n에 관하여 증명되지 않은 채 남아있었다.

페르마의 마지막 정리를 일반적으로 증명하는 것은 n이 소수임을 증명하면 충분하다. 예를 들어서 $n=20$인 경우를 다음과 같이 표기하여 $n=5$인 경우로 축소할 수 있다.

$x^{20}+y^{20}=z^{20}$는 $X=x^4$, $Y=y^4$, $Z=z^4$이면 $X^5+Y^5=Z^5$이다.

19세기에 독일의 수이론가 에른스트 쿠머[Ernst Kummer]는 $n=5$와 $n=7$인 경우와 '정규소수(regular prime)'라 불리는 큰 부류의 소수 또한 증명했다. 오랜 후, 그의 연구를 토대로 하고 현대 컴퓨터를 광범위하게 이용해 목록은 4,000,000이하의 모든 소수까지로 확장되었다.

돌파구

마침내 와일즈가 증명을 해내는데 중심이 되었던 두 가지 아이디어는 '타원곡선'과 '모듈러형(modular form)'이다. 타원곡선은 본질적으로 $y^2=x^3+rx^2+sx+t$ 형태의 방정식을 갖는 곡선으로 r, s, t는 정수이다. 일반적으로 말해서 모듈러형은 뫼비우스 변형 $f(z)=(az+b)\div(cz+d)$를 일반화한 것이라 생각할 수 있다.

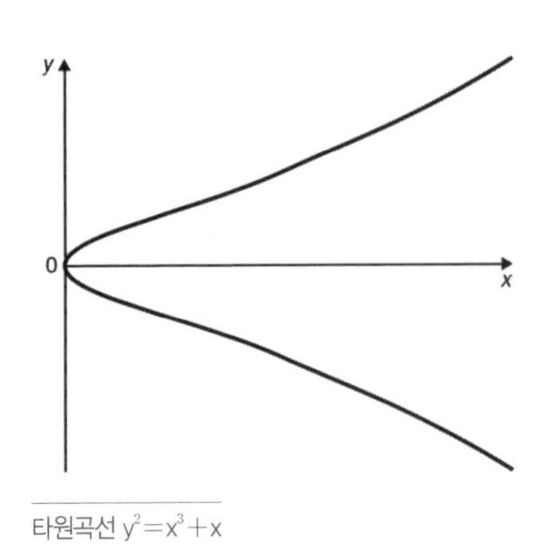

타원곡선 $y^2=x^3+x$

유타카 타니야마[Yutaka Taniyama]와 고로 시무라[Goro Shimura]는 모든 타원곡선은 모듈러형과 연관된다고 추정했고 이러한 추정의 증명(혹은 최소한 특정한 사례)은 페르마의 마지막 정리가 참이라는 의미임을 곧 깨달았다.

1984년 무렵 자르브뤼켄의 게르하르트 프레이[Gerhard Frey]의 발견으로 큰 발전이 있었다. 만약 페르만의 정리가 거짓이라면 그에 따라 방정식 $a^p+b^p=c^p$는 양의 정수 a, b, c와 소수 p를 갖게 되므로, 타원곡선 $y^2=x^3+(b^p-a^p)x^2-a^pb^px$ 는 모듈러일 수 없는 이상한 특성을 지닌다. 따라서 타니야마-시무라 추정은 모순이다.

타원곡선에 관해 강의하는 앤드루 와일즈

증명

이 단계에서 앤드류 와일즈가 논쟁에 가담했다. 프레이의 의견에 흥분한 와일즈는 페르마의 마지막 정리가 참이라는 의미를 내포한 타니야마-시무라 추정의 특정 경우를 증명하는 일에 매달렸다. 7년 동안 와일즈는 다른 활동에 모습을 보이지 않고 이 문제를 해결하는 데 집중했다.

> 이런 식으로 전념하지 않는다면 정상적인 당신은 수년 동안이나 집중할 수 없다. 구경꾼이 많으면 전념할 수 없다.

1993년에야 와일즈는 증명을 해냈다고 확신했고 세계적 열광과 찬사를 얻고자 캠브리지 대학교의 주요 컨퍼런스에 이 결과를 제시했다.

하지만 훌륭하고 자격이 되는 사람들이 증명을 세밀히 점검하는 동안 중대한 결함이 발견되었다. 1년이 넘게 와일즈와 박사과정 학생이었던 리처드 테일러[Richard Taylor]는 결함을 메우기 위해 분투했다. 와일즈는 포기하려고도 했다.

> 예기치 못하게 갑자기 놀라운 깨달음이 왔다. 그것은 내 연구 인생에서 가장 중요한 순간이었다.
>
> 내가 다시는 하지 못할 일이다 … 말로 형용할 수 없이 아름답고 너무도 간결하고 명쾌했다. 나는 믿을 수 없어하며 20분정도를 말똥말똥 바라봤다. 이후 낮 동안 수학과 주위를 돌아다녔다. 나는 그것이 여전히 그곳에 있는지 확인하고자 내 책상으로 계속해서 돌아왔다. 그것은 여전히 그곳에 놓여 있었다.

증명은 실제로 완벽했고 앤드루 와일즈는 기념비적인 성취의 순간을 자긍심과 기쁨으로 돌아볼 수 있었다.

내게 이런 의미가 될 다른 문제는 없다. 나는 어린 시절의 꿈을 어른이 되어서 추구할 수 있는 드문 특권을 가졌다. 나는 이것이 특별한 권한임을 알지만 누군가가 이렇게 했을 경우 그 보상은 누군가가 상상하는 것보다 더욱 크다는 것 또한 안다.

페렐만
Perelman

힐베르트가 파리에서 23가지 문제를 발표한 1세기 뒤인 2000년 8월, 새 천년에 수학을 널리 알리고자 7가지 '밀레니엄 문제'가 발표되었다. 해결에 각 문제당 100만 달러의 상금이 걸린 이러한 '수학의 히말라야 산맥'은 수학계에서 가장 어렵고 중요하다고 생각하는 것들이었다. 여기에 리만가설이 포함되는데 그것은 여전히 미해결인 채 남아있다. 다른 문제는 1904년 푸앵카레가 낸 푸앵카레 추측이었는데 최근에 이를 러시아의 수학자 그리고리 페렐만(1966)이 해결했다.

때때로 '구부러진 기하학(bendy geometry)'이라 불리는 위상수학은 하나의 모형을 다른 모형으로 구부리거나 변형할 때마다 두 모형을 동일하게 여기는 기하학의 분과이다. 예컨대 구와 원환체(torus)는 하나를 다른 하나로 변형할 수 없기 때문에 동일하지 않다. 반면에 구를 정육각형으로, 원환체를 찻잔으로 변형할 수 있다. 사실 사영수학자들은 베이글과 찻잔의 차이를 구분하지 못하는 사람들로 묘사되었다.

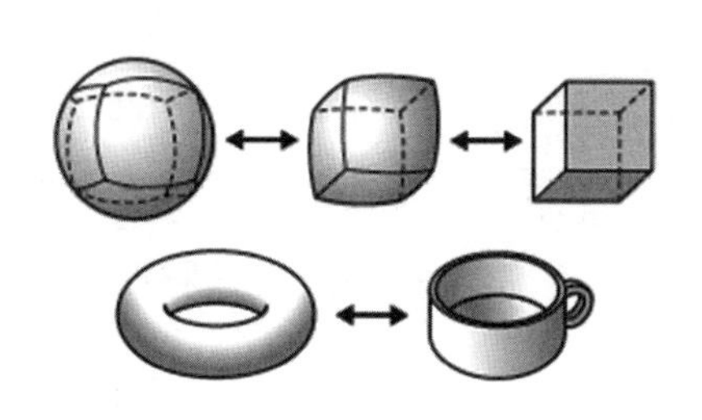

구와 원환체가 동일하지 않은 이유를 설명하는 다른 방법은 모형 표면에 실로 만

든 고리를 두고 고리를 한 점으로 수축시키는 것이다. 구에서는 실 고리를 어디에든 두든 그것은 항상 점으로 수축된다. 원환체에서는 구멍 때문에 때로는 가능하지만 항상 그렇지는 않다.

여기서는 다양한 형태가 아닌 구로만 관심을 제한한다.

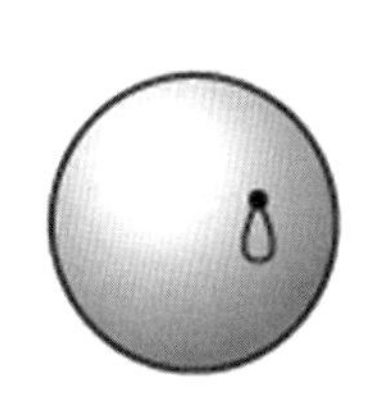

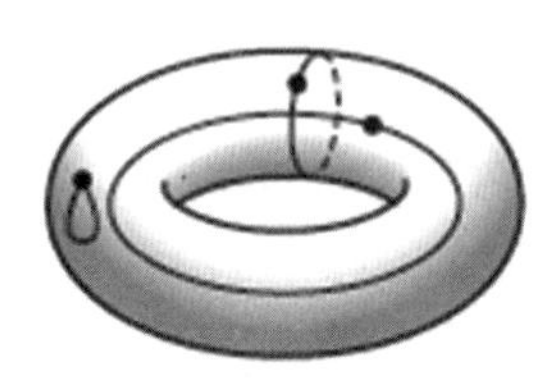

● 비록 2차원 공간에 존재할지라도 '구부러진 선'이기 때문에 여기서는 1차원 평면의 원을 살핀다. 이러한 '1차원 구'의 방정식은 $x^2+y^2=r^2$이다. 여기서 r은 반지름이다.

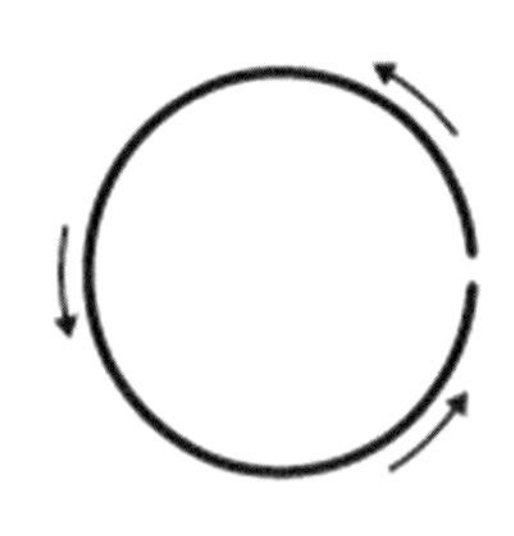

● 두 개 원을 채워 구부리고 대응점끼리 붙인다면, 구를 얻게 된다.(아래 그림) 비록 3차원 공간에 존재하지만 지금은 이러한 구를 2차원이라고 생각한다. 지구 표면에 서서 주변의 2차원 세상을 본다고 생각하라. 이러한 '2차원 구'의 방정식은 $x^2+y^2+z^2=r^2$이다.

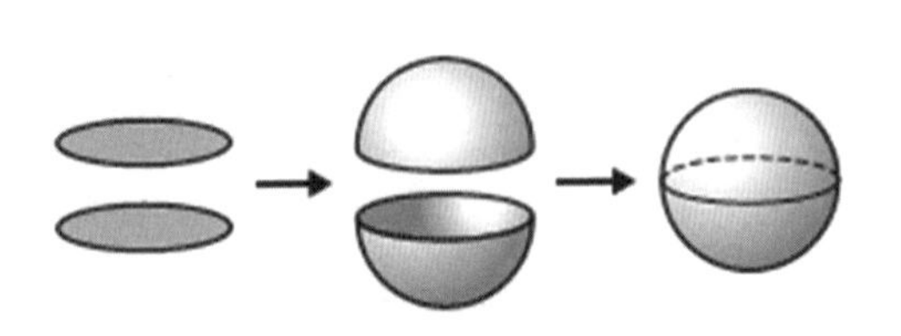

● 이런 식으로 계속할 수 있다. 3차원 구를 얻고자 2개의 구체를 취해 대응점끼리 붙인다. 3차원 세상에서 이러한 도형을 만들거나 시각

화할 수 없지만 4차원 공간에 존재하는 물체를 구하는 수학적 연구는 가능하다. 이러한 '3차원 구' 의 방정식은 $x^2+y^2+z^2+w^2=r^2$이다.

● 동일한 방식으로 4차원, 5차원, 심지어 그 이상 차원의 구를 생각해 볼 수 있다.

푸앵카레 추측

2차원 평면에서 다음이 증명될 수 있다.

> 구의 표면 (혹은 구로 변형될 수 있는 어떠한 형태의 표면)은 폐곡선이 수축되어 하나의 점이 되는 특징을 지닌 유일한 표면이다.

우리가 살폈듯 원환체와 다른 어떤 형태의 표면도 이러한 특성을 지니지 않는다. 하지만 고차원에서는 어떨까?

> 고차원 구의 표면은 폐곡선이 수축되어 하나의 점이 되는 특성을 지닐까?

푸앵카레는 마지막 질문에 대한 답을 '그렇다' 로 추정했고 이것이 푸앵카레 추측으로 알려졌다. 우리가 살펴보았듯 2차원 구에서 답은 '그렇다' 이다. 1960년대 미국의 수학자 스티븐 스메일[Stephen Smale]은 5차원 혹은 그 이상 차원 표면에서도 답이 그렇다임을 증명했다. 이후 1982년, 미국의 다른 수학자 마이클 프리드먼[Michael Freedman]은 이를 4차원 표면에서

그리고리 페렐만

증명했다.

하지만 3차원 표면에서는 어떨까? 이는 가장 어려운 문제였다. 아무도 이를 해결하지 못했고 이는 7가지 밀레니엄 문제의 하나가 되었다.

페렐만의 해법

페렐만은 수학신동이었다. 학생시절 페렐만은 국제수학올림피아드에 구소련 팀으로 참가했고 여기서 만점을 받았다.

2002년, 2003년에 페렐만은 푸앵카레 추측을 성공적으로 증명한 여러 권의 논문을 발표했다. 그의 해법은 심지어 전문가들조차도 이해하기 매우 어려웠다. 표면에 관련한 분석을 위해 페렐만은 표면에서 액체가 흘러내리는 다양한 방향을 근본적으로 살피고 이른바 리치 흐름(Ricci flow)이라 불리는 움직임을 연구했다. 이는 고체에서 열전도와 비슷하다.

페렐만의 논문은 수학계에 센세이션을 일으켰다. 하지만 페렐만은 수학연구는 재정적 보상이 아닌 자신의 만족을 위한 것이어야 한다고 굳게 믿으며 세상에 알려지는 것을 피했다. 스메일과 프리드먼은 모두 푸앵카레 추측의 해결에 기여한 공로로 필즈상을 받았지만 2006년 국제수학자회의에서 페렐만에게 이 상을 수여하려 하자 페렐만은 이를 거부했다. 4년 후, 페렐만은 밀레니엄 문제 중 하나를 해결한 댓가인 100만 달러 상금도 받기를 거부했다.

필즈상 수상자들

Fields Medallists

4년마다 열리는 국제수학자회의에서는 특별히 가장 우수한 젊은 수학자(40세 미만)에게 필즈상을 수여한다. 수년 동안 이 상은 수학의 노벨상이라 평가되었지만 2002년부터 노르웨이 학술원에서 새로운 아벨상이 제정되어 매년 수여되고 있다.

미국으로의 콜럼버스 항해 400주년 기념의 하나로 1893년 국제수학자회의는 시카고에서 콜럼버스 국제박람회(World's Columbian Exposition)를 개최했다. 45명의 수학자들이 참석했고, 미국이 아닌 곳에서 참석한 4명의 참석자 가운데 하나인 괴팅겐 대학교의 펠릭스 클라인이 개회사로 '수학의 현황'에 관해 강연했다.

첫 번째 공식 회의는 1897년 취리히에서 개최되었는데 그곳에서 매 3~5년에 한번 국제회의를 개최하기로 결정했다. 그 다음 회의는 1900년 파리에서 열렸고 바로 이때 힐베르트가 미래 수학의 문제라는 유명한 강연을 했다. 이러한 초기의 모임 이래로 통상적으로 4년마다 20회 이상의 국제회의가 세계 곳곳에서 개최되었다.

국제수학자회의는 대체로 사고 없이 개최되었으나 그 과정에 몇 번의 어려움은 있었다. 1920년과 1924년에는 독일과 오스트리아의 수학자들을 배제시켰다는 이유로 많은 수학자들이 회의 참가를 거

1897년 취리히에서의 최초 국제회의 회보

부했고, 반면 1982년 바르샤바 회의는 폴란드의 계엄령으로 연기되어야 했다.

두 명의 필즈상 수상자는 비자 제한 때문에 회의에 참석할 수 없었고, 반면 다른 수학자는 상 받기를 거절한 경우도 있었다.

필즈상

존 찰스 필즈[John Charles Fields]는 토론토 대학교의 수학과 교수였고 1924년 토론토 의회의 의장이었다. 회의를 통해 벌어들이는 수익과 이후 필즈의 개인 기부금이 합쳐져 현재 필즈상이라 알려진 '수학에서의 뛰어난 발견에 수여되는 국제메달'의 기금이 조성되었다. 1936년 처음으로 상이 수여되었는데 메달은 캐나다왕립조폐국(Royal Canadian Mint)이 만드는데 한 면에는 아르키메데스의 얼굴이 다른 면에는 필즈상을 설명하는 글귀가 적혀 있다.

국제수학자회의와 필즈상 수상자들

표에서 각각의 메달수상자들과 크게 연관된 나라를 알 수 있다.

1897년: 취리히, 스위스	—
1900년: 파리, 프랑스	—
1904년: 하이델베르크, 독일	—
1908년: 로마, 이탈리아	—
1912년: 캠브리지, 영국	—
1920년: 슈트라스부르크, 독일	—
1924년: 토론토, 캐나다	—
1928년: 볼로냐, 이탈리아	—
1932년: 취리히, 스위스	—
1936년: 오슬로, 노르웨이	Lars Ahlfors (핀란드), Jesse Douglas (미국)
1950년: 캠브리지, 미국	Laurent Schwartz (프랑스), Atle Selberg (노르웨이)
1954년: 암스테르담, 네덜란드	Kunihiko Kodaira (일본/미국), Jean-Pierre Serre (프랑스)
1958년: 에든버러, 영국	Klaus Roth (영국), René Thom (프랑스)
1962년: 스톡홀름, 스웨덴	Lars H?rmander(스웨덴), John Milnor (미국)
1966년: 모스코바, 구소련	Michael Atiyah (영국), Paul Joseph Cohen (미국), Alexandere

	Grothendieck (독일), Stephen Smale (미국)
1970년: 니스, 프랑스	Alan Baker (영국), Heisuke Hironaka (일본), Sergei Novikov (구소련), John G. Thompson (미국)
1974년: 밴쿠버, 캐나다	Enrico Bombieri (이탈리아), David Mumford (미국)
1978년: 헬싱키, 핀란드	Pierre Deligne (벨기에), Charles Fefferman (미국), Grigory Margulis (구소련), Daniel Quillen (미국)
1983년: 바르샤바, 폴란드	Alain Connes (프랑스), William Thurston (미국), Shing-Tung Yau (중국)
1986년: 버클리, 미국	Simon Donaldson (영국), Gerd Faltings (독일), Michael Freedman (미국)
1990년: 교토, 일본	Vladimir Drinfel'd (구소련), Vaughan F. R. Jones (뉴질랜드), Shigefumi Mori (일본), Edward Witten (미국)
1994년: 취리히, 스위스	Jean Bourgain (벨기에), Pierre-Louis Lions (프랑스), Jean-

	Christophe Yoccoz (프랑스), Efim Zelmanov (러시아)
1998년: 베를린, 독일	Richard Borcherds (영국), Timothy Gowers (영국), Maxim Kontsevich (프랑스/러시아), Curtis T. McMullen (미국)
2002년: 베이징, 중국	Laurent Lafforgue (프랑스), Vladimir Voevodsky (러시아)
2006년: 마드리드, 스페인	Andrei Okounkov (러시아), Grigori Perelman (러시아), Terence Tao (호주/미국), Wendelin Werner (프랑스)
2010년: 하이데라바드, 인도	Elon Lindenstrauss (이스라엘), Ngo Bao Chau (베트남), Stanislav Smirnov (러시아), Cédric Villani (프랑스)
2014년: 서울, 한국	Maryam Mirzakhani (이란), Artur Avila (브라질), Manjul Bhargava (캐나다), Martin Hairer (오스트리아)

아벨상 수상자들

2002년 6월, 아벨의 탄생 200주년을 기념하여 노르웨이의 과학, 문학 아카데미는 아벨상을 수여하기 시작했다. 매년 수학분야에서 뛰어난 과학적 업적을 이룬 사람에게 노르웨이의 왕이 수여한다.

2003년: Jean-Pierre Serre (프랑스)

2004년: Michael F. Atiyah (영국), Isadore M. Singer (미국)

2005년: Peter D. Lax (헝가리/미국)

2006년: Lennart Carleson (스웨덴)

2007년: S. R. Srinivasa Varadhan (인도/미국)

2008년: John G. Thompson (미국), Jacques Tits (프랑스)

2009년: Mikhail Gromov (러시아)

2010년: John T. Tate (미국)

2011년: John Milnor (미국)

2012년: Endre Szemerédi (헝가리/미국)

2013년: Pierre Deligne (벨기에)

2014년: Yakov Sinai (러시아)

지은이 레이먼드 플러드 & 로빈 윌슨
레이먼드 플러드(Raymond Flood)는 옥스퍼드의 명예교수이자 옥스퍼드 켈로그 칼리지의 전임 부총장이다. 대학에서 컴퓨터공학, 평생교육원에서 수학을 가르쳤다. 통계학과 수학역사에 큰 관심이 있다. 또한 영국수학역사협회의 전임 대표이기도 하다.
로빈 윌슨(Robin Wilson)은 개방대학 순수수학과 명예교수, 런던 그레셤 칼리지 기하학과 명예교수, 옥스퍼드 케블 칼리지의 전임 특별연구원이다. 현재 옥스퍼드 펨브룩 칼리지에서 강의한다. 영국수학역사협회의 차기 대표이며, 수학의 대중화를 위해 열심히 활동한다. 2005년에는 미국수학협회가 '뛰어난 글'에 수여하는 폴리야상(Pólya Prize)을 받았다.

옮긴이 이윤혜
한국외국어대학교에서 전공으로 영미문학을, 부전공으로 정치외교학을 공부했다. 옥상에 핀 민들레 한 송이가 울고 있는 꼬마의 마음을 위로하였던 것처럼, 좋은 책을 번역하여 누군가에게 도움이 되고 싶은 소망을 가지고 있다. 옮긴 책으로는 《아빠 딸이라 행복해요》, 《내 주변의 싸이코들》, 《도서관책 도난 사건》, 《은퇴의 기술(공역)》, 《교회를 변화시키는 리더십》, 《 쉽게 풀어쓴 단테의 신곡: 지옥편》 등이 있다.

위대한 수학자의 수학의 즐거움

초판 5쇄 인쇄 2017년 2월 10일
초판 5쇄 발행 2017년 2월 15일

지은이 레이먼드 플러드, 로빈 윌슨
옮긴이 이윤혜
펴낸이 고정호
펴낸곳 베이직북스
주소 서울시 마포구 양화로 156,1508호(동교동 LG팰리스)
전화 02) 2678-0455
팩스 02) 2678-0454
이메일 basicbooks1@hanmail.net
홈페이지 www.basicbooks.co.kr
출판등록 제 2007-000241호
ISBN 979-11-85160-21-4 03410

* 가격은 뒤표지에 있습니다.
* 잘못된 책이나 파본은 교환하여 드립니다.